MOHAMED AYADIM

Réussir le concours d'entrée en médecine

S'ENTRAINER AUX QCM DE CHIMIE

PLUS DE 200 QCM

de boeck SUPÉRIEUR

Téléchargez les grilles à compléter

Lienmini : www.lienmini.fr/49438-tests

Ou sur notre site : www.deboecksuperieur.com/site/349438

Rue du Bosquet, 7 – B-1348 Louvain-la-Neuve

Dépôt légal :
Bibliothèque nationale, Paris : mars 2023
Bibliothèque royale de Belgique, Bruxelles : 2023/13647/041

ISBN : 978-2-8073-4943-8

1re partie : 32 QCM de vérification des connaissances et de maîtrise des concepts de chimie

Avant d'aborder les 10 tests (201 QCM) présentés dans cet ouvrage, cette première partie comprenant 32 QCM tend à vérifier votre maîtrise de connaissances et compétences relatives aux notions de mole, concentrations massique et molaire, pourcentage massique, masse volumique, bilan de matière, loi des gaz parfaits, équilibre chimique, conductivité, réactions acido-basiques et redox (piles).
10 auto tests ultérieures avec pour objectif prioritaire la maîtrise des concepts en chimie appuyée par la présentation de corrections détaillées pour chacun des QCM, un outil efficace mis à disposition pour l'étudiant renforçant la compréhension de ses erreurs pour ainsi y remédier et se préparer au mieux pour le concours.

Q1. Combien de millimoles de Cu (II) y a-t-il dans 182 mg d'acétate de cuivre (II) anhydre ? Cocher la bonne réponse.
La formule brute de l'acétate de sodium est CH_3COONa.
Masses atomiques relatives : H = 1, C = 12, O = 16, Na = 23 et Cu = 64.

- ☐ **A.** 1,0 mmol
- ☐ **B.** 0,1 mmol
- ☐ **C.** 10 mmol
- ☐ **D.** Aucune de ces trois réponses n'est correcte.

Q2. Combien de grammes de sodium y a-t-il dans $6{,}02 \times 10^{24}$ molécules d'hydroxyde de sodium ? Cocher la bonne réponse.
On admet que le nombre d'*Avogadro* N_A vaut $6{,}02 \times 10^{23}$ et que les masses atomiques relatives de Na, H et O sont respectivement égales à 23, 1 et 16.

- ☐ **A.** 23 g
- ☐ **B.** 46 g
- ☐ **C.** 69 g
- ☐ **D.** 230 g

Q3. On dispose de deux sirops médicamenteux contenant chacun le même principe actif dont un est à 10 % (masse/masse) et l'autre à 25 % (masse/masse).
Quelle masse du sirop à 25 % faut-il mélanger à 200 g de l'autre étant à 10 % pour obtenir un sirop à 15 % en masse/masse ? Cocher la bonne réponse.

☐ **A.** 50 g ☐ **B.** 100 g ☐ **C.** 150 g ☐ **D.** 200 g

Q4. Quelle masse en mg d'acétate de zinc dihydraté contiendraient autant de molécules que 246 mg d'acétate de sodium anhydre (CH_3COONa) ? Cocher la bonne réponse.
Masses moléculaires relatives : $M(CH_3COONa) = 82$, M(Acétate de zinc) = 184 et $M(H_2O) = 18$.

☐ **A.** 165 mg ☐ **B.** 200 mg ☐ **C.** 330 mg ☐ **D.** 660 mg

Q5. Le sirop médicamenteux contenant 20 mg d'ibuprofène par mL est souvent administré aux enfants de 3 mois à 12 ans pour traiter la douleur et/ou la fièvre. La proportion habituelle recommandée, à prendre en 3 prises, est 30 mg par kg de masse corporelle et par jour.
Quel volume de ce médicament en une prise faut-il administrer à un enfant de 20 kg fiévreux ? Cocher la bonne réponse.

☐ **A.** 2 mL ☐ **B.** 5 mL ☐ **C.** 8 mL ☐ **D.** 10 mL

Q6. On dissout 1,4 g de KCl et 10,6 g de Na_2CO_3 dans 80 g d'eau pure.
Quel est le pourcentage massique de sodium dans cette solution ? Cocher la bonne réponse.
Masses molaires : $M(KCl) = 74\ g\ mol^{-1}$, $M(Na_2CO_3) = 106\ g\ mol^{-1}$, $M(H_2O) = 18\ g\ mol^{-1}$ et $M(Na) = 23\ g\ mol^{-1}$.

☐ **A.** 2,5 % ☐ **B.** 5 % ☐ **C.** 10 % ☐ **D.** 10,6 %

Q7. On dispose d'un litre d'une solution aqueuse à 27 % (masse/masse) de NaOH. On porte 100 g de cette solution à un volume total de 500 mL avec de l'eau pure. La solution préparée est appelée Sol. A.
Sachant que la masse volumique de la Sol. A vaut 1,08 g/mL, que vaut le pourcentage en masse de NaOH dans cette nouvelle solution ? Cocher la bonne réponse.

☐ **A.** 2 % ☐ **B.** 5 % ☐ **C.** 20 % ☐ **D.** 25 %

Q8. **On dispose d'un mélange homogène solide composé de chlorure de sodium et de carbonate de sodium. La masse du mélange est égale à 82 g.**
Si ce mélange renferme 34,5 g de sodium, quelle est l'expression exacte décrivant la masse de NaCl dans le mélange ? Cocher la bonne réponse.
Masses atomiques relatives : H = 1, C = 12, O = 16, Na = 23 et Cl = 35.

- ☐ **A.** $3 = \frac{82 - m(\text{NaCl})}{53} + \frac{m(\text{NaCl})}{58}$
- ☐ **B.** $1{,}5 = \frac{82 - m(\text{NaCl})}{106} + \frac{2 \times m(\text{NaCl})}{58}$
- ☐ **C.** $34{,}5 = \frac{2 \times (82 - m(\text{NaCl}))}{106} + \frac{m(\text{NaCl})}{58}$
- ☐ **D.** $1{,}5 = \frac{2 \times (82 - m(\text{NaCl}))}{106} + \frac{m(\text{NaCl})}{58}$

Q9. **On dispose d'une solution aqueuse à 40 % (masse/masse) de NaOH. Sachant qu'un dixième de litre de cette solution pèse 130 g, que vaut sa concentration massique ? Cocher la bonne réponse.**

A. 52 g L^{-1} ☐ **B.** 13 g L^{-1} ☐ **C.** 130 g L^{-1} ☐ **D.** 520 g L^{-1}

Q10. **On considère la réaction redox moléculaire suivante :**

$$Mg\ (s) + H_2SO_4\ (aq) \rightarrow MgSO_4\ (aq) + H_2\ (g)$$

On dispose d'un litre d'une solution aqueuse d'acide sulfurique (solution 1) de concentration molaire égale à 0,2 mol L^{-1}, à 20 °C.
On souhaite produire 0,05 mol d'hydrogène gazeux, quel volume minimal de H_2SO_4 (*aq*) doit-on prélever à partir de la solution 1 (*T* = 20 °C) ? Cocher la bonne réponse.

☐ **A.** 5 mL ☐ **B.** 50 mL ☐ **C.** 250 mL ☐ **D.** 500 mL

Q11. **Combien de moles d'ammoniac sont dégagées par la réaction de 0,50 mol de carbonate d'ammonium avec 3,0 mol d'hydroxyde de sodium ? On suppose que la réaction est complète et que tout l'ammoniac formé est dégagé du milieu réactionnel. Cocher la bonne réponse.**

☐ **A.** 0,25 mol ☐ **B.** 0,50 mol ☐ **C.** 1,0 mol ☐ **D.** 1,5 mol

Q12. Pour la molécule de nitrate de sodium, parmi les schémas présentés ci-dessous, cocher la bonne structure de Lewis. Celle-ci doit prendre en considération les charges formelles (C.F.) des atomes, les paires électroniques libres et le respect strict de l'octet. Cocher la bonne réponse.

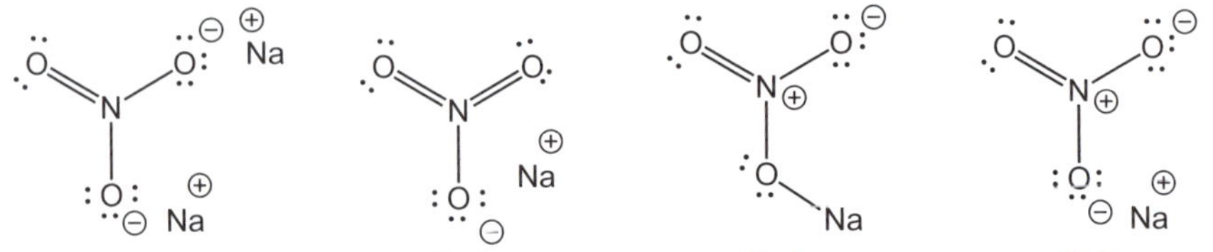

☐ **A.** ☐ **B.** ☐ **C.** ☐ **D.**

Q13. Sachant que p_1, T_1 et V_1 représentent la pression (en atm), la température (en K) et le volume (en L) d'une quantité *n* (en mol) constante d'un gaz parfait, quelle sera l'expression correcte du volume occupé par ce gaz à une autre température T_2 (en K) et sous une pression p_2 (en atm) différente de p_1 ? Cocher la bonne réponse.
On admet que $p_2 \neq p_1$ et $T_1 \neq T_2$.

☐ **A.** $\frac{p_1 \times T_1 \times T_2}{p_2 \times V_1}$

☐ **B.** $\frac{p_1 \times V_1 \times T_1}{p_2 \times T_2}$

☐ **C.** $\frac{p_2 \times V_1 \times T_2}{p_1 \times T_1}$

☐ **D.** $\frac{p_1 \times V_1 \times T_2}{p_2 \times T_1}$

Q14. À une température *T* constante, on admet que le coefficient de dissociation α de l'acide acétique en solution aqueuse à 1,0 mol L^{-1} est égal à $4,0 \times 10^{-3}$. Que vaut sa constante de dissociation à cette température ? Cocher la bonne réponse.
On suppose que la valeur α est négligée devant l'unité : $1 - \alpha \approx 1$.

☐ **A.** $1,6 \times 10^{-6}$

☐ **B.** $1,6 \times 10^{-5}$

☐ **C.** $1,6 \times 10^{-4}$

☐ **D.** $1,6 \times 10^{-3}$

Q15. **On dispose d'une solution aqueuse contenant de l'éthanol.
L'éthanol dans cette solution peut être dosé par une solution de bichromate en milieu acide selon la réaction redox suivante :**

$$2\ Cr_2O_7^{2-} + CH_3CH_2OH + 16\ H^+ \rightarrow 2\ CO_2 + 4\ Cr^{3+} + 11\ H_2O$$

Déterminer le nombre de moles d'alcool contenues dans cette solution aqueuse, si 10 mL de solution de bichromate de potassium 0,05 mol L^{-1} ont été nécessaires pour le transformer complètement en CO_2. Cocher la bonne réponse.

- ☐ **A.** 5×10^{-4} mol
- ☐ **B.** 0,05 mol
- ☐ **C.** 0,005 mol
- ☐ **D.** $2,5 \times 10^{-4}$ mol

Q16. **On considère les pK_a des couples acides-bases suivants :**

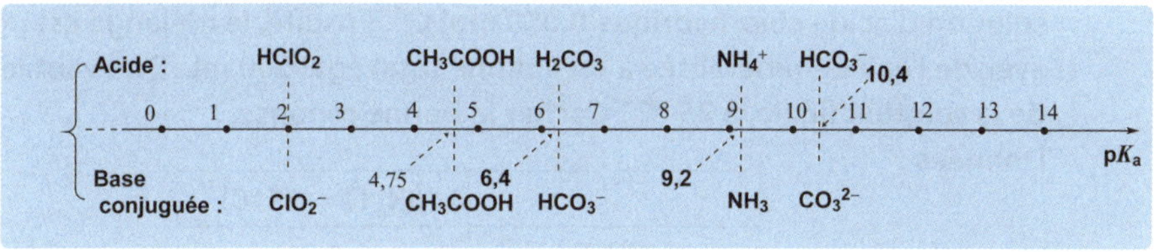

Dans les mêmes conditions expérimentales, si on fait réagir une mole de chacune des molécules ci-dessous de 1) à 4) avec une mole de CH_3COOH, laquelle (lesquelles) réagit (réagissent) complètement ?

CH_3COO^-	NH_3	ClO_2^-	CO_3^{2-}
1)	2)	3)	4)

**On admet qu'une déprotonation n'est totale que si $K_{éq}$ (= K_c) ≥ 10^3.
La proposition correcte est : (Cocher la bonne réponse.)**

- ☐ **A.** 1), 2) et 4).
- ☐ **B.** uniquement 1).
- ☐ **C.** 2) et 4).
- ☐ **D.** 1), 2), 3) et 4).

Q17. **On mélange 10 mL de solution aqueuse 0,1 mol L^{-1} en HNO_2 avec 20 mL d'une solution d'hydroxyde sodium 0,1 mol L^{-1}. Ensuite, le mélange est porté avec de l'eau déminéralisée à un volume total égal 1,0 L. Que vaut le pH de la solution finale, à 25 °C ? Cocher la bonne réponse.**

Données :

	pK_a (T = 25 °C)
HNO_2	3,4

On néglige l'ionisation due à l'autoprotolyse de l'eau.

- ☐ **A.** 11
- ☐ **B.** 10
- ☐ **C.** 8
- ☐ **D.** 7

Q18. **À 50 mL d'une solution aqueuse 0,010 mol L^{-1} en NH_3, on ajoute 10 mL d'une solution d'acide chlorhydrique 0,050 mol L^{-1}. Ensuite, le mélange est porté avec de l'eau déminéralisée à un volume total égal 500 mL. Que vaut le pH de la solution finale, à 25 °C ? Cocher la bonne réponse.**

Données :

	pK_a (T = 25 °C)
NH_4^+	9,2
HCl	–6
H_3O^+	–1,7

On néglige l'ionisation due à l'autoprotolyse de l'eau.

- ☐ **A.** 4,6
- ☐ **B.** 5,6
- ☐ **C.** 6,1
- ☐ **D.** 7

Q19. **À 25 °C, on ajoute 50 mL d'une solution aqueuse d'hydroxyde de potassium 0,10 mol L^{-1} à 50 mL d'une solution d'acide acétique 0,10 mol L^{-1}.**
Au cours de l'ajout goutte à goutte du KOH (*aq*) dans la solution aqueuse d'acide acétique, qu'advient-il du pH dans cette solution ? Cocher la bonne réponse.

- ☐ **A.** Le pH diminue.
- ☐ **B.** Le pH augmente.
- ☐ **C.** Le pH reste constant.
- ☐ **D.** Le pH augmente et parfois diminue.

Q20. **À 25 °C, on ajoute 50 mL d'une solution aqueuse de chlorure de sodium 0,10 mol L^{-1} à 50 mL d'une solution aqueuse d'hydroxyde de sodium 0,10 mol L^{-1}.**
Après avoir introduit 50 mL de chlorure de sodium dans la solution d'hydroxyde de sodium, qu'advient-il du pH dans cette solution ? Cocher la bonne réponse.
On suppose que les volumes s'additionnent.

- ☐ **A.** Le pH diminue légèrement.
- ☐ **B.** Le pH augmente légèrement.
- ☐ **C.** Le pH reste strictement constant.
- ☐ **D.** Le pH augmente et parfois diminue.

Q21. **On considère un litre d'une solution aqueuse contenant 1,0 mol d'acide acétique CH_3COOH en équilibre avec 0,010 mol d'ions H_3O^+, à $T = 25$ °C. Sachant que la constante de dissociation de CH_3COOH est égale $1{,}78 \times 10^{-5}$, quelle est la concentration des ions CH_3COO^- présents dans cette solution aqueuse à l'équilibre, à $T = 25$ °C ? Cocher la bonne réponse.**

- ☐ **A.** 0,010 mol L^{-1}
- ☐ **B.** $1{,}0 \times 10^{-3}$ mol L^{-1}
- ☐ **C.** $1{,}78 \times 10^{-4}$ mol L^{-1}
- ☐ **D.** $1{,}78 \times 10^{-3}$ mol L^{-1}

Q22. **En milieu aqueux, à 25 °C, quatre solutions ont été préparées à partir des substances suivantes : NH_3, CH_3CH_2OH, HCl, et HF.**
Sachant que les concentrations molaires de ces substances sont les mêmes et que les pK_a des couples (NH_4^+ / NH_3) et (HF / F^-) valent respectivement 9,3 et 3,4, classez-les par ordre croissant de conductivité dans l'eau pure, à 25 °C. Cocher la bonne réponse.

- ☐ **A.** NH_3 (*aq*), CH_3CH_2OH (*aq*), HCl (*aq*) et HF (*aq*)
- ☐ **B.** CH_3CH_2OH (*aq*), NH_3 (*aq*), HF (*aq*) et HCl (*aq*)
- ☐ **C.** NH_3 (*aq*) , CH_3CH_2OH (*aq*), HF (*aq*) et HCl (*aq*)
- ☐ **D.** HCl (*aq*), HF (*aq*), NH_3 (*aq*) et CH_3CH_2OH (*aq*)

Q23. **On considère une réaction acide-base dont les réactifs sont HPO_4^{2-} et HCO_3^-. À l'équilibre, la réaction est caractérisée par une constante d'équilibre égale à $10^{-3,2}$.**

Données :

	pK_a
Carbonate d'hydrogène	6,4
Ion hydrogénocarbonate	10,4
Phosphate d'hydrogène	2,1
Ion monohydrogénophosphate	12,7
Ion dihydrogénophosphate	7,2

Parmi les produits ci-dessous, lesquels correspondent à cette réaction ? Cocher la bonne réponse.

- ☐ **A.** $H_2PO_4^-$ et HCO_3^-
- ☐ **B.** H_3PO_4 et CO_3^{2-}
- ☐ **C.** $H_2PO_4^-$ et CO_3^{2-}
- ☐ **D.** PO_4^{3-} et H_2CO_3

Q24. **À $T = 298$ K, on considère la réaction suivante à l'équilibre :**

$$A\,(g) + 2\,B\,(g) \leftrightarrows 2\,C\,(g).$$

Dans quel sens l'équilibre se déplacera si on augmente la concentration du réactif A ? Cocher la bonne réponse.

- ☐ **A.** L'équilibre évolue dans le sens inverse de la réaction.
- ☐ **B.** L'équilibre évolue dans le sens direct de la réaction.
- ☐ **C.** Le système n'est pas affecté par l'augmentation de la concentration de A.
- ☐ **D.** Le manque de données rend impossible la prédiction du sens de déplacement de l'équilibre.

Q25. **Lorsqu'un non-métal capte un ou plusieurs électrons, on dit que : (Cocher la proposition incorrecte).**

- ☐ **A.** il s'oxyde.
- ☐ **B.** son étage d'oxydation (ou nombre d'oxydation) diminue.
- ☐ **C.** il agit comme oxydant.
- ☐ **D.** il se réduit.

Q26. On considère la réaction spontanée suivante :

$$2\,Na\,(s) + Cl_2\,(g) \rightarrow 2\,NaCl\,(s).$$

Parmi les propositions suivantes, laquelle est incorrecte ?

- ☐ **A.** Cette réaction est formée à la suite de deux processus simultanés, une oxydation et une réduction.
- ☐ **B.** Cette réaction est la somme des deux demi-réactions ci-dessous :

$$2\,Na\,(s) \rightarrow 2\,Na^+\,(g) + 2\,e^-$$
$$Cl_2\,(g) + 2\,e^- \rightarrow 2\,Cl^-\,(g)$$

- ☐ **C.** Lors de cette réaction, il y a eu une oxydation de Na en Na^+.
- ☐ **D.** Lors de cette réaction, il y a eu une réduction de Cl^- en Cl_2.

Q27. Soit les potentiels de réduction standard suivants :

$$E_r^o(H_2O_2 / H_2O) = +1{,}8\text{ V et } E_r^o(O_2 / H_2O_2) = +0{,}7\text{ V}$$

En se référant à ces potentiels, laquelle des réactions ci-dessous peut se produire d'une façon spontanée dans les conditions standard et à $T = 25$ °C ? Cocher la bonne réponse.

- ☐ **A.** $H_2O_2 + 2\,H^+ \rightarrow 2\,H_2O$
- ☐ **B.** $H_2O_2 + O_2 + 2\,H^+ \rightarrow 4\,H_2O$
- ☐ **C.** $2\,H_2O_2 \rightarrow 2\,H_2O + O_2$
- ☐ **D.** $2\,H_2O + O_2 \rightarrow 2\,H_2O_2$

Q28. Soit une pile montée sur base des couples redox donnés en équations de réduction (non pondérées) suivantes :

$$Cr^{3+}\,(aq) + \ldots \rightarrow Cr\,(s) \qquad E_r^o = -0{,}74\text{ V}$$
$$MnO_4^-\,(aq) + \ldots + \ldots \rightarrow Mn^{2+}\,(aq) + \ldots \qquad E_r^o = +1{,}51\text{ V}$$

I. Compléter les demi-réactions de réduction. II. Indiquer l'équation ionique globale possible entre ces deux couples redox. III. Calculer la différence de potentiel dans les conditions standard.

I. Les deux demi-équation complétées et pondérées correctement sont (Cocher la bonne réponse.) :

- ☐ **A.** La demi-équation à l'anode est : $Cr^{3+}\,(aq) + 3\,e^- \rightarrow Cr\,(s)$.
  La demi-équation à la cathode est :
  $$MnO_4^-\,(aq) + 5\,e^- + 8\,H^+\,(aq) \rightarrow Mn^{2+}\,(aq) + 4\,H_2O\,(l).$$
- ☐ **B.** La demi-équation à l'anode est : $Cr^{3+}\,(aq) + 3\,e^- \rightarrow Cr\,(s)$.
  La demi-équation à la cathode est :
  $$MnO_4^-\,(aq) + 7\,e^- + 8\,H^+\,(aq) \rightarrow Mn^{2+}\,(aq) + 4\,H_2O\,(l).$$
- ☐ **C.** La demi-équation à l'anode est : Cr^{3+} (aq) + 3 e^- → Cr (s).
  La demi-équation à la cathode est :
  $$MnO_4^-\,(aq) + 3\,e^- + 6\,H^+\,(aq) \rightarrow Mn^{2+}\,(aq) + 3\,H_2O\,(l).$$
- ☐ **D.** Aucune de ces propositions n'est complètement correcte.

II. L'équation globale redox est (Cocher la bonne réponse.) :

- ☐ **A.** $3\ MnO_4^-\ (aq) + 5\ Cr\ (s) + 24\ H^+\ (aq) \rightarrow 3\ Mn^{2+}\ (aq) + 5\ Cr^{3+}\ (aq) + 12\ H_2O\ (l)$
- ☐ **B.** $3\ Mn^{2+}\ (aq) + 5\ Cr\ (s) + 12\ H_2O\ (l) \rightarrow 3\ MnO_4^-\ (aq) + 5\ Cr^{3+}\ (aq) + 24\ H^+\ (aq)$
- ☐ **C.** $MnO_4^-\ (aq) + Cr^{3+}\ (aq) + 8\ H^+\ (aq) \rightarrow Mn^{2+}\ (aq) + Cr\ (s) + 4\ H_2O\ (l)$
- ☐ **D.** $Mn^{2+}\ (aq) + Cr\ (s) + 4\ H_2O\ (l) \rightarrow MnO_4^-\ (aq) + Cr^{3+}\ (aq) + 8\ H^+\ (aq)$

III. La différence de potentiel de la pile dans les conditions standard vaut : (Cocher la bonne réponse.)

- ☐ **A.** 8,2 V
- ☐ **B.** 5,33 V
- ☐ **C.** 0,77 V
- ☐ **D.** 2,25 V

Q29. Soient les potentiels de réduction standard à 25 °C des trois couples redox suivants :

$$E_r^o(Al^{3+} / Al) = -1,66\ V,\ E_r^o(Cr^{3+} / Cr) = -0,74\ V \text{ et } E_r^o(Co^{3+} / Co) = -0,28\ V$$

On souhaite monter des piles qui débitent spontanément sur base des couples ci-dessus.

Sachant que les réactions se réalisent dans les conditions standard à T = 25 °C, quels sont les deux couples donnant la plus grande différence de potentiel (tension) entre les deux électrodes de la pile ? Cocher la bonne réponse.

- ☐ **A.** (Al^{3+} / Al) et (Cr^{3+} / Cr)
- ☐ **B.** (Cr^{3+} / Cr) et (Co^{3+} / Co)
- ☐ **C.** (Al^{3+} / Al) et (Co^{3+} / Co)
- ☐ **D.** Par manque de données, il impossible de comparer les tensions données par les piles lorsqu'elles débitent en conditions standard.

Q30. On considère une pile Cu–Ag composée de deux demi-piles, d'un pont salin et d'un fil conducteur électrique, comme le montre le schéma suivant :

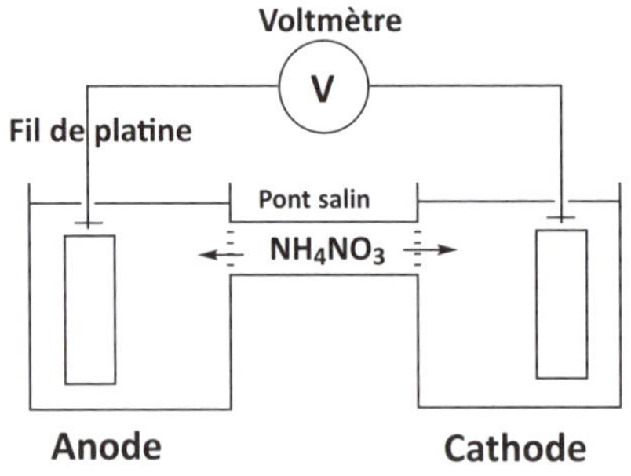

L'électrode de cuivre est plongée dans une solution de sulfate de cuivre (II) et l'électrode d'argent est immergée dans une solution de nitrate d'argent. Les deux électrodes sont reliées par un fil de platine (conducteur électrique) et les deux solutions, quant à elles, communiquent via un pont salin contenant le sel NH_4NO_3.
À 25 °C, les potentiels standard de réductions des deux couples sont :

$$E_r^o(Cu^{2+} / Cu) = +0{,}34 \text{ V et } E_r^o(Ag^+ / Ag) = +0{,}80 \text{ V.}$$

Sachant que la pile débite dans des conditions initiales standard (les concentrations valent 1 mol L^{-1} et p = 1 atm) et T = 25°C, quelle proposition ci-dessous est incorrecte ?

- ☐ **A.** La pile Cu–Ag débite spontanément à 25 °C.
- ☐ **B.** Le cuivre est oxydé par les ions Ag^+.
- ☐ **C.** C'est à la surface de la barre métallique d'argent que chaque ion Ag^+ reçoit un électron pour s'oxyder en argent métallique.
- ☐ **D.** Le cuivre métallique se dissout suite à son oxydation.

Corrections...

1re partie

Q1. Réponse A.

La formule brute de l'acétate de cuivre (II) anhydre (non hydraté) est : $Cu(CH_3COO)_2$.

Calculons sa masse molaire :

$M(Cu(CH_3COO)_2) = 64 + (2 \times 12 + 3 \times 1 + 2 \times 16) \times 2 = 182$ g $molL^{-1}$.

Le nombre de moles contenues dans 182 mg de $Cu(CH_3COO)_2$ est égal à :

$n(Cu(CH_3COO)_2) = 0{,}182$ (g) / 182 (g $molL^{-1}$) = 0,001 mol, soit 1 mmol.

Or, dans une mole de $Cu(CH_3COO)_2$, on a une mole de Cu^{2+} et deux moles de CH_3COO^-.

On en déduit donc que le nombre de millimoles de Cu (II) contenues dans 182 mg (1 mmol) d'acétate de cuivre (II) anhydre est égal à 1 mmol (réponse A).

Q2. Réponse D.

On sait qu'une mole d'une substance chimique contient $6{,}02 \times 10^{23}$ entités. Pour calculer la quantité de moles correspondant à $6{,}02 \times 10^{24}$ molécules de NaOH, on établit la proportion suivante :

$6{,}02 \times 10^{23}$ (molécules) → 1 mol

$6{,}02 \times 10^{24}$ (molécules) → ? mol $= \dfrac{6{,}02 \times 10^{24}\,(\text{molécules}) \times 1\,(\text{mol})}{6{,}02 \times 10^{23}\,(\text{molécules})} = 10$ mol

D'où : 10 mol de NaOH correspondent à $6{,}02 \times 10^{24}$ molécules d'hydroxyde de sodium.

Or, dans une molécule (ou une mole) de NaOH, on a un atome (ou une mole) de Na^+. Ainsi, dans 10 mol de NaOH, on a 10 mol de Na^+.

On calcule la masse que pèsent 10 mol de Na^+ :

10 mol × 23 $\left(\dfrac{\text{g}}{\text{mol}}\right)$ = 230 g (Réponse D), 23 g $molL^{-1}$ étant la masse molaire de sodium.

Le schéma (tableau) de synthèse ci-dessous illustre les liens entre la masse d'un corps chimique, sa quantité en moles et le nombre d'entités correspondant :

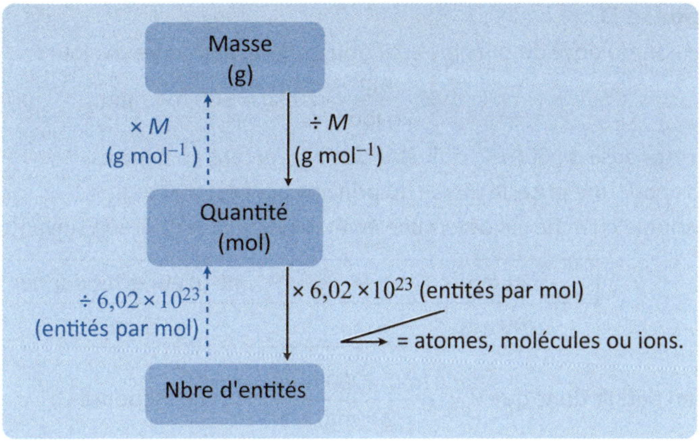

En se référant à ce tableau, on détermine facilement la masse en question :

$$m(\mathrm{Na^+}) = \frac{6{,}02\times10^{24}\,(\text{atomes})}{6{,}02\times10^{23}\left(\dfrac{\text{atomes}}{\text{mol}}\right)}\times 23\,(\frac{\text{g}}{\text{mol}}) = 230\text{ g, avec } M(\mathrm{Na^+}) = 23\text{ g moL}^{-1}.$$

Constatons que la simplification des unités aide à confirmer l'unité de la grandeur cherchée.

Q3. **Réponse B.**

Le mélange des deux masses de sirops doit correspondre à la masse totale contenant 15 % en poids (masse/masse) de principe actif :

Masse du sirop à **10** %	+	Masse du sirop à **25** %	=	Masse totale à **15** %
(200 (g) × 10 / 100)	+	(*m* (g) × 25 / 100)	=	((*m* + 200) (g)) × 15 / 100)

En résolvant l'équation, on trouve : $m = 100$ g.

Q4. **Réponse C.**

Calculons le nombre de moles contenues dans 246 mg d'acétate de sodium anhydre :

$$n(\mathrm{CH_3COONa}) = 0{,}246\text{ (g)} / 82\text{ (g moL}^{-1}) = 0{,}003\text{ mol}$$

La formule brute du composé acétate de zinc dihydraté est $Zn(CH_3COO)_2 \cdot 2H_2O$ et sa masse molaire est égale à 220 g moL^{-1} (= *M*(Acétate de zinc) + 2 × $M(H_2O)$).

Dans une molécule (ou une mole) de $Zn(CH_3COO)_2 \cdot 2H_2O$, on a deux molécules (ou deux moles) d'ions acétates. Ainsi, 0,003 mol de CH_3COONa contient autant de molécules d'ions acétates que $\frac{0{,}003}{2}$ mol de $Zn(CH_3COO)_2 \cdot 2H_2O$.

D'où, la masse du sel dihydraté est égale à :

$$m(\mathrm{Zn(CH_3COO)_2\cdot 2H_2O}) = \frac{0{,}003}{2}\,(\text{mol})\times\left[(184+36)\left(\frac{\text{g}}{\text{mol}}\right)\right] = 0{,}330\text{ g, soit } 330\text{ mg}$$

(Réponse C).

Q5. Réponse D.

Calculons la dose du principe actif (ibuprofène) à prendre par jour :

$$30 \frac{\text{mg}}{\text{kg jour}} \times 20 \text{ kg} = 600 \text{ mg / jour.}$$

Or, cette dose de 600 mg doit être bue par l'enfant en 3 prises.

Ainsi, pour une prise, la masse du principe actif est 200 mg.

Le volume cherché est déterminé en établissant la proportion suivante :

20 mg	→	1 mL (d'après les données)
200 mg	→	? mL

On en déduit donc que $V = \frac{1 \text{ (mL)} \times 200 \text{ (mg)}}{20 \text{ (mg)}} = 10$ mL (Réponse D).

Q6. Réponse B.

La masse totale de la solution (m(KCl) + $m(Na_2CO_3)$ + $m(H_2O)$) est égale à 92 g.

Calculons la quantité de moles de Na_2CO_3 dans la solution :

$n(Na_2CO_3) = m(Na_2CO_3)$ (g) / $M(Na_2CO_3)$ (g mol^{-1}) = 10,6 (g) / 106 (g mol^{-1}) = 0,1 mol.

Sachant que dans une mole de Na_2CO_3 on a deux moles de sodium, calculons la masse de sodium contenue dans 10,6 g de Na_2CO_3 :

$n(Na^+) = 2 \times n(Na_2CO_3)$

$m(Na^+) = M(Na^+)$ (g mol^{-1}) $\times 2 \times n(Na_2CO_3)$ (mol)

Application numérique : on a $n(Na_2CO_3)$ = 0,1 mol et $M(Na^+) = M(Na)$ = 23 g mol^{-1} (car la masse de l'électron perdu est négligeable devant la masse des nucléons).

On obtient : $m(Na^+)$ = 23 (g mol^{-1}) × 0,2 mol = 4,6 g.

D'où le pourcentage en masse de sodium dans 92 g de solution :

$$\frac{4,6}{92} \times 100\ \% = 5\ \% \text{ (Réponse B).}$$

Q7. Réponse B.

Le pourcentage massique de NaOH dans la solution mère est 27 %. Ainsi, dans 100 g de cette solution, on a 27 g de NaOH pur.

La Sol. A a été préparée sur base des 100 g de la solution mère. Elle contient donc 27 g de NaOH et 73 g d'H_2O pure.

D'après les données du QCM, la masse volumique de la Sol. A vaut ρ = 1,08 g/mL (c.-à-d. 1 000 mL de Sol. A pèsent 1 080 g). D'où, les 500 mL de la Sol. A pèseront 540 g.

On en déduit donc que le % massique de NaOH dans la Sol. A préparée est :

$$\text{Pourcentage massique en NaOH} = \frac{27 \text{ (g)}}{540 \text{ (g)}} \times 100\ \% = 5\ \% \text{ (Réponse B)}$$

Q8. Réponse D.

D'après les énoncés, on a :

- m(Mélange) = 82 g = $m(Na_2CO_3) + m$(NaCl)
- $M(Na_2CO_3)$ = 106 g moL^{-1} et M(NaCl) = 58 g moL^{-1}
- $m(Na^+)$ = 34,5 g

Calculons la quantité (en moles de Na^+) contenue dans 34,5 g de sodium :

$$n(Na^+) = 34{,}5\ (g) / 23\ (g\ moL^{-1}) = 1{,}5\ mol$$

Or, dans une mole de Na_2CO_3, on a deux moles de Na^+ et dans une mole de NaCl on a une mole de sodium. Ainsi, on peut écrire :

$$n(Na^+)\ (total) = 2 \times n(Na_2CO_3) + n(NaCl)$$

En remplaçant $n(Na^+)$ (total), $n\ (Na_2CO_3)$ et n (NaCl) par 1,5 mol, $m(Na_2CO_3) / M(Na_2CO_3)$ et $m(NaCl) / M(NaCl)$ respectivement, on obtient :

$$1{,}5 = 2 \times m(Na_2CO_3) / 106 + m(NaCl) / 58 \qquad (I)$$

Or, on sait que : 82 g = $m(Na_2CO_3) + m(NaCl)$.

En remplaçant $m(Na_2CO_3)$ par 82 – m(NaCl), l'équation (I) devient :

$$1{,}5 = 2 \times (82 - m(NaCl)) / 106 + m\ (NaCl) / 58 \text{ (Réponse D)}$$

Après simplification, on obtient : $m(NaCl) = (1{,}5 - 82/53) / (1/58 - 1/53) = 29$ g.

Enfin, on peut même déterminer le pourcentage massique du NaCl dans le mélange :

$$\frac{29}{82} \times 100\ \% = 35{,}4\ \%.$$

Q9. **Réponse D.**

La solution est composée de deux espèces chimiques NaOH (soluté) et de H_2O (solvant).

Si 100 mL de la solution pèse 130 g, alors 1 L de solution pèsera 1 300 g (10 × 130 = 1 300).

Or, on sait, d'après les données, que 100 g de cette solution contient 40 g de soluté NaOH pur.

En appliquant la proportion, on obtient :

100 g de solution – *contiennent* → 40 g de NaOH pur

1 300 g de solution – *contiennent* → $? \text{ g} = \dfrac{40\ (\text{g de NaOH}) \times 1300\ (\text{g de solution})}{100\ (\text{g de solution})}$

= 520 g de NaOH pur.

Ainsi, dans un litre de solution (m_{totale} = 1 300 g), la masse de NaOH est : m(NaOH) = 520 g.

La concentration massique est la masse de soluté dissous par litre de solution. Elle est donc égale à 520 g L^{-1} (Réponse D).

Q10. **Réponse C.**

Soit l'équation de la réaction produisant H_2 gazeux :

$$Mg\ (s) + H_2SO_4\ (aq) \rightarrow MgSO_4\ (aq) + H_2\ (g).$$

Constatons que pour produire une mole de H_2, il faut engager au moins une mole d'acide sulfurique.

En appliquant la proportion, on a :

$$1 \text{ mol de } H_2 \rightarrow 1 \text{ mol de } H_2SO_4.$$
$$0{,}05 \text{ mol de } H_2 \rightarrow 0{,}05 \text{ mol de } H_2SO_4.$$

Or la concentration de la solution 1 en H_2SO_4 est de 0,2 mol L^{-1}.

D'où : $V(H_2SO_4) = \dfrac{n(H_2SO_4)}{[H_2SO_4]} = \dfrac{0{,}05\ (mol)}{0{,}2\left(\dfrac{mol}{L}\right)} = 0{,}250\ L = 250\ mL$ (Réponse C).

Q11. Réponse C.

Pour résoudre ce problème, il faut écrire l'équation chimique pondérée de la réaction acido-basique en question. Pour cela, la maîtrise de la nomenclature inorganique est indispensable.

Les formules brutes des composés en question et leurs noms respectifs sont indiqués dans le tableau suivant :

NH_3	Ammoniac
$(NH_4)_2CO_3$	Carbonate d'ammonium
NaOH	Hydroxyde de sodium

L'équation chimique (globale moléculaire) pondérée est :

$$(NH_4)_2CO_3\,(aq) + 2\,NaOH\,(aq) \rightarrow 2\,NH_3\,(g) + Na_2CO_3\,(aq) + 2\,H_2O$$

En se référant aux coefficients stœchiométriques, on constate qu'une mole de $(NH_4)_2CO_3$ réagit avec deux moles de NaOH pour donner deux moles de NH_3 et une mole de Na_2CO_3.

La quantité de NaOH (3,0 mol) initialement engagée dans le milieu est en excès. Une mole de NaOH suffit pour transformer complètement 0,50 mol de $(NH_4)_2CO_3$. Par conséquent, le réactif limitant est le carbonate d'ammonium.

Ainsi, à la fin de la réaction, on a 1,0 mol (2 × 0,50 mol) de NH_3 formée (Réponse C).

Q12. Réponse D.

Les électrons de valence doivent apparaitre sur les structures de Lewis, ils sont soit des électrons libres, soit des électrons liants participant aux liaisons.

La paire d'électrons formant une liaison est représentée par un trait. Un seul trait entre deux atomes représente une liaison simple ; deux traits (4 électrons) une liaison double.

Les paires d'électrons représentés ici par deux points sur les atomes d'O sont des électrons de valence de l'atome, elles ne participent pas aux liaisons. On les appelle des paires d'électrons libres.

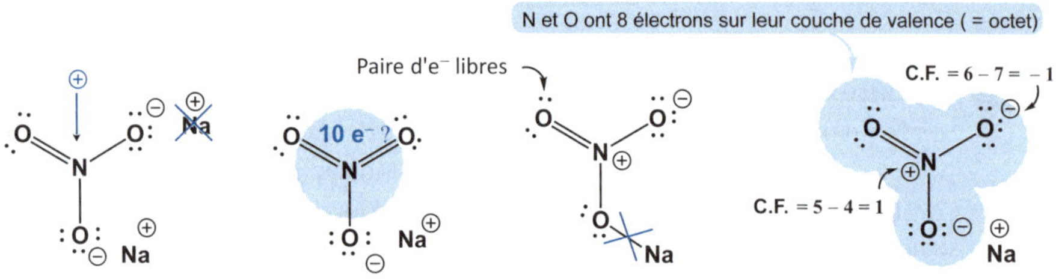

A. B. C. D.

La charge formelle (C.F.) d'un atome est égale :

C.F. = [Nbre d'électrons de valence de l'atome à son état fondamental] – Nbre d'électrons autour de l'atome qui lui sont propres].

A. **Faux**, car il manque i) une charge formelle positive sur l'atome N et ii) il y a un ion sodium en plus. La formule brute du nitrate de sodium est $NaNO_3$ et non Na_2NO_3.

B. **Faux**, car la règle de l'octet n'est pas respectée pour l'atome central N (élément de la 2e période). Celui-ci est entouré par 10 électrons au lieu de 8 au maximum.

C. **Faux**, car la liaison entre O et Na n'est pas covalente, elle est ionique. La différence d'électronégativité (ξ) entre les deux atomes dépasse 1,7 :

$$\Delta\xi = \xi(O) - \xi(Na) = 3,5 - 0,9 = 2,6 > 1,7.$$

D. **Vrai**, car la règle de l'octet, les charges formelles, la liaison ionique, les liaisons covalentes et les paires d'électrons non liants sur les trois atomes d'O sont toutes bien respectées sur le dessin.

Q13. Réponse D.

Le gaz est supposé parfait et sa quantité constante de moles est exprimée par *n*.

D'après la loi des gaz parfaits, on a : $p \times V = n \times R \times T$

Aux conditions 1, on peut écrire : $n \times R = \frac{p_1 \times V_1}{T_1}$ (*R* étant la constante des gaz parfaits)

Aux conditions 2, on peut écrire : $n \times R = \frac{p_2 \times V_2}{T_2}$.

En égalisant les deux équations, on obtient : $\frac{p_1 \times V_1}{T_1} = \frac{p_2 \times V_2}{T_2} \Leftrightarrow V_2 = \frac{p_1 \times V_1 \times T_2}{p_2 \times T_1}$ (Réponse D).

Q14. Réponse B.

Le tableau suivant illustre la dissociation de l'acide acétique pur dans l'eau :

	CH_3COOH	+	H_2O	$\rightleftarrows$	H_3O^+	+	CH_3COO^-
t_0, [ ] en mol L^{-1} :	C_0						
$t_{éq}$, [ ] en mol L^{-1} :	$C_0 - x$				x		x
$t_{éq}$, [ ] en mol L^{-1} :	$C_0 - (\alpha \times C_0)$				$\alpha \times C_0$		$\alpha \times C_0$

Pour l'acide acétique ou un autre acide monoprotique faible en solution aqueuse, on a :
$K_a = \frac{(\alpha \times C_0)^2}{C_0 \times (1-\alpha)}$ (loi de dilution d'Ostwald), α étant le coefficient de dissociation de l'acide ; le rapport entre la quantité de molécules ayant subies la dissociation et la quantité totale de molécules initialement introduites dans un litre d'eau pure.

Par litre de solution, on a :

$$\alpha = \frac{x}{C_0} \text{ et } K_a = \frac{[CH_3COO^-] \times [H_3O^+]}{[CH_3COOH]} = \frac{(\alpha \times C_0)^2}{C_0 \times (1-\alpha)}$$

Comme α est négligé devant l'unité, on obtient : $K_a = \alpha^2 \times C_0$.

En remplaçant les données dans l'équation de K_a, on a :

$$K_a = \alpha^2 \times C_0 = (4 \times 10^{-3})^2 \times 1,0 = 1,6 \times 10^{-5} \text{ (Réponse B).}$$

Q15. Réponse D.

Au point d'équivalence, on sait que la quantité d'ions $Cr_2O_7^{2-}$ et celle de l'alcool ont été mélangées dans les proportions stœchiométriques.

D'où : $n(\text{alcool}) = n(Cr_2O_7^{2-}) / 2$.

Or, on sait que 10 mL de solution de bichromate de potassium 0,05 mol L^{-1} ont été nécessaires pour atteindre le point d'équivalence.

Calculons le nombre de moles d'ions $Cr_2O_7^{2-}$ ajoutées :

$$n(Cr_2O_7^{2-}) = 10 \times 10^{-3}\ (L) \times 0{,}05\ mol\ L^{-1} = 5 \times 10^{-4}\ mol.$$

D'où : $n(\text{alcool}) = \dfrac{5\times10^{-4}\ (mol)}{2} = 2{,}5 \times 10^{-4}$ mol (Réponse D).

Q16. Réponse C.

Le transfert de proton de l'acide à la base est complet, si la constante d'équilibre $K_{éq}$ est supérieure ou égale à 10^3. Cela implique que la différence [pK_a (Acide conjugué formé) – pK_a (Acide réactif)] est supérieure ou égale à 3.

Pour 1) CH_3COO^- :

$$CH_3COOH + CH_3COO^- \rightleftarrows CH_3COOH + CH_3COO^-$$

$$K_{éq} = \frac{K_a(CH_3COOH\ (\text{réactif}))}{K_a(CH_3COOH\ (\text{produit}))} = 10^{pK_a(CH_3COOH) - pK_a(CH_3COOH)} = 10^0 < 10^3$$

Dans cette réaction ($K_{éq} = 1$), les concentrations ne sont pas modifiées.

Pour 2) NH_3 :

$$NH_3 + CH_3COOH \rightarrow NH_4^+ + CH_3COO^-$$

$$K_{éq} = \frac{K_a(CH_3COOH)}{K_a(NH_4^+)} = 10^{pK_a(NH_4^+) - pK_a(CH_3COOH)} = 10^{9{,}2-4{,}75} > 10^3$$

La réaction est complète.

Pour 3) ClO_2^- :

$$ClO_2^- + CH_3COOH \rightleftarrows HClO_2 + CH_3COO^-$$

$$K_{éq} = \frac{K_a(CH_3COOH)}{K_a(HClO_2)} = 10^{pK_a(HClO_2) - pK_a(CH_3COOH)} = 10^{2-4{,}75} < 10^3$$

La réaction est incomplète.

Pour 4) CO_3^{2-} :

$$CO_3^{2-} + CH_3COOH \rightarrow HCO_3^- + CH_3COO^-$$

$$K_{éq} = \frac{K_a(CH_3COOH)}{K_a(HCO_3^-)} = 10^{pK_a(HCO_3^-) - pK_a(CH_3COOH)} = 10^{10{,}4-4{,}75} > 10^3$$

La réaction est complète.

On en déduit donc que la bonne réponse est C.

Q17. Réponse A.

L'hydroxyde de sodium (NaOH) est complètement dissocié en ions hydroxydes dans l'eau :

$NaOH \rightarrow Na^+\,(aq) + OH^-\,(aq)$

Quant à l'acide HNO_2, sa force est faible (pK_a > 3). Il est donc partiellement dissocié dans l'eau :

$$HNO_2 + H_2O \rightleftarrows H_3O^+ + NO_2^-$$

Cependant, la réaction acide-base est complète entre OH^- (base forte) et $HNO_2\,(aq)$ (acide faible) :

HNO_2	+	OH^-	→	NO_2^-	+	H_2O
pK_a = 3,4		Base forte				

Rappel :

On admet qu'une réaction acide-base est complète quand chacun des deux réactifs (acide et la base) présente une force d'acidité ou de basicité plus forte que celle de son homologue produit.

Calculons les quantités des réactifs (en mol) initialement introduites dans le milieu :

$$n(HNO_2) = 0{,}010\ (L) \times 0{,}1\ (mol\ L^{-1}) = 0{,}001\ mol$$

$$n(NaOH) = n(OH^-) = 0{,}020\ (L) \times 0{,}1\ (mol\ L^{-1}) = 0{,}002\ mol$$

Le volume de la solution finale est égal à 1,0 L.

Le tableau suivant illustre la composition du mélange réactionnel à l'équilibre :

	HNO_2	+	OH^-	⇄	NO_2^-	+	H_2O
t_0, n en mol :	0,001		0,002				
$t_{éq}$, n en mol :	0		0,001		0,001		–
$t_{éq}$, [ ] en mol L^{-1} :	0		0,001		0,001		–

Ainsi, à l'équilibre, on a un milieu composé d'une base forte (OH^-) et une autre faible (NO_2^-).

Le pH est celui de la base forte :

$$pH = 14 + \log[HO^-] = 14 + \log\frac{0{,}001\ (mol)}{1{,}0\ (L)} = 11 \text{ (Réponse A).}$$

Q18. Réponse C.

L'acide HCl est un acide fort ($pK_a = -6$), il se dissocie complètement dans l'eau :

$$HCl + H_2O \rightarrow H_3O^+ + Cl^-$$

Quant à la base NH_3, sa force est faible ($pK_b = 14 - 9{,}2 = 4{,}8$). Elle se protone donc partiellement dans l'eau :

$$NH_3 + H_2O \rightleftarrows NH_4^+ + OH^-$$

Or on sait qu'une réaction acide-base est complète quand chacun des deux réactifs (l'acide et la base) présente une force d'acidité ou de basicité plus forte que celle de son homologue produit. La situation est bien retrouvée dans cette réaction entre H_3O^+ et NH_3 :

NH_3	+	H_3O^+	⇄	NH_4^+	+	Cl^-
		$pK_a = -1{,}7$		$pK_a = 9{,}2$		

$$K_{éq} = \frac{K_a(H_3O^+)}{K_a(NH_4^+)} = 10^{pK_a(NH_4^+) - pK_a(H_3O^+)} = 10^{10{,}9} \gg 10^3$$

Calculons les quantités initiales des réactifs en moles engagées :

$$n(NH_3) = 0{,}050\ (L) \times 0{,}010\ (mol\ L^{-1}) = 5{,}0 \times 10^{-4}\ mol$$

$$n(HCl) = n(H_3O^+) = 0{,}010\ (L) \times 0{,}050\ (mol\ L^{-1}) = 5{,}0 \times 10^{-4}\ mol$$

Le volume total de la solution finale est égal à 0,500 L.

Le tableau suivant illustre la composition du milieu réactionnel à l'équilibre :

	NH_3	+	H_3O^+	$\rightleftarrows$	NH_4^+	+	Cl^-
t_0, n en mol :	$5{,}0 \times 10^{-4}$		$5{,}0 \times 10^{-4}$				
$t_{éq}$, n en mol :	0		~0		$5{,}0 \times 10^{-4}$		
$t_{éq}$, [ ] en mol L^{-1} :	0		~0		1×10^{-3}		

Ainsi, le milieu à l'équilibre contient un acide faible (NH_4^+) et une base (Cl^-) de force nulle, le pH est celui de l'acide faible :

$$pH = \frac{1}{2}pK_a(NH_4^+) - \frac{1}{2}\log[NH_4^+] = \frac{1}{2} \times 9{,}2 - \frac{1}{2} \times \log(1{,}0 \times 10^{-3}) = 6{,}1 \text{ (Réponse C)}$$

Q19. Réponse B.

La solution initiale de CH_3COOH est acide. Les ions OH^- ajoutés neutralisent les ions hydroniums. Ces derniers sont produits par la dissociation de l'acide acétique et l'ionisation de l'eau.

Vu que OH^- est une base plus forte que CH_3COO^-, la réaction acide-base entre CH_3COOH et OH^- est complète :

$$CH_3COOH + H_2O \rightleftarrows CH_3COO^- + H_3O^+$$
$$H_3O^+ + OH^- \rightarrow 2\,H_2O$$
$$\overline{CH_3COOH + OH^- \rightarrow CH_3COO^- + H_2O}$$

Dès lors, au fur et à mesure de l'addition progressive des ions OH^-, la concentration en ions hydroniums chute et celle de OH^- augmente.

Soit $K_e = [H_3O^+] \times [OH^-] = 10^{-14}$ = Constante, à 25 °C.

Pour que le produit ionique de l'eau reste constant, si $[OH^-] \nearrow$ alors $[H_3O^+] \searrow$ (ou $pH = -\log[H_3O^+]$ augmente).

La bonne réponse est B.

Q20. Réponse A.

La solution de chlorure de sodium est neutre ; son pH = 7 à 25 °C. Il s'agit d'un sel issu d'une neutralisation d'un acide fort (HCl) par une base forte (NaOH). En solution aqueuse, le chlorure de sodium est complètement dissous sous forme de Na^+ et Cl^-.

Pour la solution aqueuse de KOH, elle est basique : $pH = 14 + \log[OH^-] = 14 + \log 0{,}10 = 13$.

Constatons qu'aucune réaction n'aura lieu lorsqu'on mélange les deux solutions. L'ajout de la solution du sel dans la solution d'hydroxyde de sodium réduira, par effet de dilution, la concentration molaire en ions OH^-.

Comme les deux volumes mélangés sont égaux, la concentration en ions hydroxydes est réduite de moitié. Par conséquent, en comparaison à celui de la solution initiale de KOH, le pH du mélange diminue légèrement, passant de 13 à 12,7 (de pH = 13 à $pH = 14 + \log\frac{0{,}10}{2} = 12{,}7$).

La bonne réponse est A.

Q21. Réponse D.

D'après les données du QCM, à l'équilibre, on a :

	CH_3COOH	+	H_2O	$\rightleftarrows$	H_3O^+	+	CH_3COO^-
$t_{éq}$, [ ] en mol L^{-1} :	1,0				0,010		???

$$K_{éq} = K_a(CH_3COOH) = \frac{[H_3O^+]_{éq} \times [CH_3COO^-]_{éq}}{[CH_3COOH]_{éq}} = 1{,}78 \times 10^{-5}$$

$$\Leftrightarrow$$

$$[CH_3COO^-]_{éq} = \frac{1{,}78 \times 10^{-5} \times [CH_3COOH]_{éq}}{[H_3O^+]_{éq}} = \frac{1{,}78 \times 10^{-5} \times 1{,}0}{0{,}010} = 1{,}78 \times 10^{-3} \text{ mol L}^{-1} \text{ (Réponse D)}$$

Q22. Réponse B.

L'éthanol n'est pas un électrolyte car il ne s'ionise pas dans l'eau pure à 25 °C.

L'acide chlorhydrique est un acide fort ; il se dissout complètement dans l'eau : $HCl + H_2O \rightarrow H_3O^+ + Cl^-$. Il s'agit donc d'un électrolyte fort.

L'ammoniaque est une base faible et HF est un acide faible, en solution aqueuse. Ce sont donc tous les deux des électrolytes faibles. Pour déterminer laquelle des deux substances s'ionise le plus dans l'eau pure à 25 °C, on calcule K_b de NH_3 et K_a de HF.

Pour NH_3 :

$$NH_3 + H_2O \rightleftharpoons NH_4^+ + OH^-, K_b = \frac{[NH_4^+] \times [OH^-]}{[NH_3]} = \frac{10^{-14}}{K_a} = \frac{10^{-14}}{10^{-9,3}} = 10^{-4,7}$$

(car $K_b \times K_a = 10^{-14}$, à 25 °C)

Pour HF :

$$HF + H_2O \rightleftharpoons H_3O^+ + F^-, K_a = \frac{[H_3O^+] \times [F^-]}{[HF]} = 10^{-3,4}.$$

On constate dès lors que la constante K_b de la protonation de NH_3 est inférieure à K_a de la dissociation de HF. Donc, à la même concentration molaire, c'est l'acide HF qui s'ionise plus dans l'eau pure. On peut donc le considérer comme un électrolyte plus fort que l'ammoniaque.

La bonne réponse est B.

Q23. Réponse C.

Les formules brutes des acides indiqués dans la table des pK_a sont :

Carbonate d'hydrogène	H_2CO_3
Ion hydrogénocarbonate	HCO_3^-
Phosphate d'hydrogène	H_3PO_4
Ion monohydrogénophosphate	HPO_4^{2-}
Ion dihydrogénophosphate	$H_2PO_4^-$

Les réactifs HCO_3^- et HPO_4^{2-} en question sont des ampholytes, ils peuvent donc jouer le rôle d'un acide dans certains cas et d'une base dans d'autres.

Considérons HCO_3^- comme un agent basique et HPO_4^{2-} acide :

HCO_3^-	+	HPO_4^{2-}	$\rightleftarrows$	H_2CO_3	+	PO_4^{3-}
Base (Réactif)		Acide (Réactif)		Acide (Produit)		Base (Produit)
		($pK_a = 12{,}7$)		($pK_a = 6{,}4$)		

Calculons la constante d'équilibre :

$$K_{éq} = K_c = \frac{K_a(\text{Acide réactif})}{K_a(\text{Acide produit})} = 10^{pK_a(\text{acide produit}) - pK_a(\text{acide réactif})}$$

(Voir la démonstration de cette formule au Test 9, correction du QCM12).

Application numérique : $K_{éq} = 10^{6,4-12,7} = 10^{-6,3}$.

Si HCO_3^- est l'acide et HPO_4^{2-} joue le rôle de la base, l'équation chimique devient :

HCO_3^-	+	HPO_4^{2-}	$\rightleftarrows$	CO_3^{2-}	+	$H_2PO_4^-$
Acide (Réactif)		Base (Réactif)		Base (Produit)		Acide (Produit)
($pK_a = 10{,}4$)						($pK_a = 7{,}2$)

Calculons la constante d'équilibre : $K_{éq} = K_c = \dfrac{K_a(\text{Acide réactif})}{K_a(\text{Acide produit})} = 10^{7,2-10,4} = 10^{-3,2}$.

La bonne réponse est C.

Q24. Réponse B.

L'introduction du gaz A, un des réactifs de la réaction, déplace l'équilibre vers la droite de la réaction (sens direct). En effet, pour contrebalancer la perturbation (c.-à-d. diminuer la contrainte), il faut réduire la concentration de A dans le milieu et cela exige une évolution de l'équilibre vers les produits. La bonne proposition est B.

Q25. Réponse A.

La réponse A est fausse, car un non-métal se réduit en captant un ou plusieurs électrons.

Un réducteur s'oxyde et un oxydant se réduit.

Un oxydant se réduit (gagne des électrons) lorsque son nombre d'oxydation (N.O.) diminue.

Exemple : $Cl_2\,(g) + 2\,e^- \rightarrow 2\,Cl^-\,(g)$, N.O. $(Cl_2) = 0 \rightarrow$ N.O. $(Cl^-) = -I$.

La proposition incorrecte est A.

Q26. Réponse D.

D'après l'énoncé, la réaction est spontanée dans le sens direct.

Constatons également que le N.O. de sodium augmente et celui de l'atome chlore diminue. Cela implique qu'une telle réaction est une oxydo-réduction. Les deux couples intervenant dans cette réaction sont (Cl_2 / Cl^-) et (Na^+ / Na). Ainsi, le transfert d'électron entre deux couples redox a lieu. Le réducteur du couple (Na^+ / Na) transfère des électrons à l'oxydant du couple (Cl_2 / Cl^-).

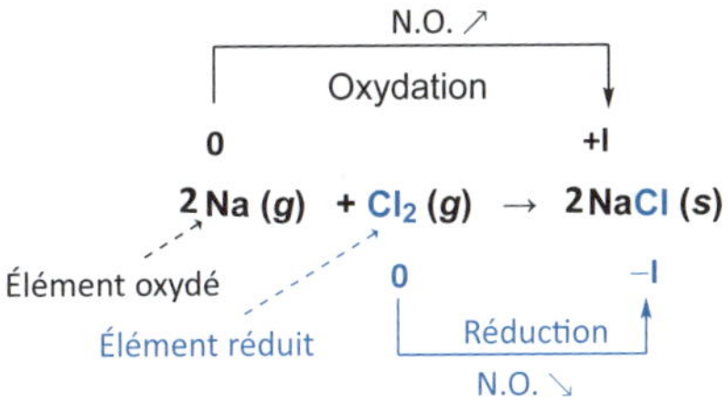

L'élément oxydé est le sodium et l'atome chlore est réduit.

A. **Vrai.** La réaction est une oxydo-réduction, les électrons fournis par le Na (réducteur) sont captés par l'oxydant Cl_2. On peut dire aussi que l'élément Na s'oxyde en donnant un électron à l'atome chlore. Les deux processus simultanés sont donc :

- L'oxydation du Na : $Na\ (g) \rightarrow Na^+\ (g) + e^-$
- La réduction du Cl_2 : $Cl_2\ (g) + 2\ e^- \rightarrow 2\ Cl^-\ (g)$.

En faisant la somme membre à membre des deux demi-équations, après avoir multiplié la première par 2 (le nombre d'électrons échangés doit être le même), on obtient l'équation redox suivante :

$$2\ Na\ (s) + Cl_2\ (g) \rightarrow 2\ NaCl\ (s).$$

B. **Vrai.** Voir A.

C. **Vrai.**

D. **Faux**, car lors de cette réaction, il y a eu une réduction de Cl_2 en Cl^- et non une réduction de Cl^- en Cl_2.

Q27. Réponse C.

D'après les potentiels des deux couples redox ($E_r^\circ(H_2O_2 / H_2O) = +1{,}8\ V > E_r^\circ(O_2 / H_2O_2) = +0{,}7\ V$), l'oxydant fort ($H_2O_2$) du couple ($H_2O_2 / H_2O$) oxyde spontanément le réducteur fort (H_2O_2) de l'autre couple, dans les conditions standard.

La demi-équation de réduction est : $H_2O_2 + 2\ e^- + 2\ H^+ \rightarrow 2\ H_2O$ $\quad E_r^\circ = +1{,}8\ V$

La demi-équation d'oxydation est : $H_2O_2 \rightarrow 2\ H^+ + O_2 + 2\ e^-$ $\quad E_r^\circ = +0{,}7\ V$

En faisant la somme membre à membre des deux demi-équations, l'équation redox est :

$$2\ H_2O_2 \rightarrow 2\ H_2O + O_2 \text{ (Réponse C).}$$

Q28. Réponses I.D, II. A & III.D.

La pile constituée par les couples (MnO_4^- / Mn^{2+}) et (Cr^{3+} / Cr) fonctionne dans les conditions standard car $E_r^\circ(MnO_4^- / Mn^{2+}) > E_{réd}^\circ(Cr^{3+} / Cr)$.

Le schéma général de cette pile est :

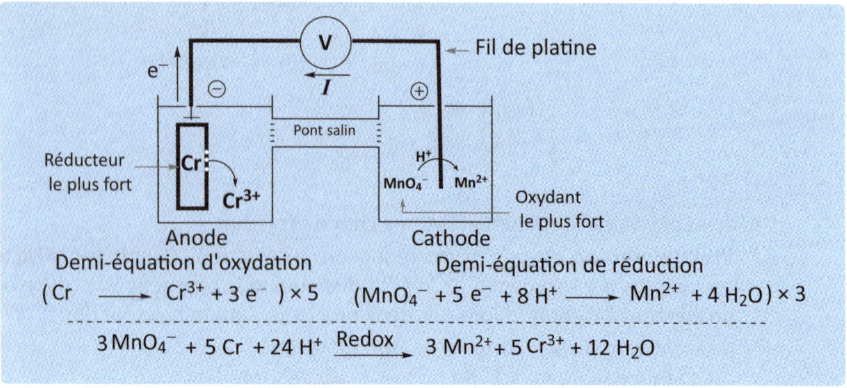

Plus la valeur algébrique du potentiel E_r° d'un couple redox est élevée, plus la force de son oxydant à se réduire est forte. Ainsi, le couple ayant le potentiel standard de réduction le plus élevé (le plus positif) subit une réduction à la cathode et l'autre couple de potentiel de réduction le plus négatif subit une oxydation à l'anode.

On en déduit donc que les ions permanganates réagissent spontanément avec le chrome métallique en milieu acide dans les conditions standard.

Constatons qu'à l'anode, on a une oxydation : $Cr \rightarrow Cr^{3+} + 3\,e^-$. On en déduit donc qu'aucune des propositions n'est correcte pour les deux équations demandées (Réponses I.D).

II.A. Vrai. Les électrons captés par MnO_4^- sont fournis par le réducteur Cr. En additionnant les deux demi-équation membre à membre, après avoir multiplier celle à l'anode par 5 et l'autre siégeant à la cathode par 3, on obtient l'équation redox suivante :

$$3\,MnO_4^-\,(aq) + 5\,Cr\,(s) + 24\,H^+\,(aq) \rightarrow 3\,Mn^{2+}\,(aq) + 5\,Cr^{3+}\,(aq) + 12\,H_2O\,(l)$$

III.D. Vrai. Constatons que la différence de potentiel de la pile mesurée dans les conditions standard à 25 °C est strictement positive :

$$\Delta E^\circ_{pile} = E_r^\circ(MnO_4^-/Mn^{2+})_{cathode} - E_r^\circ(Cr^{3+}/Cr)_{anode} = +2{,}25\ V.$$

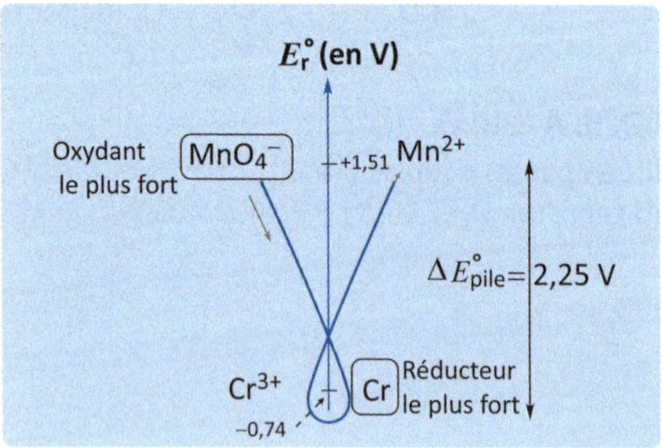

Attention les potentiels de réduction ne sont pas affectés par la stœchiométrie de la réaction. Ils se réfèrent uniquement aux conditions standard.

Q29. Réponse C.

Classons les potentiels de réduction standard par ordre croissant :

$$E_r^\circ(Al^{3+}/Al) < E_r^\circ(Cr^{3+}/Cr) < E_r^\circ(Co^{3+}/Co).$$

Vu que les conditions de concentration des solutions et de température sont les mêmes (conditions standard), la pile constituée par l'oxydant le plus fort et le réducteur le plus fort de ces trois couples est celle qui donnerait une différence de potentiel la plus élevée.

L'oxydant le plus fort est Co^{3+} et le réducteur le plus fort est Al. Il s'agit donc d'une pile Al–Co constituée par le couple (Al^{3+} / Al) à l'anode et (Co^{3+} / Co) à la cathode. Le couple (Co^{3+} / Co) dont le potentiel de réduction est le plus élevé subit une réduction à la cathode et (Al^{3+} / Al) une oxydation à l'anode.

Calculons la différence de potentiel de cette pile dans les conditions standard (T = 25 °C) :

$$\Delta E^\circ_{pile}(Al - Co) = E_r^\circ(Co^{3+}/Co) - E_r^\circ(Al^{3+}/Al) = 1{,}38\ V$$

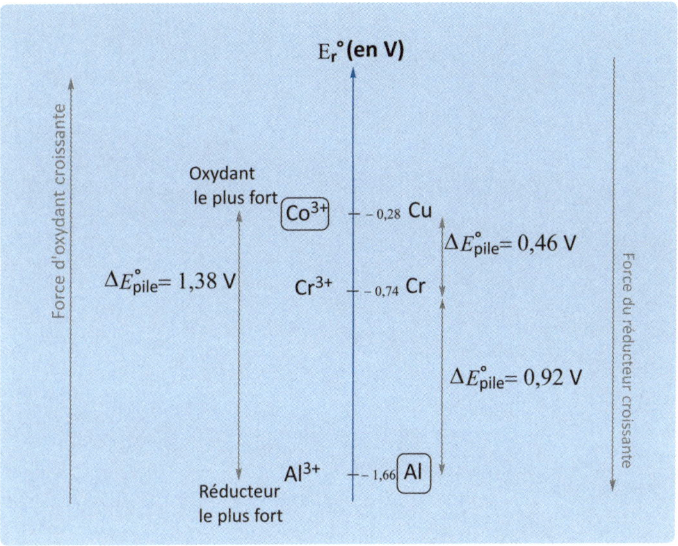

Pour la pile Al–Cr, ΔE°_{pile}(Al – Cr) = 0,92 V.

Pour la pile Cr–Co, ΔE°_{pile}(Cr – Co) = 0,46 V.

La bonne réponse est C.

Q30. Réponse C.

A. **Vrai**, car la différence de potentiel de la pile mesurée aux bornes de la pile dans les conditions standard à 25 °C est strictement positive :

$$\Delta E^\circ_{pile} = E_r^\circ(Ag^+/Ag)_{cathode} - E_r^\circ(Cu^{2+}/Cu)_{anode} = +0{,}46\ V > 0\ V.$$

B. **Vrai.** La réaction redox de la pile est : $2\ Ag^+ + Cu \rightarrow Cu^{2+} + 2\ Ag$. L'oxydant est Ag^+ et le réducteur est Cu. On peut dès lors dire que le cuivre est oxydé par les ions Ag^+.

C. **Faux**, car les ions Ag^+ se réduisent en Ag. Ils ne s'oxydent donc pas.

D. **Vrai.** La plaque de cuivre s'oxyde et se transforme en ions Cu^{2+} dissous en solution. La masse de l'électrode cuivre diminue donc au cours de la réaction.

Test 1

Grille des réponses : (1 point si la réponse est correcte, –0,5 point si la réponse est incorrecte et 0 point si rien n'est coché)

	A	B	C	D	Points obtenus (1 pt / –0,5 pt / 0 pt)
QCM 1	☐	☐	☐	☐	…….
QCM 2	☐	☐	☐	☐	…….
QCM 3	☐	☐	☐	☐	…….
QCM 4	☐	☐	☐	☐	…….
QCM 5	☐	☐	☐	☐	…….
QCM 6	☐	☐	☐	☐	…….
QCM 7	☐	☐	☐	☐	…….
QCM 8	☐	☐	☐	☐	…….
QCM 9	☐	☐	☐	☐	…….
QCM 10	☐	☐	☐	☐	…….
QCM 11	☐	☐	☐	☐	…….
QCM 12	☐	☐	☐	☐	…….
QCM 13	☐	☐	☐	☐	…….
QCM 14	☐	☐	☐	☐	…….
QCM 15	☐	☐	☐	☐	…….
QCM 16	☐	☐	☐	☐	…….
QCM 17	☐	☐	☐	☐	…….
QCM 18	☐	☐	☐	☐	…….
QCM 19	☐	☐	☐	☐	…….
QCM 20	☐	☐	☐	☐	…….
Total / 20 points					$\Sigma =$ ……. / 20

Q1. **Cocher le couple dans lequel les entités présentent le même nombre de protons.**

- ☐ **A.** (^{14}C ; ^{14}N)
- ☐ **B.** (^{15}C ; ^{12}C)
- ☐ **C.** ($^{19}F^-$; ^{20}Ne)
- ☐ **D.** ($^{9}Be^{2+}$; $^{7}Li^+$)

Q2. **On considère l’atome de chrome et les cations suivants :**

$${}^{52}_{24}Cr,\ {}^{56}_{26}Fe^{2+},\ {}^{59}_{28}Ni^{4+} \text{ et } {}^{55}_{25}Mn^{2+}$$

Classez-les par ordre décroissant d’électrons existant dans leurs couches à l’état fondamental. La bonne réponse est :

- ☐ **A.** ${}^{59}_{28}Ni^{4+} < {}^{56}_{26}Fe^{2+} < {}^{55}_{25}Mn^{2+} < {}^{52}_{24}Cr$
- ☐ **B.** ${}^{52}_{24}Cr < {}^{55}_{25}Mn^{2+} < {}^{56}_{26}Fe^{2+} < {}^{59}_{28}Ni^{4+}$
- ☐ **C.** ${}^{59}_{28}Ni^{4+} < {}^{52}_{24}Cr < {}^{55}_{25}Mn^{2+} < {}^{56}_{26}Fe^{2+}$
- ☐ **D.** Aucune de ces réponses n’est correcte.

Q3. **Quelle masse en gramme possède 0,50 mol de H_2O ?**

- ☐ **A.** 0,50 g
- ☐ **B.** 0,90 g
- ☐ **C.** 9,0 g
- ☐ **D.** 18 g

Q4. **À l’état fondamental, on admet qu’un élément chimique Y est constitué de deux isotopes : ^{n}Y et ^{m}Y. L’abondance de ^{m}Y est 40 %.**
La masse atomique relative moyenne de cet élément chimique est : (Cocher la bonne réponse.)

- ☐ **A.** $0,60 \times m + 0,40 \times n$
- ☐ **B.** $0,40 \times m + 0,60 \times n$
- ☐ **C.** $0,40 \times (m + n)$
- ☐ **D.** $40 \times m + 60 \times n$

Q5. **On considère la molécule X–Y, où X et Y sont deux atomes non métalliques liés par une liaison covalente. On admet que X est plus électronégatif que Y.**
Parmi les propositions ci-dessous, cocher celle qui est correcte.

- ☐ **A.** Plus l’électronégativité de X est grande, plus cet atome attire fortement les protons de la liaison l’unissant à Y dans la molécule X–Y.

- ☐ **B.** La polarité de la liaison X–Y est déterminée par la somme des électronégativités des deux atomes X et Y liés entre eux.
- ☐ **C.** La polarité de liaison X–Y est déterminée par la différence des rayons atomiques des deux atomes X et Y liés entre eux.
- ☐ **D.** Plus l'électronégativité de X est grande, plus cet atome attire fortement les électrons de la liaison l'unissant à Y dans cette molécule.

Q6. **Quelle est la formule brute d'une substance pure formée des ions ferriques (Fe^{3+}) et sulfites ?**

- ☐ **A.** $Fe(SO_3)_3$
- ☐ **B.** $Fe_2(SO_4)_3$
- ☐ **C.** $Fe_2(SO_3)_3$
- ☐ **D.** $FeSO_4$

Q7. **Parmi les formules brutes moléculaires ci-dessous, cocher celle qui est correcte.**

- ☐ **A.** H_3PO_3
- ☐ **B.** $NaHPO_4$
- ☐ **C.** H_3ClO_4
- ☐ **D.** $Ca(OH)_3$

Q8. **Comparer le volume qu'occupe une mole de CO_2 à celui qu'occupe 16 g de CH_4 dans les conditions normales de température et de pression.**
On admet que les gaz sont parfaits et que les masses atomiques relatives sont : H = 1, C = 12 et O = 16.

- ☐ **A.** $V(CO_2) = V(CH_4)$
- ☐ **B.** $V(CO_2) < V(CH_4)$
- ☐ **C.** $V(CO_2) > V(CH_4)$
- ☐ **D.** Le manque de données rend impossible la comparaison des deux volumes.

Q9. **Parmi les réactions suivantes, laquelle ne produit pas du sel ? Cocher la bonne réponse.**

- ☐ **A.** $2\,HCl + CaO \rightarrow CaCl_2 + H_2O$
- ☐ **B.** $H_2SO_4 + ZnO \rightarrow ZnSO_4 + H_2O$
- ☐ **C.** $P_4O_{10} + 6\,H_2O \rightarrow 4\,H_3PO_4$
- ☐ **D.** $NH_3 + HCl \rightarrow NH_4Cl$

Q10. **On considère la réaction suivante :**

... M + ... HCl (excès) → ... H_2 + ... MCl_2, M étant un métal bivalent.
(Attention, l'équation est non affectée de ses coefficients stœchiométriques)
Quel volume en litres d'H_2 obtient-on lorsque 2 mol de métal M est complètement oxydé ?
On admet que le volume de H_2 (gaz supposé parfait) est mesuré dans des conditions normales de pression et de température.

- ▢ **A.** 44,8 L
- ▢ **B.** 22,4 L
- ▢ **C.** 11,2 L
- ▢ **D.** Aucune de ces réponses n'est correcte.

Q11. **Un échantillon de gaz, supposé parfait, est maintenu à une température constante $T = 25$ °C. Le volume qu'occupe ce gaz à pression atmosphérique est V_1 (en litre). Quel sera son volume V_2 (en litre), à $T = 25$ °C, si la pression a été réduite à 0,4 atm ?**

- ▢ **A.** $V_2 = V_1$
- ▢ **B.** $V_2 = 1{,}5 \times V_1$
- ▢ **C.** $V_2 = 2 \times V_1$
- ▢ **D.** $V_2 = 2{,}5 \times V_1$

Q12. **À volume constants, on considère la réaction suivante, en phase gazeuse dans une enceinte fermée :**

2 A (*g*) + B (*g*) ⇄ 2 C (*g*), A, B et C étant des composés à l'état gazeux.
Si la réaction est exothermique dans le sens direct, alors : (Cocher la proposition incorrecte.)

- ▢ **A.** le signe de la variation d'enthalpie de la réaction inverse 2 C (*g*) → 2 A (*g*) + B (*g*) est positif.
- ▢ **B.** le signe de la variation d'enthalpie de la réaction 2 A (*g*) + B (*g*) → 2 C (*g*) est négatif.
- ▢ **C.** la valeur de l'enthalpie des réactifs [2 H(A) + H(B)] est moins élevée que celle du produit, 2 H(C).
- ▢ **D.** 2 H(C) – [2 H(A) + H(B)] < 0 J.

Q13. **À volume et température constants, on considère la réaction suivante en phase gazeuse dans une enceinte fermée :**

$$2\,A\,(g) + B\,(g) \rightleftarrows 2\,C\,(g)$$

On fait réagir 6 mol de A et 3 mol de B. La quantité initiale en C est nulle. Lorsque l'équilibre s'est rétabli, on constate que 80 % du gaz A a été transformé.
Sachant que la pression initiale du mélange A et B dans l'enceinte est égale à 3 atm, que vaut la pression totale à l'équilibre ?

- ☐ **A.** $p_{éq} = 2{,}2$ atm (« éq » veut dire « à l'équilibre » et p étant la pression totale)
- ☐ **B.** $p_{éq} = 4{,}1$ atm
- ☐ **C.** $p_{éq} = 3$ atm
- ☐ **D.** $p_{éq} = 2$ atm

Q14. **À $T = 298$ K, on considère la réaction à l'équilibre suivante :**

$$2\,A\,(g) + B\,(g) \rightleftarrows 2\,C\,(g) \qquad \Delta H < 0 \text{ (en kJ)}$$

Sachant que la température demeure constante, dans quel sens l'équilibre va se déplacer si on réduit le volume du mélange gazeux ? Cocher la bonne réponse.

- ☐ **A.** L'équilibre évolue dans le sens direct de la réaction.
- ☐ **B.** L'équilibre évolue dans le sens inverse de la réaction.
- ☐ **C.** Le système n'est pas affecté par cette perturbation.
- ☐ **D.** Le manque de données rend impossible la prédiction du sens de déplacement de l'équilibre.

Q15. **Le produit ionique de l'eau pure, à 80 °C, est égal à $2{,}5 \times 10^{-15}$.**
Quelle est la concentration en ions hydroniums formés lors de la réaction de l'autoprotolyse de l'eau pure à 80 °C ?

- ☐ **A.** $[H_3O^+] = 1 \times 10^{-7}$ mol/L
- ☐ **B.** $[H_3O^+] = 2{,}5 \times 10^{-7}$ mol/L
- ☐ **C.** $[H_3O^+] = 5 \times 10^{-7}$ mol/L
- ☐ **D.** $[H_3O^+] = 5 \times 10^{-6}$ mol/L

Q16. La force d'acidité de H_2SO_4 est plus forte que celle de H_3O^+ à 25 °C et celle de sa base conjuguée plus faible telle qu'illustrée sur l'échelle de pK_a suivante :

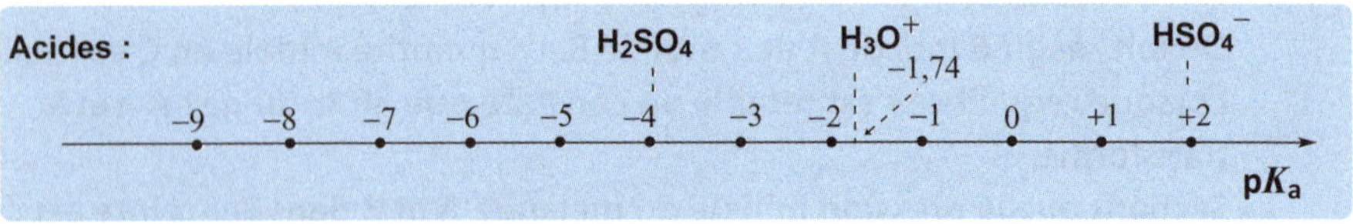

Parmi les équations de dissociations suivantes, laquelle est correcte ?

- ☐ **A.** $H_2SO_4 + H_2O \rightleftarrows H_3O^+ + HSO_4^-$
- ☐ **B.** $H_2SO_4 + 2\,H_2O \rightarrow 2\,H_3O^+ + SO_4^{2-}$
- ☐ **C.** $HSO_4^- + H_2O \rightarrow H_3O^+ + SO_4^{2-}$
- ☐ **D.** $HSO_4^- + H_2O \rightleftarrows H_3O^+ + SO_4^{2-}$

Q17. Un volume *V* (en L et inférieur à 0,1 L) est prélevé d'une solution aqueuse 12 mmol/L en chlorure d'hydrogène (Acide fort). Ensuite, ce volume *V* est porté avec de l'eau déminéralisée à un volume total égal à 12 × *V*.
Quel est le pH de la solution finale ? Cocher la bonne réponse.

- ☐ **A.** pH = 0
- ☐ **B.** pH = 1
- ☐ **C.** pH = 2
- ☐ **D.** pH = 3

Q18. On considère la réaction redox *non pondérée* suivante :

$$\underline{N}O_3^- + \underline{Fe}^{2+} + \underline{H}^+ \rightleftarrows \underline{N}O + \underline{Fe}^{3+} + \underline{H}_2O$$

Les nombres d'oxydation des atomes soulignés dans l'équation chimique (de gauche à droite) sont respectivement égaux à :

- ☐ **A.** +V, +II, +I, –II, +III et +I.
- ☐ **B.** +V, +II, +I, +II, +III et +I.
- ☐ **C.** –V, +II, +I, +II, +III et +I.
- ☐ **D.** +VII, +II, +I, +II, +III et +I.

Q19. **Parmi les propositions suivantes, laquelle est incorrecte ?**

- ☐ **A.** Une demi-équation d'oxydation pour le couple (Ox_1 / Red_1) peut s'écrire :
  $Red_1 \rightarrow Ox_1 + ne^-$, n étant un nombre entier égal à 1, 2 ou 3.
- ☐ **B.** Pour le couple (Ox_2 / Red_2), $Ox_2 + ne^- \rightarrow Red_2$ décrit sa demi-équation de réduction.
- ☐ **C.** Une réaction redox (25 °C, p = 1 atm et [ ] = 1 mol/L) n'est possible que si le système de potentiel de réduction standard (E_r°) élevé oxyde le système de potentiel de réduction standard plus faible.
- ☐ **D.** Une réaction redox (25 °C, p = 1 atm et [ ] = 1 mol/L) n'est possible que si le système de potentiel de réduction standard (E_r°) faible réduit le système de potentiel de réduction standard plus élevé.

Q20. **Combien de fonctions chimiques différentes porte cette molécule ?**

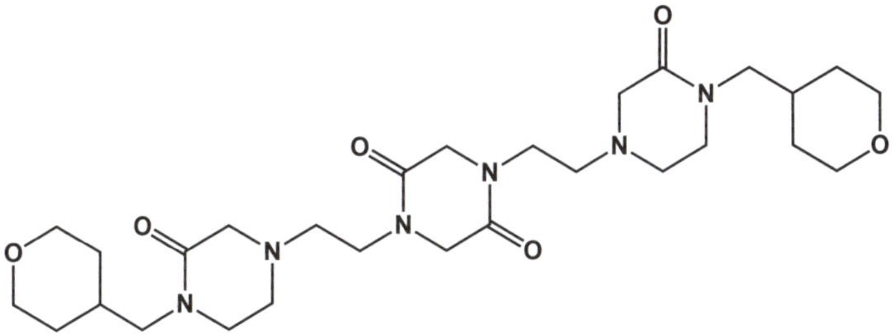

- ☐ **A.** 1
- ☐ **B.** 2
- ☐ **C.** 3
- ☐ **D.** 4

Corrections...

Test 1

Q1. **Réponse B.**

Les isotopes d'un même élément contiennent toujours le même nombre de protons.

^{15}C et ^{12}C sont deux isotopes du carbone. Ils portent le même nombre de protons, soit 6 protons, mais ils diffèrent en nombre de neutrons.

Les nombres 15 et 12 représentent le nombre de nucléons de ces deux isotopes.

L'isotope $^{15}_{6}C$ possède 6 protons et 9 (= 15 – 6) neutrons.

L'isotope $^{12}_{6}C$ possède 6 protons et 6 (= 12 – 6) neutrons.

Dans les autres couples, les atomes/ions ne sont pas des isotopes.

Q2. **Réponse D.**

Excepté l'ion $^{55}_{25}Mn^{2+}$ qui possède 23 électrons, tous les autres ont le même nombre d'électrons que l'élément Cr, soit 24 électrons.

	$^{55}_{25}Mn^{2+}$	$^{52}_{24}Cr$	$^{56}_{26}Fe^{2+}$	$^{59}_{28}Ni^{4+}$
Nbre d'e^-	25 – 2 = 23	24	26 – 2 = 24	28 – 4 = 24

Q3. **Réponse C.**

Calculons la masse moléculaire relative de H_2O : $M(H_2O) = 2\,M(H) + M(O) = 18$.

Or, numériquement, la masse moléculaire relative est égale à la masse molaire.

D'où : $M(H_2O) = 18$ g mol^{-1}.

Établissons la proportion :

1,0 mol	→	18 g
0,50 mol	→	?? g

Nous en déduisons donc que : $m = \dfrac{0{,}50\ (\text{mol}) \times 18\ (\text{g})}{1{,}0\ (\text{mol})} = 9{,}0$ g (Réponse C)

Q4. **Réponse B.**

Pour tout élément chimique composé de plusieurs isotopes, l'abondance relative d'un de ses isotopes correspond à la proportion que cet isotope a par rapport à l'ensemble des isotopes existants.

La masse atomique relative A_r de l'élément chimique figurant dans le tableau périodique n'est qu'une moyenne pondérée. Celle-ci est obtenue en faisant la somme des produits de l'abondance relative de chaque isotope par sa masse atomique relative. Dans le cas de ce QCM, on a :

$$A_r(Y) = \%(^mY) \times m + \%(^nM) \times n \Leftrightarrow$$

$$A_r(Y) = \frac{40}{100} \times m + \frac{60}{100} \times n = 0{,}40 \times m + 0{,}60 \times n \text{ (Réponse B).}$$

Q5. Réponse D.

Plus l'électronégativité d'un atome est grande, plus cet atome attire fortement **les électrons** (et non les protons !) d'une liaison l'unissant à un autre atome dans une molécule.

La polarité d'une liaison est déterminée par **la différence** d'électronégativité entre deux atomes liés entre eux.

Q6. Réponse C.

L'ion Fe^{3+}possède une valence égale à 3.

Le groupement sulfite, quant à lui, possède deux charges négatives et a pour formule chimique SO_3^{2}. La formation d'une molécule neutre exige pour deux ions ferriques (Fe^{3+}) trois groupements sulfites. On en déduit donc que la formule brute du sulfite de fer (III) est $Fe_2(SO_3)_3$. La proposition correcte est C.

La formule donnée en B est fausse car il s'agit du sulfate de fer (III) et non du sulfite de fer (III) !

Q7. Réponse A.

Les formules correctes associées à leurs noms sont :

$Ca(OH)_2$	Hydroxyde de calcium
Na_2HPO_4 NaH_2PO_4	Monohydrogénophosphate de sodium Dihydrogénophosphate de sodium
$HClO_4$	Perchlorate d'hydrogène (ou acide perchlorique)
H_3PO_3	Phosphite d'hydrogène (acide phosphoreux)

Q8. Réponse A.

Calculons la quantité en moles que renferme 16 g de CH_4 :

$$n(CH_4) = \frac{m(CH_4)}{M(CH_4)} = \frac{16(g)}{16\left(\frac{g}{mol}\right)} = 1 \text{ mol.}$$

Constatons que : $n(CH_4) = n(CO_2)$.

Or, on sait que les quantités égales en gaz quelconques, dans les mêmes conditions de température et de pression, occupent le même volume.

D'où : $V(CO_2) = V(CH_4)$ (Réponse A).

Q9. Réponse C.

Attention le chlorure d'ammonium est un sel. Il est le produit de l'action de l'acide chlorhydrique sur l'ammoniac. Ce dernier est une base au même rôle que les hydroxydes basiques.

Le sel formé en réaction en A est binaire (MX) : $CaCl_2$ (chlorure de calcium).

Le sel produit en réaction en B est ternaire (MXO) : $ZnSO_4$ (sulfate de zinc).

L'action de l'eau sur un oxyde non métallique donne un acide ternaire. C'est le cas de la réaction en C.

Rappel important :

	Nomenclature	**Formule générale**	**Fonction chimique**
HCl	Chlorure d'hydrogène (acide chlorhydrique)	**HX**	Acide binaire (hydracide)
H_2SO_4	Sulfate d'hydrogène (acide sulfurique)	**HXO**	Acide ternaire (oxacide)
P_4O_{10}	Pentoxyde de diphosphore ($P_4O_{10} = (P_2O_5)_2$) (ou anhydride phosphorique ou décoxyde de tétraphosphore)	**XO**	Oxyde non métallique
$CaCl_2$	Chlorure de calcium	**MX**	Sel binaire (sel d'hydracide)
$ZnSO_4$	Sulfate de zinc	**MXO**	Sel ternaire (sel d'oxacide)
ZnO	Oxyde de zinc	**MO**	Oxyde métallique

Q10. Réponse A.

M est bivalent car MCl_2 est non chargé et, l'ion chlorure est monovalent avec une charge –1. L'équation affectée de ses coefficients stœchiométriques est :

$$\mathbf{1}\ M + \mathbf{2}\ HCl\ (\text{excès}) \rightarrow \mathbf{1}\ H_2 + \mathbf{1}\ MCl_2$$

D'après les coefficients stœchiométriques dans l'équation chimique, 1 mol de M oxydé donne 1 mol de H_2. Ainsi, pour 2 mol de M, la quantité de H_2 produite sera 2 mol.

Dans les conditions normales de température et de pression, le volume d'une mole de gaz vaut 22,4 L. En établissant la proportion, un volume de 44,8 L est obtenu avec 2 mol d'H_2 (Réponse A).

Q11. Réponse D.

Soit $p \times V = n \times R \times T$ pour les gaz parfaits.

On sait que : $n \times R \times T =$ Constante (car n et T sont constants). Ainsi, $p_i \times V_i =$ Constante.

Pour les deux conditions, on peut écrire : $p_1 \times V_1 = p_2 \times V_2 =$ Constante (la pression est inversement proportionnelle au volume lorsque la température demeure constante).

Le volume cherché, désigné par V_2, est égal à : $V_2 = \dfrac{p_1 \times V_1}{p_2}$.

En remplaçant p_1 et p_2 dans cette dernière équation par 1 atm et 0,4 atm respectivement, on obtient : $V_2 = \frac{1\ (\text{atm}) \times V_1\ (\text{L})}{0{,}4\ (\text{atm})} = 2{,}5 \times V_1$ (Réponse D).

Q12. Réponse C.

D'après les données, la réaction directe 2 A (*g*) + B (*g*) → 2 C (*g*) est exothermique ; de la chaleur est donc dégagée. Son équation peut s'écrire soit sous la forme :

$$2\ \text{A}\ (g) + \text{B}\ (g) \rightarrow 2\ \text{C}\ (g) \qquad \Delta H < 0\ (\text{en J}),$$

ou bien

$$2\ \text{A}\ (g) + \text{B}\ (g) \rightarrow 2\ \text{C}\ (g) + \text{Chaleur}$$

Or, on sait que si une réaction est exothermique dans un sens alors elle est endothermique dans l'autre sens. On en déduit donc que la réaction inverse 2 C (*g*) → 2 A (*g*) + B (*g*) est endothermique ($\Delta H > 0$ J).

C. Faux. La réaction dans le sens direct est exothermique. Cela n'est possible que si la variation d'enthalpie de la réaction 2 A (*g*) + B (*g*) → 2 C (*g*) est négative :

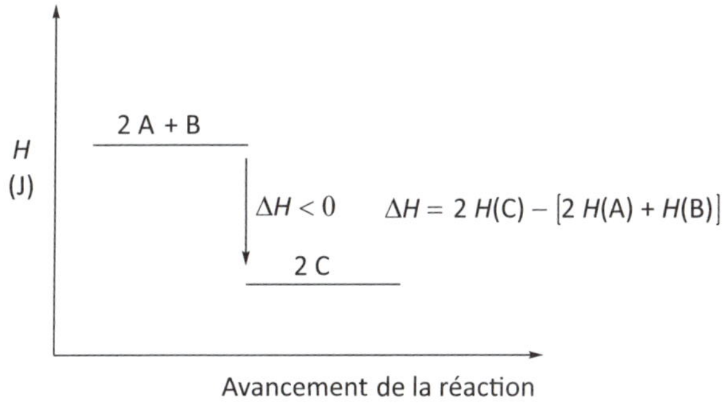

Q13. Réponse A.

On considère le tableau d'avancement pour cette réaction :

	2 A (*g*)	+	B (*g*)	⇄	2 C (*g*)	
t_0 (mol)	6		3		0	n_0 (total) = 9 mol
$t_{éq}$ (mol)	6 − 2 *x*		3 − *x*		2 *x*	$n_{éq}$ (total) = 9 − *x* mol

Vu qu'à l'équilibre, 80 % de A a été transformé, il vient : $\frac{2x}{6} = 0{,}80 \Leftrightarrow x = 2{,}4$ mol

D'où : $n_{éq}$ (total) = $n_{éq}$ (A) + $n_{éq}$ (B) + $n_{éq}$ (C) = 9 − *x* mol = 9 − 2,4 = 6,6 mol.

Or, on sait que le volume et la température demeurent constants. Ainsi, la pression totale à l'intérieur de l'enceinte fermée est proportionnelle au nombre total de moles des gaz présents.

Donc :

- à t_0, on a : $p_0 \times V = n_0\ (\text{total}) \times R \times T$ I
- à $t_{éq}$, on a : $p_{éq} \times V = n_{éq}\ (\text{total}) \times R \times T$ II

En établissant le rapport II par I, on obtient : $\frac{p_{éq}}{p_0} = \frac{n_{éq}(\text{total})}{n_0(\text{total})}$.

En remplaçant n_0 (total), $n_{éq}$ (total) et p_0 dans cette équation par 9 mol, 6,6 mol et 3 atm respectivement, on obtient : $p_{éq} = \frac{6{,}6}{9} \times 3 = 2{,}2$ atm (Réponse A).

Q14. Réponse A.

La réduction de volume du mélange gazeux ou **l'augmentation de la pression** dans le système déplacera l'équilibre dans le sens produisant le moins de molécules à l'état gazeux (**sens direct** de la réaction). En effet, le système s'oppose à la perturbation en se déplaçant dans le sens donnant le moins de molécules gazeuses pour abaisser la pression.

Q15. Réponse C.

La réaction d'autoprotolyse de l'eau pure est : $2\ H_2O \rightleftarrows H_3O^+ + OH^-$.

Comme l'eau est pure, son ionisation fournit toujours autant de H_3O^+ que de OH^- : $[H_3O^+] = [OH^-]$.

D'où : K_e (ou K_w) $= [H_3O^+] \times [OH^-] = [H_3O^+]^2 \Leftrightarrow$

$$[H_3O^+] = \sqrt{K_e} = \sqrt{2{,}5 \times 10^{-15}} = \sqrt{25 \times 10^{-14}} = 5 \times 10^{-7} \text{ mol/L (Réponse C).}$$

Q16. Réponse D.

Constatons que l'ordre croissant d'acidité des trois acides en question est : $HSO_4^- < H_3O^+ < H_2SO_4$. Dès lors, la première dissociation de H_2SO_4 (en H_3O^+ et HSO_4^-) est complète (réaction non réversible) et celle de HSO_4^- (en H_3O^+ et SO_4^{2-}) est incomplète (réaction limitée à un équilibre).

La flèche utilisée lors d'un transfert total de proton est $\rightarrow$ et celle pour une dissociation partielle est notée $\rightleftarrows$.

On en déduit donc que la seule équation correcte est celle présentée en D :

$$HSO_4^- + H_2O \rightleftarrows H_3O^+ + SO_4^{2-}$$

L'équation en B n'est pas correcte car l'acide sulfurique dans l'eau est principalement sous forme de HSO_4^-, il ne peut donc être complètement dissocié en SO_4^{2-}.

Q17. Réponse D.

HCl est un acide fort, il se dissocie complètement dans l'eau en H_3O^+.

$$HCl + H_2O \rightarrow H_3O^+ + Cl^-$$

Le volume V prélevé contient une quantité de moles en H_3O^+ égale à 12×10^{-3} (mol/L) $\times$ V (L).

Calculons la concentration de H_3O^+, après dilution :

$$[H_3O^+] = \frac{12 \times 10^{-3} \text{ (mol/L)} \times V \text{ (L)}}{12 \times V \text{ (L)}} = 10^{-3} \text{ mol/L.}$$

On en déduit donc que $pH = -\log [H_3O^+] = -\log 10^{-3} = 3$ (Réponse D).

Q18. Réponse B.

En résumé :

	Corps simples : O_2, Fe, N_2, S, P_4, etc.	Ions simples	Atome d'hydrogène dans une molécule	Atome d'O dans une molécule	Atome d'un halogénure dans une molécule
Nombre d'oxy-dation (N.O.) =	NUL	Valeur algébrique de sa charge. Ex. : N.O. de (Fe^{2+}) = +II, (O^{2-}) = –II, (H^-) = –I.	+I, sauf dans les molécules d'hydrures (NaH, CaH_2, …), le N.O = –I	–II, sauf dans les peroxydes (H_2O_2, …) N.O. = –I et dans F_2O N.O. = +II.	–I

Enfin, la somme algébrique des nombres d'oxydation de tous les atomes d'une molécule est égale à la valeur algébrique de sa charge.

$\underline{N}O_3^-$: N.O.($\underline{N}$) + 3 × N.O.(O) = –1 ⇔ N.O.($\underline{N}$) = –1 – 3 × (–2) = +5 (+V)

$\underline{Fe}^{2+}$: N.O.($\underline{Fe}^{2+}$) = +II

$\underline{H}^+$: N.O.($\underline{H}^+$) = +I

$\underline{N}O$: N.O.($\underline{N}$) + 1 × N.O.(O) = 0 ⇔ N.O.($\underline{N}$) = 0 – (–2) = +2 (+II)

$\underline{Fe}^{3+}$: N.O.($\underline{Fe}^{3+}$) = +III

$\underline{H}_2O$: 2 × N.O.($\underline{H}$) + N.O.(O) = 0 ⇔ N.O.($\underline{H}$) = $+\frac{2}{2}$ = +1 (+I)

Q19. Réponse D.

Une réaction redox (25 °C, p = 1 atm et [ ] = 1 mol/L) n'est possible que si le système de potentiel de réduction standard (E_r°) élevé oxyde le système de potentiel de réduction standard plus faible.

Si $E_{r2}^\circ(Ox_2 / Red_2) > E_{r1}^\circ(Ox_1 / Red_1)$ alors la réaction redox $Red_1 + Ox_2 \rightarrow Ox_1 + Red_2$ est spontanée :

Pour rendre les choses plus simples, il suffit de mettre sur une échelle les couples redox tout en précisant la force de l'oxydant et celle du réducteur. D'une manière générale, pour les deux couples redox (A^{n+} / A) et (B^{n+} / B), si $E_r^\circ(A^{n+} / A) > E_r^\circ(B^{n+} / B)$, l'oxydant le plus fort est A^{n+} et le réducteur le plus fort est B :

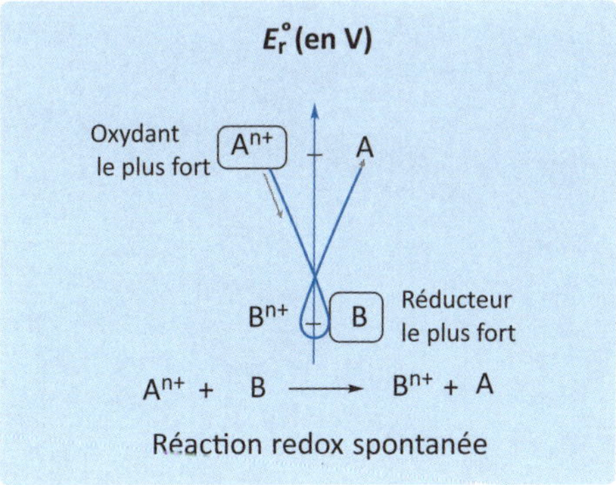

En outre, dans les conditions standard et à *T* souvent égale à 25 °C, si $E_r^\circ(A^{n+} / A)$ est supérieur à $E_r^\circ(B^{n+} / B)$, l'élément A^{n+} (oxydant fort) est capable d'oxyder B (réducteur fort). On dit aussi que B réduit A^{n+}. Attention, l'oxydant B^{n+} ayant le potentiel de réduction standard le moins élevé ne peut pas oxyder A, car l'oxydant B^{n+} et le réducteur A sont faibles. Le transfert d'électrons n'est possible qu'entre un réducteur fort et un oxydant fort.

Q20. Réponse C.

Cette molécule contient deux fonctions éthers cycliques, quatre fonctions amides et deux amines tertiaires.

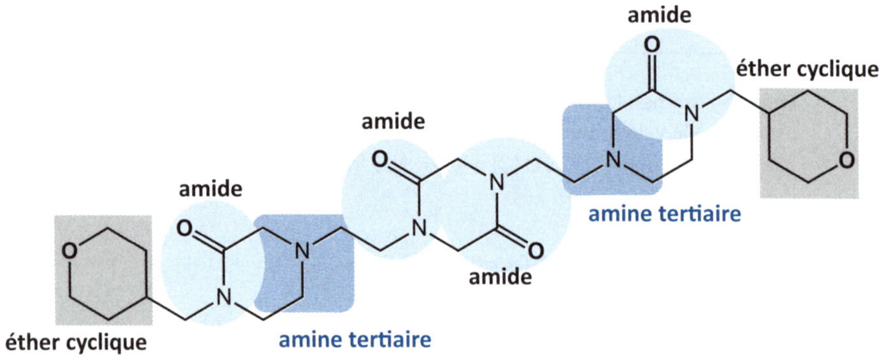

Donc, le nombre de fonctions différentes contenues dans cette molécule est égal à 3 (Réponse C).

Test 2

Grille des réponses : (1 point si la réponse est correcte, –0,5 point si la réponse est incorrecte et 0 point si rien n'est coché)

	A	B	C	D	Points obtenus (1 pt / –0,5 pt / 0 pt)
QCM 1	☐	☐	☐	☐	…….
QCM 2	☐	☐	☐	☐	…….
QCM 3	☐	☐	☐	☐	…….
QCM 4	☐	☐	☐	☐	…….
QCM 5	☐	☐	☐	☐	…….
QCM 6	☐	☐	☐	☐	…….
QCM 7	☐	☐	☐	☐	…….
QCM 8	☐	☐	☐	☐	…….
QCM 9	☐	☐	☐	☐	…….
QCM 10	☐	☐	☐	☐	…….
QCM 11	☐	☐	☐	☐	…….
QCM 12	☐	☐	☐	☐	…….
QCM 13	☐	☐	☐	☐	…….
QCM 14	☐	☐	☐	☐	…….
QCM 15	☐	☐	☐	☐	…….
QCM 16	☐	☐	☐	☐	…….
QCM 17	☐	☐	☐	☐	…….
QCM 18	☐	☐	☐	☐	…….
QCM 19	☐	☐	☐	☐	…….
QCM 20	☐	☐	☐	☐	…….
Total / 20 points					$\Sigma =$ ……. / 20

Q1. On considère la forme anionique de l'atome du soufre suivant : $^{32}_{16}S^{2-}$.
À l'état fondamental, l'isotope $^{32}_{16}S^{2-}$ possède :
(Parmi les propositions ci-dessous, cocher celle qui est correcte.)

- ☐ **A.** 6 électrons sur sa couche externe M.
- ☐ **B.** 8 électrons sur sa couche périphérique M.
- ☐ **C.** 10 électrons sur sa couche périphérique M.
- ☐ **D.** Aucune de ces réponses n'est correcte.

Q2. On considère les isotopes de fer sous les formes suivantes :

$^{54}Fe^{2+}$ $\quad$ $^{56}_{26}Fe^{3+}$ $\quad$ $^{57}Fe^{2+}$ $\quad$ ^{58}Fe

Classez-les par ordre décroissant de protons existant dans leurs noyaux.
(Parmi les énoncés ci-dessous, cochez la proposition correcte.)

- ☐ **A.** $^{54}Fe^{2+} > ^{56}_{26}Fe^{3+} > ^{57}Fe^{2+} > ^{58}Fe$
- ☐ **B.** $^{58}Fe > ^{56}_{26}Fe^{3+} > ^{57}Fe^{2+} > ^{54}Fe^{2+}$
- ☐ **C.** $^{58}Fe > ^{57}Fe^{2+} > ^{56}_{26}Fe^{3+} > ^{54}Fe^{2+}$
- ☐ **D.** Aucune de ces réponses n'est correcte.

Q3. Parmi les formules brutes moléculaires ci-dessous, cocher celle qui est correcte.

- ☐ **A.** $Zn(SO_3)_2$
- ☐ **B.** $Al_2(NO_3)_3$
- ☐ **C.** $Ba_2(PO_4)_3$
- ☐ **D.** Li_2S

Q4. L'équation de dissociation correcte du composé $Mg(ClO_4)_2$ en milieu aqueux est : (Cocher la bonne réponse.)

- ☐ **A.** $Mg(ClO_4)_2 \xrightarrow{H_2O} Mg^{2+} + 2\,ClO_4^-$
- ☐ **B.** $Mg(ClO_4)_2 \xrightarrow{H_2O} Mg^{2+} + ClO_4^{2-}$
- ☐ **C.** $Mg(ClO_4)_2 \xrightarrow{H_2O} Mg^{2+} + 2\,ClO_2^-$
- ☐ **D.** $Mg(ClO_4)_2 \xrightarrow{H_2O} Mg + 2\,ClO_4$

Q5. Parmi les équations (en milieu aqueux et à $T = 25$ °C) suivantes, laquelle ne représente pas une réaction acido-basique ?

- ☐ **A.** $HCl\ (aq) + NaOH\ (aq) \rightarrow NaCl\ (aq) + H_2O\ (l)$
- ☐ **B.** $Zn(OH)_2\ (aq) + H_2CO_3\ (aq) \rightarrow ZnCO_3\ (aq) + 2\,H_2O\ (l)$
- ☐ **C.** $HCl\ (g) + H_2O\ (l) \rightarrow H_3O^+ + Cl^-\ (aq)$
- ☐ **D.** $BaCl_2\ (aq) + Na_2SO_4\ (aq) \rightarrow BaSO_4\ (s) + 2\,NaCl\ (aq)$

Q6. La formule chimique de l'acétate de sodium est CH_3COONa, base conjuguée de l'acide acétique CH_3COOH.
Quelle est la structure chimique correcte du composé pur formé à partir d'un ion de cuivre (II) et d'un ou de deux ions acétates ? Cocher la bonne réponse.

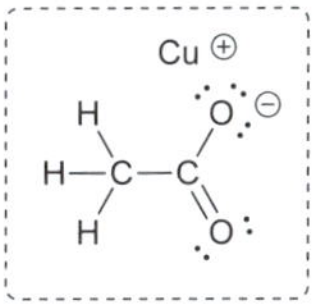

☐ **A.**

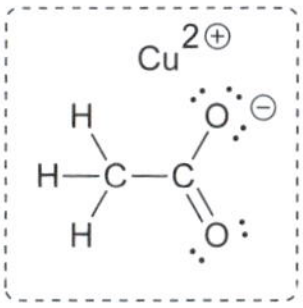

☐ **B.**

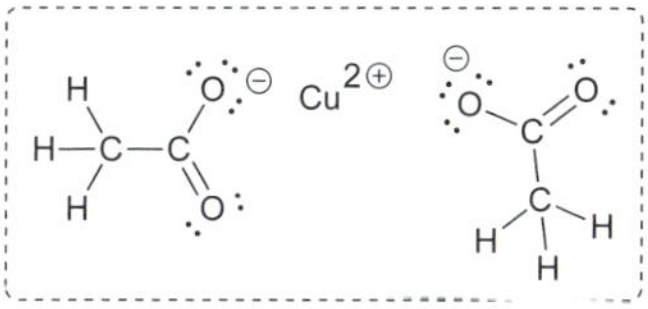

☐ **C.**

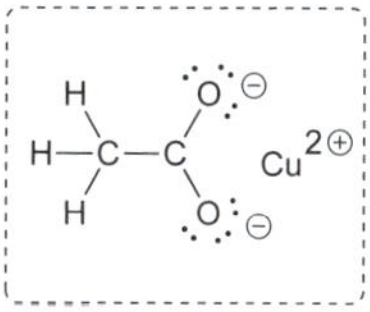

☐ **D.**

Q7. On considère la structure chimique de la molécule suivante :

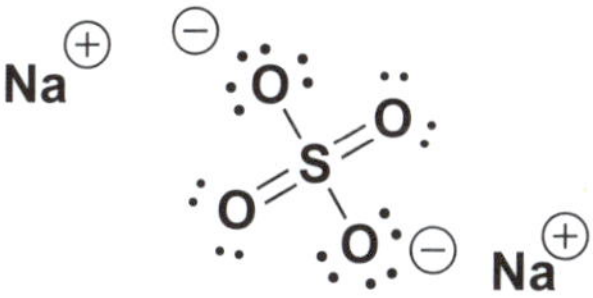

Quelle est la concentration molaire en ions sulfates d'une solution obtenue par dissolution de 16 g de cette molécule monohydratée dans un litre d'eau pure ?
On suppose que cette dissolution se fait sans variation de volume ; le volume final étant égal à 1,0 L.
Données : Masse atomique relative de H = 1, O = 16, Na = 23 et S = 32.

- ☐ **A.** 0,16 mol L^{-1}
- ☐ **B.** 0,10 mol L^{-1}
- ☐ **C.** 1,6 mol L^{-1}
- ☐ **D.** 0,11 mol L^{-1}

Q8. Soit la réaction de combustion de $C_{14}H_{30}$ complète suivante :

$$a\,C_{14}H_{30} + b\,O_2 \rightarrow c\,CO_2 + d\,H_2O$$

Les coefficients stœchiométriques a, b, c et d sont les plus petits nombres entiers possibles. Que vaut la somme $a + b + c + d$? Cocher la bonne réponse.

- ☐ **A.** 45
- ☐ **B.** 58
- ☐ **C.** 73
- ☐ **D.** 103

Q9. Soit la réaction en milieu aqueux du réactif A avec B pour produire C et D :

$$2\,A\,(aq) + 1\,B\,(aq) \rightarrow 3\,C\,(aq) + 1\,D\,(aq)$$

On admet que la réaction se fait dans les conditions stœchiométriques.
Si le rendement est de 100 %, pour produire 0,330 mol de C, il faut engager :

- ☐ **A.** 0,220 mol de A (*aq*) et 0,330 mol de B (*aq*).
- ☐ **B.** 0,220 mol de A (*aq*) et 0,110 mol de B (*aq*).
- ☐ **C.** 0,110 mol de A (*aq*) et 0,220 mol de B (*aq*).
- ☐ **D.** 0,330 mol de A (*aq*) et 0,110 mol de B (*aq*).

Q10. Soit la réaction acide-base de Na_2CO_3 (*aq*) avec HCl (*aq*) en excès suivante :

$$1\ Na_2CO_3\ (aq) + 2\ HCl\ (aq) \rightarrow CO_2\ (g) + H_2O\ (l) + CaCl_2\ (aq)$$

Le rendement de la réaction est 100 % et la masse de CO_2 produite dans les conditions normales de température et de pression est égale à 20 g. On suppose que CO_2 est un gaz parfait.
Si l'on isole le gaz produit et l'on stocke à pression atmosphérique et à $T = 30$ °C, ... (Cocher la bonne réponse.)

- ☐ **A.** sa quantité en mol augmentera.
- ☐ **B.** sa masse diminuera.
- ☐ **C.** son volume diminuera.
- ☐ **D.** Aucune de ces trois propositions n'est correcte.

Q11. Une quantité d'un gaz parfait est maintenue à température constante $T = 20$ °C. Qu'arrive-t-il à la masse volumique de ce gaz lorsque son volume est comprimé de moitié ?

- ☐ **A.** La masse volumique est doublée.
- ☐ **B.** La masse volumique augmente d'un facteur égal à 4.
- ☐ **C.** La masse volumique est divisée en deux.
- ☐ **D.** La masse volumique est réduite d'un facteur égal à 4.

Q12. Sachant que :

- **1 g de H_2O (*liquide*) à 100 °C consomme 2 257 J pour se transformer en H_2O (*vapeur*) à 100 °C.**
- **1 g de H_2O (*liquide*) consomme 4,18 J pour augmenter sa température de 1 °C (ou de 1 K), sans changement de phase.**
- **1 g de H_2O (*solide*) à 0 °C consomme 335 J pour se transformer en H_2O (*liquide*) à 0 °C.**

Quelle est la quantité de chaleur à injecter dans le système pour transformer complètement 100 g de H_2O solide à $T = 0$ °C en H_2O vapeur à $T = 100$ °C ? On suppose qu'aucun autre échange de chaleur n'a eu lieu au cours de cette transformation à pression atmosphérique.

- ☐ **A.** 259,618 kJ
- ☐ **B.** 25 961,8 J
- ☐ **C.** 301 kJ
- ☐ **D.** Autre

Q13. On considère les réactions (a), (b), (c) et (d) et les diagrammes enthalpiques suivants :

(a)	Réactifs + Chaleur (en KJ) → Produits
(b)	Réactifs → Produits + Chaleur (en KJ)
(c)	Réactifs → Produits $\Delta H < 0$ (en KJ)
(d)	Réactifs → Produits $\Delta H > 0$ (en KJ)
	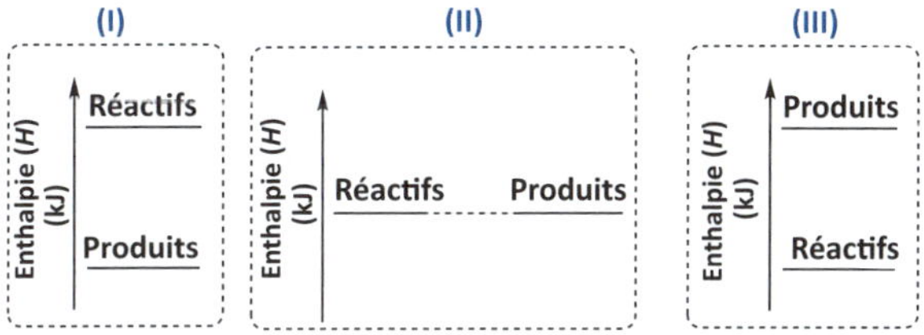

Pour chacune de ces réactions, laquelle (lesquelles) …

1. peut (peuvent) correspondre à une réaction exothermique ?
2. présentera (présenteront) le diagramme enthalpique (III) ?
3. présentera (présenteront) le diagramme enthalpique (I) ?
4. ne présentera (présenteront) pas le diagramme enthalpique (II) ?

Parmi les propositions suivantes, laquelle associe correctement chacune des questions ci-dessus à la (aux) réaction(s) et au (aux) diagramme(s) qui lui correspondent ?

- ☐ **A.** **1** → (a) & (d) ; **2** → (b) & (c) ; **3** → (b) & (c) ; **4** → (c) & (d).
- ☐ **B.** **1** → (b) & (c) ; **2** → (a) & (d) ; **3** → (b) & (c) ; **4** → (a), (b), (c) & (d).
- ☐ **C.** **1** → (c) ; **2** → (d) ; **3** → (c) ; **4** → (a) & (b).
- ☐ **D.** **1** → (d) ; **2** → (c) ; **3** → (c) ; **4** → (a), (b), (c) & (d).

Q14. On considère la réaction suivante entre le SO_2 et l'oxygène à $T = 1\,000$ K :

$$2\,SO_2\,(g) + O_2\,(g) \rightleftarrows 2\,SO_3\,(g)$$

Sachant que $p_{SO_3 \rightleftharpoons}$, $p_{SO_2 \rightleftharpoons}$ et $p_{O_2 \rightleftharpoons}$ les pressions partielles respectives de SO_3, SO_2 et O_2 à l'équilibre, que vaut la constante d'équilibre K_p à $T = 1\,000$ K ? Cocher la bonne expression.

Les pressions partielles sont exprimées en bar. La notation « ⇌ » veut dire « à l'équilibre ».

- ☐ **A.** $K_p = \dfrac{(p_{SO_3 \rightleftharpoons})^2}{(p_{SO_2 \rightleftharpoons})^2 + (p_{O_2 \rightleftharpoons})}$
- ☐ **B.** $K_p = \dfrac{(p_{SO_2 \rightleftharpoons})^2 \times (p_{O_2 \rightleftharpoons})}{(p_{SO_3 \rightleftharpoons})^2}$
- ☐ **C.** $K_p = \dfrac{(p_{SO_3 \rightleftharpoons})^2}{(p_{SO_2 \rightleftharpoons})^2 \times (p_{O_2 \rightleftharpoons})}$
- ☐ **D.** $K_p = \dfrac{(p_{SO_2 \rightleftharpoons})^2 + (p_{O_2 \rightleftharpoons})}{(p_{SO_3 \rightleftharpoons})^2}$

Q15. **Soit la réaction A (*g*) ⇄ B (*g*) + C (*g*) dont on étudie les vitesses en fonction du temps de la réaction directe A (*g*) → B (*g*) + C (*g*) (courbe noire) et inverse B (*g*) + C (*g*) → A (*g*) (courbe bleue).**
Le graphique ci-dessous représente l'évolution de ces vitesses en fonction du temps :

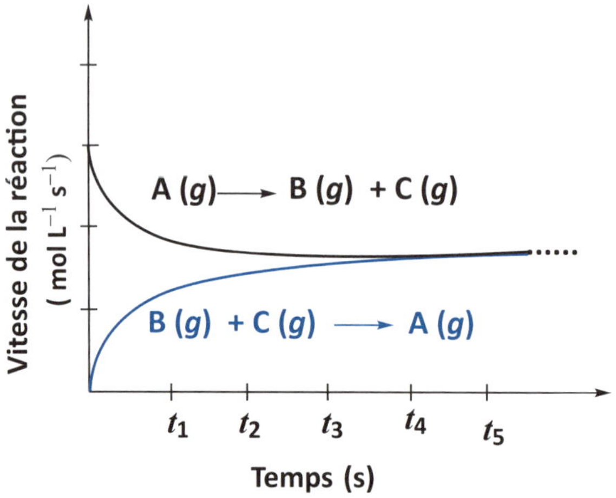

Parmi les propositions ci-dessous, laquelle est fausse ?

- ☐ **A.** L'équilibre est atteint à $t = t_4$.
- ☐ **B.** Au fur et à mesure que le réactif A est consommé, la vitesse de la réaction directe diminue.
- ☐ **C.** La consommation de A induit une augmentation de la vitesse de la réaction inverse.
- ☐ **D.** La formation des produits B et C induit une augmentation de la vitesse de la réaction directe.

Q16. **Dans un récipient fermé à température constante, on considère la réaction à l'état d'équilibre suivante :**

$$C(s) + CO_2(g) \rightleftarrows 2\,CO(g).$$

Laquelle des opérations suivantes déplacera l'équilibre vers la droite (vers la formation du monoxyde de carbone) ? Cocher la bonne réponse.

- ☐ **A.** en injectant du CO gazeux dans le récipient
- ☐ **B.** en ajoutant du C (*s*)
- ☐ **C.** en augmentant la pression totale
- ☐ **D.** en introduisant dans l'enceinte du CO_2 (*g*)

Q17. Le produit ionique de l'eau (K_w ou K_e), à 25 °C, est (Cocher la bonne réponse.) :

- ☐ **A.** $K_w = [H_3O^+] + [OH^-] = 10^{-14}$
- ☐ **B.** $K_w = [H_3O^+] \times [OH^-] = 10^{-14}$
- ☐ **C.** $K_w = [H_3O^+] \times [H_2O] = 10^{-14}$
- ☐ **D.** $K_w = \dfrac{[H_3O^+] \times [OH^-]}{[H_2O]^2} = 10^{-14}$

Q18. Parmi les propositions suivantes, laquelle est incorrecte ?

- ☐ **A.** L'oxydant est la substance qui subit une réduction.
- ☐ **B.** Lors d'une réaction, un élément chimique s'oxyde si son nombre d'oxydation augmente tout en perdant un ou plusieurs électrons.
- ☐ **C.** Un élément chimique se réduit lorsque son étage d'oxydation diminue tout en captant un ou plusieurs électrons.
- ☐ **D.** La somme algébrique des nombres d'oxydation de tous les atomes d'un corps composé est toujours un nombre non nul.

Q19. On considère une pile Zn–Sn composée de deux compartiments, d'un pont salin et d'un fil conducteur neutre (de platine), comme le schéma suivant la montre :

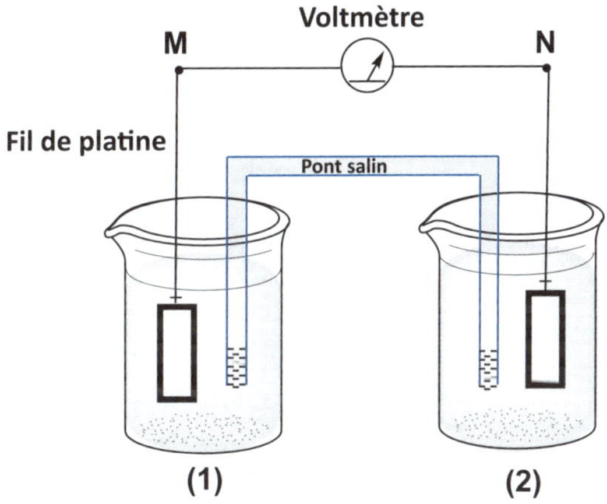

Un bécher contient l'électrode de zinc plongeant dans une solution de sulfate de zinc et l'autre bécher contient l'électrode d'étain qui est immergée dans une solution de sulfate d'étain (II). Les deux électrodes sont reliées par un fil de platine (un conducteur électrique) et les deux solutions, quant à elles, sont reliées par un pont salin contenant du $MgSO_4$.
À 25 °C, les potentiels de réduction standard des deux couples redox sont : $E_r^o(Zn^{2+} / Zn) = -0{,}76$ V et $E_r^o(Sn^{2+} / Sn) = -0{,}14$ V.

Sachant que toutes les concentrations valent 1 mol/L, que $p = 1$ atm et que le sens du courant d'intensité I est de M à N, quelle proposition ci-dessous est correcte ? Cocher la bonne proposition.

- ☐ **A.** L'électrode de zinc est immergée dans la solution contenue dans le bécher (1).
- ☐ **B.** L'électrode d'étain est plongée dans la solution contenue dans le bécher (2).
- ☐ **C.** Le courant (par convention) circule du compartiment du couple ayant le potentiel de réduction le plus faible vers celui de potentiel de réduction le plus élevé.
- ☐ **D.** Les électrons circulent de l'électrode où la charge négative est plus grande vers l'électrode de charge négative moindre (ou de charge positive).

Q20. Parmi les structures chimiques ci-dessous, laquelle (lesquelles) ne contient (contiennent) pas une fonction aldéhyde ?

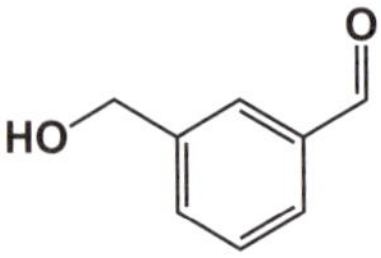

(a)

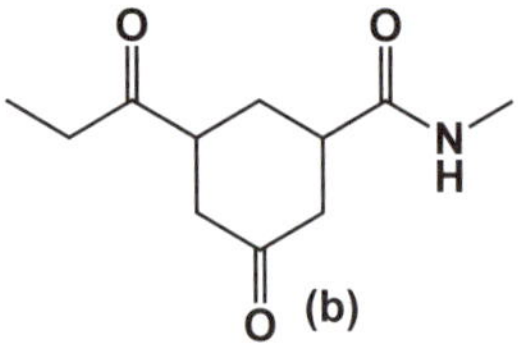

(b)

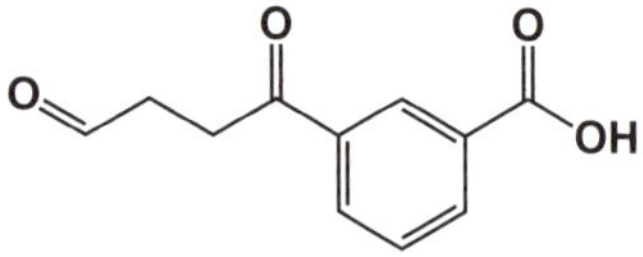

(c)

- ☐ **A.** (a) et (b)
- ☐ **B.** (c)
- ☐ **C.** (b)
- ☐ **D.** (b) et (c)

Corrections...

Test 2

Q1. Réponse B.

L'isotope soufre $^{32}_{16}S$ présente les caractéristiques suivantes :

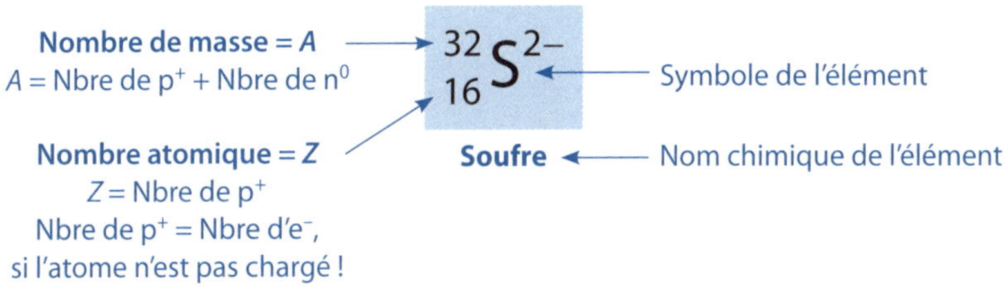

Pour l'isotope $^{32}_{16}S$ non-chargé, le nombre d'électrons est égal au nombre de protons, soit 16 électrons (e^-) et 16 protons (p^+). L'anion $^{32}_{16}S^{2-}$ a quant à lui gagné 2 électrons par rapport à l'atome $^{32}_{16}S$ (neutre). Il possède donc 16 protons et 18 électrons.

Comme indiqué ci-dessus, le nombre de neutrons (n^0) pour cet isotope est égal à 16 : Nbre de n^0 = A – Nbre de p^+ $\Leftrightarrow$ Nbre de n^0 = 32 – 16.

L'atome fait partie des atomes de la troisième période. Ainsi, les 18 électrons sont répartis sur les trois couches électroniques K, L et M selon la configuration suivante : $(K)^2\ (L)^8\ (M)^8$. La proposition B est correcte.

Q2. Réponse D.

Les isotopes de n'importe quel élément chimique comprennent tous le même nombre de protons. Les isotopes de fer contiennent tous 26 protons. Il en résulte donc qu'aucune proposition n'est correcte (Réponse D).

Q3. Réponse D.

Les formules correctes associées à leurs noms sont :

$ZnSO_3$: Sulfite de zinc

$Al(NO_3)_3$: Nitrate d'aluminium

$Ba_3(PO_4)_2$: Phosphate de baryum

Li_2S : Sulfure de lithium

Q4. Réponse A.

En général, les équations de dissociation des sels binaires (MX) et ternaires (MXO) sont :

$$MX \xrightarrow{H_2O} M^{n+} + X^{n-}$$
$$MXO \xrightarrow{H_2O} M^{n+} + XO^{n-}$$

n étant un nombre entier égal à 1, 2, 3 ou 4.

Constatons que la somme des charges des deux ions produits (membres de droite) est égale à 0.

Pour le sel perchlorate de magnésium $Mg(ClO_4)_2$, le cation et l'anion formés en milieu aqueux sont respectivement Mg^{2+} et ClO_4^-. L'équation pondérée est :

$$Mg(ClO_4)_2 \xrightarrow{H_2O} Mg^{2+} + 2\,ClO_4^-$$

La bonne réponse est A.

Q5. Réponse D.

Les trois premières réactions de A à C sont des réactions de neutralisation. Chacune représente une réaction entre un acide binaire (ou ternaire) et une base (hydroxyde ou H_2O). Dans l'équation C, l'eau, bien qu'elle soit ampholyte, joue le rôle d'une base ; elle capte le proton d'HCl pour produire l'ion hydronium H_3O^+.

L'équation en D, ne présentant aucun réactif de type acide, n'illustre pas une neutralisation acido-basique qui, par définition, exige la présence d'un acide et d'une base dans le milieu réactionnel.

Le produit solide $BaSO_4$, insoluble en milieu aqueux, formé par la combinaison des cations Ba^{2+} et des anions SO_4^{2-} indique qu'il s'agit d'une réaction de précipitation.

Q6. Réponse C.

La formule de l'ion acétate est $CH_3COO^\ominus$.

Ainsi, la formule brute de l'acétate de cuivre (II) est : $Cu(CH_3COO)_2$. La liaison entre les ions cuivre (II) et oxygène est ionique ; une liaison à distance résultant de l'attraction entre les deux charges (positive et négative).

La structure de Lewis peut se présenter comme suit :

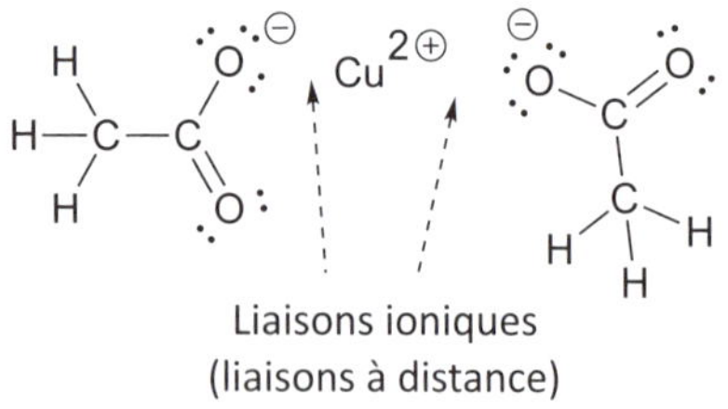

Q7. Réponse B.

Il s'agit de la dissolution du sulfate de sodium monohydraté dans l'eau pure, de formule brute $Na_2SO_4 \cdot 1\ H_2O$. Sa masse molaire est :

$$M(Na_2SO_4 \cdot 1\ H_2O) = 2 \times M(Na) + M\,(S) + 4 \times M\,(O) + 1 \times M(H_2O)$$
$$= 2 \times 23 + 32 + 4 \times 16 + 1 \times 18 = 160$$

L'équation de dissolution du sel monohydraté est :

$$Na_2SO_4 \cdot 1\ H_2O \xrightarrow{H_2O} 2\ Na^+ + SO_4^{2-}$$

D'où : $n(Na_2SO_4 \cdot 1\ H_2O) = n(SO_4^{2-})$.

Or : $n(Na_2SO_4 \cdot 1\ H_2O) = \dfrac{m(Na_2SO_4 \cdot 1H_2O)}{M(Na_2SO_4 \cdot 1H_2O)} = \dfrac{16}{160} = 0{,}10$ mol.

On en déduit donc que : $[Na_2SO_4 \cdot 1\ H_2O] = [SO_4^{2-}] = \dfrac{n(Na_2SO_4 \cdot 1H_2O)}{V(\text{solution})} = \dfrac{0{,}10\ (\text{mol})}{1{,}0\ (\text{L})} = 0{,}10$ mol L^{-1} (Réponse B).

Q8. Réponse D.

Pondérons l'équation : $1\ C_{14}H_{30} + \dfrac{43}{2} O_2 \rightarrow 14\ CO_2 + 15\ H_2O$.

De préférence, nous commençons par les atomes C puis les H et terminons par les atomes d'O.

L'obtention uniquement de nombres entiers est possible par la multiplication de tous les coefficients par 2.

Dès lors, nous obtenons : $2\ C_{14}H_{30} + 43\ O_2 \rightarrow 28\ CO_2 + 30\ H_2O$.

Nous en déduisons donc que $a + b + c + d = 2 + 43 + 28 + 30 = 103$ (Réponse D).

Q9. Réponse B.

On sait que les réactifs sont introduits dans les proportions stœchiométriques et que la transformation est complète. Donc, 2 mol de A réagissent avec 1 mol de B pour produire 3 mol de C et 1 mol de D. Dès lors, pour produire 0,330 mol de C, il faut engager 0,220 mol de A et 0,110 mol de B.

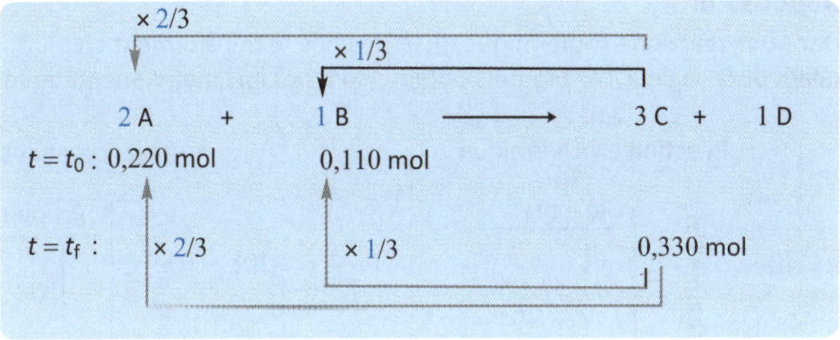

Donc, si on veut obtenir 0,330 mol de C, il faut faire réagir 0,220 mol de A avec 0,110 mol de B. La bonne réponse est B.

Q10. Réponse D.

Le volume de CO_2 augmentera si la température augmente.

Soit $p \times V = n \times R \times T$ pour les gaz parfaits.

Or : n, R et p sont constants.

D'où : $\dfrac{V}{T} = \dfrac{n \times R}{p} = \text{Cte}$.

On en déduit donc que si l'on augmente la température de l'enceinte d'un facteur x, le volume augmentera du même facteur x pour que le rapport $\frac{V}{T}\left(=\frac{n\times R}{p}\right)$ reste constant :

$$\frac{x\times V}{x\times T}=\frac{V}{T}=\frac{n\times R}{p}=\text{Cte}$$

On en déduit donc que si l'on isole le gaz et que l'on stocke à pression atmosphérique et à $T = 30$ °C, son volume augmentera (Réponse D).

Q11. Réponse A.

L'expression de la masse volumique est : $\rho=\frac{m}{V}$.

Si le volume de gaz est comprimé de moitié, il est donc divisé en 2. Or, la masse de l'échantillon reste constante. Donc, la masse volumique sera doublée :

$$\rho=\frac{m}{V} \curvearrowright \text{Compression} \Rightarrow \rho'=\frac{m}{\left(\frac{V}{2}\right)}=2\times\frac{m}{V}=2\times\rho \text{ (Réponse A)}$$

Q12. Réponse C.

Pour 1 g de H_2O (s) à $T = 0$ °C, il faut 335 J pour le transformer en liquide, puis 418 J (chaque degré demande 4,18 J) pour l'amener à 100 °C à l'état liquide et enfin 2257 J pour qu'il puisse passer de l'état liquide à l'état vapeur à 100 °C. Cela fait donc 335 + 418 + 2257 = 3010 J à injecter dans le système pour transformer 1 g d'H_2O de l'état solide 0 °C à l'état vapeur 100 °C.

Établissons la proportion pour 100 g : la quantité d'énergie consommée est égale à 301 000 J = 301 kJ (Réponse C).

Q13. Réponse B.

Dans une réaction exothermique (I), les réactifs se transforment en produits tout en dégageant de la chaleur. Les produits obtenus sont dès lors moins énergétiques que les réactifs.

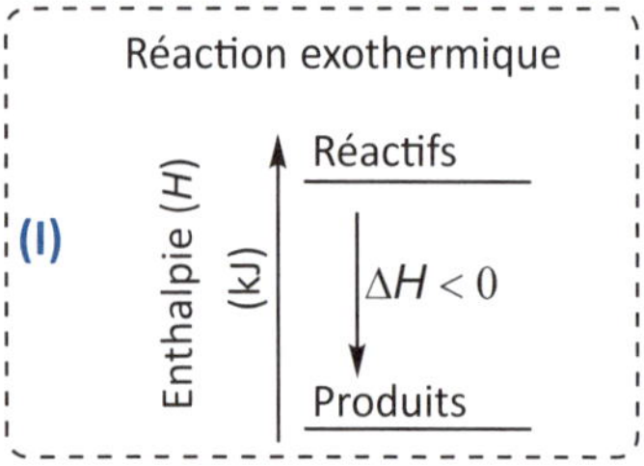

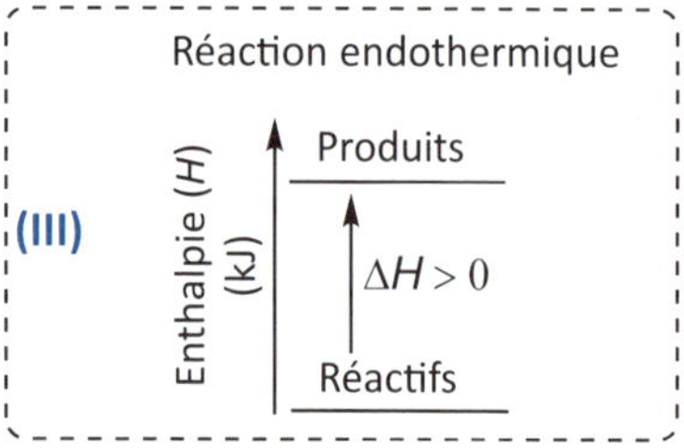

Dans une réaction endothermique (III), les réactifs absorbent de la chaleur pour pouvoir se transformer en produits. Les produits obtenus sont dès lors plus énergétiques que les réactifs.

Les réactions exothermiques sont (a) et (d) et les deux autres sont endothermiques. Leurs diagrammes respectifs sont (I) et (III).

Le diagramme (II) correspond à des réactions de type athermique, au cours desquelles ni absorption ni dégagement de chaleur ne se passent. Aucune des réactions (a), (b), (c) et (d) ne correspond à ce diagramme.

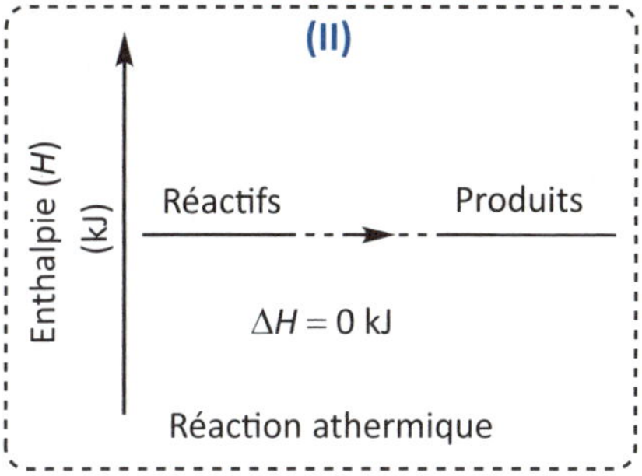

On en déduit donc que la bonne réponse est B.

Q14. Réponse C.

La constante d'équilibre de la réaction est le rapport entre le produit des pressions partielles (ou concentrations molaires) des produits et celui des réactifs, tel que chacune de ces pressions (ou concentrations molaires) est élevée à une puissance égale au coefficient stœchiométrique qui lui correspond.

Les pressions partielles sont exprimées en bar et les concentrations en mol/L.

Pour les gaz, la constante d'équilibre basée sur les pressions est :

$$K_p = \frac{\left(p_{SO_3 \rightleftharpoons}\right)^2}{\left(p_{SO_2 \rightleftharpoons}\right)^2 \times \left(p_{O_2 \rightleftharpoons}\right)^1} \text{ (Réponse C).}$$

Les constantes ne dépendent que de la température et elles n'ont pas d'unité.

Q15. Réponse D.

L'équation A (*g*) ⇄ B (*g*) + C (*g*) décrit les deux réactions : directe A (*g*) → B (*g*) + C (*g*) et inverse B (*g*) + C (*g*) → A (*g*). La double flèche montre que cette réaction n'est pas complète et qu'elle est limitée à un équilibre.

À l'équilibre, comme le montre le schéma, les deux courbes se rencontrent et les vitesses deviennent identiques. Cela arrive à partir de $t = t_4$ (La réponse A est correcte).

La proposition B est correcte car la vitesse, mesurée dans le sens direct de la réaction ($v_{t_1}^{sens\rightarrow} > v_{t_2}^{sens\rightarrow} > v_{t_3}^{sens\rightarrow}$), chute (courbe noire) ; parallèlement à la consommation du réactif A.

Si lors de la consommation du réactif A, la vitesse dans le sens direct de la réaction diminue ($v_{t_1}^{sens\rightarrow} > v_{t_2}^{sens\rightarrow} > v_{t_3}^{sens\rightarrow}$), alors celle dans le sens inverse (retour) augmente : $v_{t_1}^{sens\leftarrow} < v_{t_2}^{sens\leftarrow} < v_{t_3}^{sens\leftarrow}$. La proposition C est correcte. À partir de $t = t_4$, l'équilibre est atteint et les vitesses dans les deux sens sont identiques.

La proposition D est fausse : la formation des produits B et C insinue également la consommation du réactif A, ce qui induit une augmentation de la vitesse de la réaction inverse (et pour ainsi dire, la décroissance de vitesse de la réaction directe).

Q16. **Réponse D.**

Lorsqu'un système à l'équilibre, à température constante, est perturbé par l'augmentation de la concentration de l'un des réactifs non solides, le système évolue vers la droite (formation des produits) pour s'opposer à la modification et donc diminuer l'augmentation de la concentration induite dans le milieu réactionnel. Par conséquent, l'ajout des produits non solides déplace l'équilibre vers le sens inverse de la réaction (vers la formation des réactifs).

On en déduit donc que l'opération en A fait déplacer l'équilibre vers la gauche et celle en D vers la droite.

L'ajout d'un réactif ou d'un produit à l'état solide n'affecte pas l'équilibre. La proposition en B est fausse.

Lorsqu'un système à l'état d'équilibre, à température constante, est perturbé par l'augmentation (diminution) de la pression, la réaction évolue dans le sens produisant le moins (le plus) de molécules à l'état gazeux pour s'opposer à la modification et donc diminuer l'élévation (s'opposer à la réduction) de la pression induite dans le réacteur.

On peut dès lors prédire que l'opération en C fait déplacer l'équilibre vers la gauche (vers la formation des réactifs).

Q17. **Réponse B.**

La réaction d'autoprotolyse de l'eau est : $2\ H_2O \rightleftarrows H_3O^+ + OH^-$ de constante d'équilibre :

$$K_{éq} = \frac{[H_3O^+] \times [OH^-]}{[H_2O]^2}$$

L'eau est le solvant, sa concentration ne varie pas. Le produit ionique de l'eau est :

$$K_w = [H_2O]^2 \times K_{éq} = [H_3O^+] \times [OH^-].$$

À 25 °C, K_w (ou K_e) = 10^{-14}.

La bonne réponse est B.

Q18. **Réponse D.**

A. **Vrai.**

B. **Vrai.** Lors d'une réaction, un élément chimique **A** s'oxyde (ou est oxydé) si son nombre d'oxydation augmente tout en perdant un ou plusieurs électrons.

Exemple :

A	⇄	**A^{2+}**	+	**$2\ e^-$**
N.O. = 0		N.O. = +II		

A est oxydé, c'est un réducteur !

C. **Vrai.** L'élément chimique **B** se réduit (ou est réduit) lorsque son étage d'oxydation diminue tout en captant un ou plusieurs électrons :

Exemple :

B	+	**$3\ e^-$**	⇄	**B^{3-}**
N.O. = 0				N.O. = –III

B est réduit, c'est un oxydant.

D. **Faux.** La somme algébrique des nombres d'oxydation de tous les atomes d'un corps composé est nulle que si la molécule est neutre.

$$KMnO_4 : N.O.(K) + N.O.(Mn) + 4 \times N.O.(O) = 0.$$

Si la molécule est chargée, la somme algébrique des nombres d'oxydation de tous les atomes de la molécule est égale à la valeur algébrique de sa charge.

$$MnO_4^- : N.O.(Mn) + 4 \times N.O.(O) = -1$$

Q19. Réponse D.

Compte tenu des données, le schéma de la pile est :

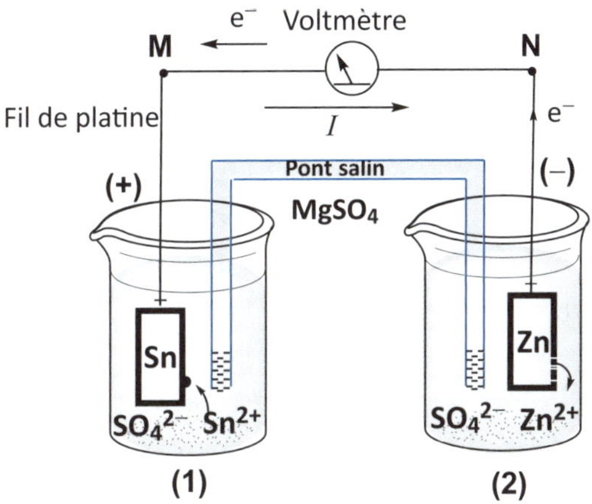

Puisque $E_r^\circ(Zn^{2+}/Zn) < E_r^\circ(Sn^{2+}/ Sn)$, alors l'ion Sn^{2+} est l'oxydant le plus fort et doit par conséquent se trouver au niveau de la cathode, annotée par (+). Les électrons sont produits à l'électrode de Zn (anode), celle-ci est plus riche en électrons que l'électrode cathodique. Le transfert des électrons se fait de la zone la plus riche en électrons à celle la plus pauvre. **La proposition D est correcte.**

Par convention, le sens de l'intensité *I* est toujours dirigé de la cathode (+) vers l'anode (–), dans le sens contraire de celui du mouvement des électrons.

On en déduit donc que l'électrode de zinc est immergée dans la solution contenue dans le bécher (2). **La proposition A est fausse.** Et, l'électrode d'étain est plongée dans la solution contenue dans le bécher (1). **La proposition B n'est pas correcte.**

L'échange d'électrons est spontané. Ce transfert ne peut avoir lieu que si l'électrode d'étain (cathode) se trouve à un potentiel électrique plus élevé que celui de l'électrode de zinc. Ces électrons sont produits à l'anode et sont transférés vers la cathode. Ils se déplacent donc du compartiment du couple ayant le potentiel de réduction le plus faible vers celui de potentiel de réduction le plus élevé.

Comme le courant (par convention) circule dans le sens opposé à celui du mouvement des électrons, on en déduit donc que le courant se déplace du compartiment du couple ayant le potentiel de réduction le plus fort vers celui de potentiel de réduction le plus bas. **La proposition C est fausse.**

Q20. Réponse C.

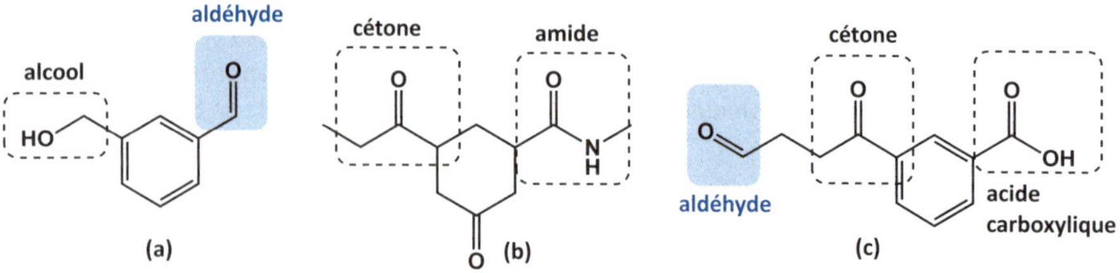

La structure de la molécule (b) ne contient pas de fonction aldéhyde. La bonne réponse est C.

Test 3

Grille des réponses : (1 point si la réponse est correcte, –0,5 point si la réponse est incorrecte et 0 point si rien n'est coché)

	A	B	C	D	Points obtenus (1 pt / –0,5 pt / 0 pt)
QCM 1	☐	☐	☐	☐	....
QCM 2	☐	☐	☐	☐	....
QCM 3	☐	☐	☐	☐	....
QCM 4	☐	☐	☐	☐	....
QCM 5	☐	☐	☐	☐	....
QCM 6	☐	☐	☐	☐	....
QCM 7	☐	☐	☐	☐	....
QCM 8	☐	☐	☐	☐	....
QCM 9	☐	☐	☐	☐	....
QCM 10	☐	☐	☐	☐	....
QCM 11	☐	☐	☐	☐	....
QCM 12	☐	☐	☐	☐	....
QCM 13	☐	☐	☐	☐	....
QCM 14	☐	☐	☐	☐	....
QCM 15	☐	☐	☐	☐	....
QCM 16	☐	☐	☐	☐	....
QCM 17	☐	☐	☐	☐	....
QCM 18	☐	☐	☐	☐	....
QCM 19	☐	☐	☐	☐	....
QCM 20	☐	☐	☐	☐	....
Total / 20 points					Σ = ... / 20

Q1. **Cocher le couple dans lequel les entités ont le même nombre d'électrons.**

- ☐ **A.** $({}^{32}_{16}S^{2-}\ ;\ {}^{31}_{15}P)$
- ☐ **B.** $({}^{14}_{6}C\ ;\ {}^{14}_{7}N)$
- ☐ **C.** $({}^{19}_{9}F^{-}\ ;\ {}^{16}_{8}O)$
- ☐ **D.** $({}^{32}_{16}S^{2-}\ ;\ {}^{39}_{19}K^{+})$

Q2. **On considère les atomes X, Y et Z, trois atomes non métalliques appartenant à un des groupes A du tableau périodique.**
Dans la nouvelle convention, les groupes A (ou a) sont tout simplement numérotés de 1 à 2 et de 13 à 18.
Sachant que A_r (X) > A_r (Y) > A_r (Z) (A_r étant la masse atomique relative), parmi les propositions ci-dessous, cocher celle qui est correcte.

- ☐ **A.** Le rayon atomique décroît de X à Z.
- ☐ **B.** Le rayon atomique de X est inférieur à celui de Y.
- ☐ **C.** Le rayon atomique de Y est inférieur à celui de Z.
- ☐ **D.** Les rayons atomiques de X, Y et Z sont identiques.

Q3. **Quelle masse en grammes possède une quantité de $1{,}204 \times 10^{24}$ molécules du gaz à effet de serre CO_2 ?**
On admet que le nombre d'*Avogadro* est $N_A = 6{,}02 \times 10^{23}$ et la masse moléculaire relative de CO_2 est égale à 44.

☐ **A.** 22 ☐ **B.** 88 ☐ **C.** 66 ☐ **D.** 44

Q4. **On considère les molécules (1) à (4) dont les structures chimiques sont :**

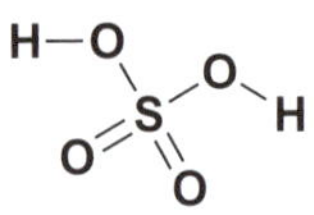
(1)

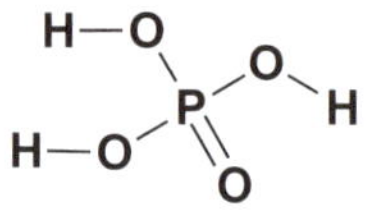
(2)

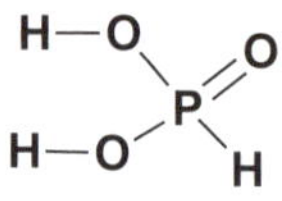
(3)

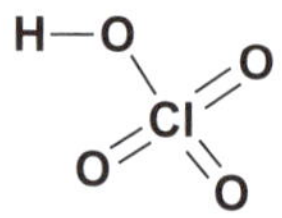
(4)

Données : Masse atomique relative de H = 1, O = 16, Na = 23, P = 31, S = 32 et Cl = 35.
Pour quelles molécules la masse moléculaire relative est égale à 98 ? Cocher la bonne réponse.

- ☐ **A.** (1) et (2)
- ☐ **C.** (2) et (4)
- ☐ **B.** (2) et (3)
- ☐ **D.** (1) et (4)

Q5. **Quel est le sel formé si l'on fait réagir en solution aqueuse 6 mol d'hydroxyde de magnésium avec 4 mol d'acide phosphorique ?**

- ☐ **A.** $MgPO_4$
- ☐ **B.** Mg_2PO_4
- ☐ **C.** Mg_3PO_4
- ☐ **D.** Aucune des trois propositions n'est correcte.

Q6. **On considère la bouteille étiquetée « Na_2CO_3 (*aq*), 0,4 mol L^{-1}, $\rho = 1{,}0$ g mL^{-1} à $T = 25$ °C ».**
Que vaut le pourcentage massique (masse/masse) de Na_2CO_3 dans cette solution aqueuse à $T = 25$ °C ?
Données : Masse atomique relative de H = 1, C = 12, O = 16 et Na = 23.

- ☐ **A.** 4,0 %
- ☐ **B.** 4,24 %
- ☐ **C.** 5,0 %
- ☐ **D.** 5,24 %

Q7. **L'action du phosphate de sodium sur le chlorure de fer (III) produit du phosphate de fer (III) et du chlorure de sodium. La réaction est réalisée en milieu aqueux et à température ambiante.**
Parmi les quatre équations chimiques suivantes, laquelle est correctement pondérée et correspond à la réaction décrite ci-dessus ?

- ☐ **A.** $2\ Na_3PO_4 + 3\ FeCl_2 \rightarrow Fe_3(PO_4)_2 + 6\ NaCl$
- ☐ **B.** $3\ NaPO_4 + FeCl_3 \rightarrow FePO_4 + 3\ NaCl$
- ☐ **C.** $Na_3PO_3 + FeCl_3 \rightarrow FePO_3 + 3\ NaCl$
- ☐ **D.** Aucune de ces équations ne satisfait les deux critères.

Q8. **Classer les solutions aqueuses 1) à 4) suivantes par ordre croissant de concentration molaire d'ions nitrates qui y sont présents.**
On suppose que pour chacune de ces solutions, le volume de la solution préparée est égal au volume de solvant (eau pure) ajouté.
Solution 1) : 170 g de nitrate de sodium dissous dans 1,0 L d'eau pure.
Solution 2) : 213 g de nitrate d'aluminium dissous dans 4,0 L d'eau pure.
Solution 3) : 164 g de nitrate de calcium dissous dans 3,0 L d'eau pure.
Solution 4) : 80 g de nitrate d'ammonium dissous dans 2,0 L d'eau pure.
Masse atomique relative de H = 1, N = 14, O = 16, Al = 27, Na = 23 et Ca = 40.

- ☐ **A.** 1) < 2) < 3) < 4)
- ☐ **B.** 4) < 3) < 2) < 1)
- ☐ **C.** 1) < 3) < 2) < 4)
- ☐ **D.** 4) < 2) < 3) < 1)

Q9. Soit la réaction suivante de combustion de l'alcane C_xH_{2x+2} (17,0 g) en présence de l'oxygène en excès (x étant un nombre entier naturel non nul) :

$$a\, C_xH_{2x+2} + b\, O_2 \rightarrow c\, CO_2 + d\, H_2O$$

Sachant que le rendement de la réaction est 100 % et qu'une quantité de 1,20 mol de CO_2 a été produite, que vaut l'indice x ?
Masse atomique relative de H = 1, C = 12 et O = 16.

- ☐ **A.** $x = 10$
- ☐ **B.** $x = 11$
- ☐ **C.** $x = 12$
- ☐ **D.** $x =$ autre

Q10. On considère trois récipients en verre fermés (1), (2) et (3) contenant respectivement H_2, CO_2 et N_2.

(1) (2) (3)

$m(H_2) = m(CO_2) = m(N_2)$

Sachant que la masse du gaz introduite dans chacun de ces récipients est la même, classez-les par ordre croissant de nombre de molécules qu'ils renferment.
Masse atomique relative de H = 1, C = 12, N = 14 et O = 16.

- ☐ **A.** (1) < (2) < (3)
- ☐ **B.** (2) < (3) < (1)
- ☐ **C.** (3) < (1) < (2)
- ☐ **D.** (3) < (2) < (1)

Q11. Un échantillon de gaz, supposé parfait, est maintenu à pression constante p (en atm). Le volume qu'occupe ce gaz à $T = 25$ °C est 29,8 L.
Sachant que la pression est maintenue constante, quel sera son volume à $T = 125$ °C ? Cocher la bonne réponse.

- ☐ **A.** 29,8 L
- ☐ **B.** 39,8 L
- ☐ **C.** 129,8 L
- ☐ **D.** 298 L

Q12. **À volume et température constants, on considère la réaction suivante en phase gazeuse dans une enceinte fermée :**

$$2\,A\,(g) + B\,(g) \rightleftarrows 2\,C\,(g)$$

On fait réagir 4 mol de A et 2 mol de B. La quantité initiale en C est nulle. Lorsque l'équilibre se rétablit, on constate que 50 % du gaz A a été transformé.

Sachant que la pression totale à l'équilibre est égale à 2 atm, que vaut la pression initiale du mélange A et B dans l'enceinte ?

- ☐ **A.** $p_0 = 2{,}1$ atm
- ☐ **B.** $p_0 = 2{,}2$ atm
- ☐ **C.** $p_0 = 2{,}3$ atm
- ☐ **D.** $p_0 = 2{,}4$ atm

Q13. **Sans changement de phase, 3 L d'un liquide pur consomme environ 75,24 kJ pour augmenter sa température de 6 °C (ou de 6 K). Dans les mêmes conditions et avec la même quantité de chaleur 75,24 kJ, si on chauffe 6 L de ce même liquide à 25 °C, quelle température maximale peut-on atteindre ?**

- ☐ **A.** 28 °C
- ☐ **B.** 29 °C
- ☐ **C.** 30 °C
- ☐ **D.** 31 °C

Q14. **On considère la réaction suivante entre le dioxyde de soufre et l'oxygène à $T = 990$ K :**

$$2\,SO_2\,(g) + O_2\,(g) \rightleftarrows 2\,SO_3\,(g) \qquad K_p = 4 \times 10^{-4}$$

Sachant que $p_{SO_3 \leftrightharpoons}$, $p_{SO_2 \leftrightharpoons}$ et $p_{O_2 \leftrightharpoons}$ les pressions partielles respectives de SO_3, SO_2 et O_2 à l'équilibre, que vaut la constante d'équilibre K'_p pour l'équation : $SO_2\,(g) + 1/2\,O_2\,(g) \rightleftarrows SO_3\,(g)$ à $T = 990$ K ? Cocher la bonne réponse.

- ☐ **A.** $K'_p = 1 \times 10^{-4}$
- ☐ **B.** $K'_p = 2 \times 10^{-4}$
- ☐ **C.** $K'_p = 2 \times 10^{-2}$
- ☐ **D.** $K'_p = 4 \times 10^{-2}$

Q15. **À $T = 298$ K, on considère la réaction à l'équilibre suivante :**

$$A\,(g) + B\,(g) \rightleftarrows 2\,C\,(g) \qquad \Delta H < 0 \text{ (en kJ)}$$

Sachant que la température demeure constante, dans quel sens l'équilibre va se déplacer si on diminue la pression ? Cocher la bonne proposition.

- ☐ **A.** L'équilibre évolue dans le sens direct de la réaction.
- ☐ **B.** L'équilibre évolue dans le sens inverse de la réaction.
- ☐ **C.** Le système n'est pas affecté par cette perturbation.
- ☐ **D.** Le manque de données rend impossible la prédiction du sens de déplacement de l'équilibre.

Q16. **La force d'acidité de CH_3COOH est plus faible que celle de H_3O^+ à 25 °C. Quelle est l'expression exacte de la constante d'acidité définissant la dissociation de CH_3COOH dans l'eau pure à 25 °C ?**
On admet que le symbole $[AH]_0$ signifie la concentration initiale de l'acide AH avant toute dissociation et $[AH]_{éq}$ la concentration de AH restant non dissociée dans le milieu à la fin de la dissociation (à l'état d'équilibre).

- ☐ **A.** $K_a = \dfrac{[H_3O^+]_{éq} \times [CH_3COO^-]_0}{[CH_3COOH]_0}$
- ☐ **B.** $K_a = \dfrac{[H_3O^+]_0 \times [CH_3COO^-]_0}{[CH_3COOH]_0}$
- ☐ **C.** $K_a = \dfrac{[H_3O^+]_{éq} \times [CH_3COO^-]_{éq}}{[CH_3COOH]_{éq}}$
- ☐ **D.** $K_a = \dfrac{[H_3O^+]_{éq} \times [CH_3COO^-]_{éq}}{[CH_3COOH]_0}$

Q17. **On considère les pK_a des couples acides-bases suivants :**

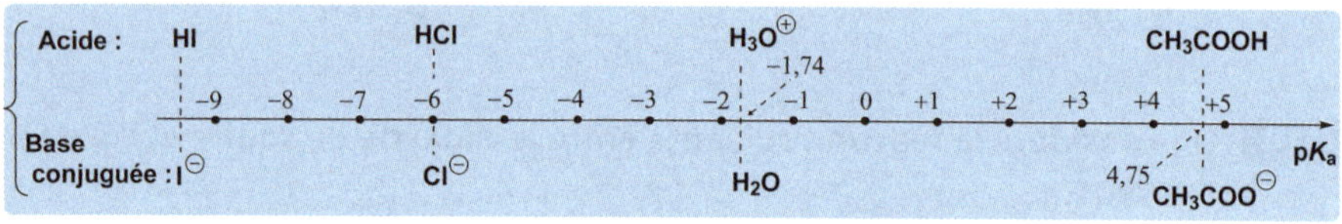

Parmi les propositions suivantes, laquelle est fausse ?

- ☐ **A.** L'acide chlorhydrique s'ionise complètement dans l'eau.
- ☐ **B.** L'acide acétique s'ionise partiellement dans l'eau.
- ☐ **C.** L'eau comme solvant capte complètement le proton de CH_3COOH comme soluté.
- ☐ **D.** La base conjuguée de l'acide acétique est plus forte que celle de l'ion hydronium.

Q18. **Le nombre d'oxydation du phosphore dans PH_3 additionné à celui du phosphore dans H_3PO_4 vaut :**

- ☐ **A.** +IV
- ☐ **B.** +II
- ☐ **C.** +I
- ☐ **D.** 0

Q19. Soit la réaction redox en milieu acide non pondérée suivante :

$$\ldots Fe^{2+} + \ldots NO_3^- + \ldots H^+ \rightleftarrows \ldots Fe^{3+} + \ldots NO + \ldots H_2O$$

Laquelle des propositions suivantes est correcte ?

- ☐ **A.** La somme des coefficients stœchiométriques des réactifs est supérieure à celle des produits.
- ☐ **B.** La somme des coefficients stœchiométriques des réactifs est inférieure à celle des produits.
- ☐ **C.** La somme des coefficients stœchiométriques des réactifs est égale à celle des produits.
- ☐ **D.** Aucune de ces trois propositions n'est correcte.

Q20. Soit la structure chimique de l'espèce suivante :

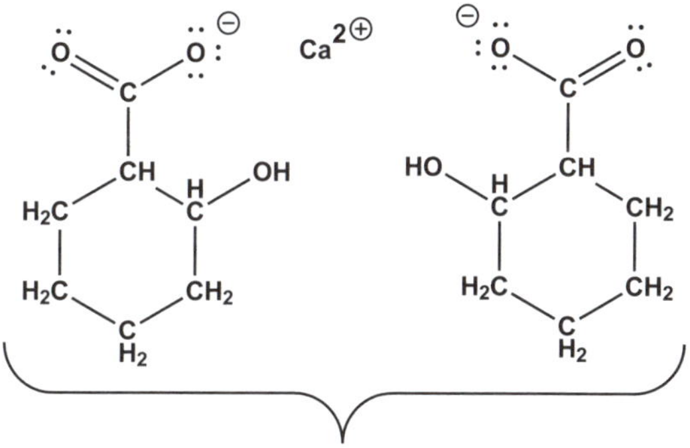

Parmi les formules brutes suivantes, laquelle correspond à cette espèce chimique ?

- ☐ **A.** $Ca(C_7H_{10}O_3)_2$
- ☐ **B.** $CaC_7H_{11}O_3$
- ☐ **C.** $C_7H_{11}O_3Ca$
- ☐ **D.** $Ca(C_7H_{11}O_3)_2$

Corrections . . .

Test 3

Q1. Réponse D.

L'ion $^{32}_{16}S^{2-}$ possède 16 protons, 16 (= 32 – 16) neutrons et 18 électrons (16 + 2). Par rapport à l'atome neutre $^{32}_{16}S$, l'anion $^{32}_{16}S^{2-}$ a quant à lui gagné deux électrons.

L'ion $^{39}_{19}K^{+}$ possède 19 protons, 20 (= 39 – 19) neutrons et 18 électrons (19 – 1). Par rapport à l'atome métallique $^{39}_{19}K$, le cation $^{39}_{19}K^{+}$ a quant à lui perdu un électron.

Pour les autres atomes/ions :

$^{31}_{15}P \rightarrowtail 15$ électrons, $^{14}_{6}C \rightarrowtail 6$ électrons, $^{14}_{7}N \rightarrowtail 7$ électrons, $^{19}_{9}F^{-} \rightarrowtail 10$ électrons et $^{16}_{8}O \rightarrowtail 8$ électrons.

Q2. Réponse A.

Comme A_r (X) > A_r (Y) > A_r (Z), les atomes sont alors disposés en colonne de haut en bas : Z, Y et X. Le nombre de couches électroniques augmente de Z à X. Les électrons périphériques de Z sont plus liés au noyau que ceux de Y et X. Ainsi, le rayon atomique de Y est supérieur à celui de Z. Dans un groupe (ou famille), le rayon atomique **croît** de haut en bas. On en déduit donc que le rayon atomique décroît de X à Z (Réponse A).

Q3. Réponse B.

Une mole de CO_2 contient $6{,}02 \times 10^{23}$ molécules de CO_2.

On en déduit que pour le nombre $1{,}204 \times 10^{24} = 12{,}04 \times 10^{23}$ molécules de CO_2, soit deux moles de CO_2.

La masse molaire de CO_2 est égale à 44 g/mol ; une mole de CO_2 pèse 44 g.

Ainsi, la masse correspondant à une quantité de 2 mol (ou $1{,}204 \times 10^{24}$ molécules) de CO_2 vaut 88 g (Réponse B).

Q4. Réponse A.

Les formules brutes des molécules (1) à (4) sont :

- H_2SO_4, sulfate d'hydrogène (ou acide sulfurique).
- H_3PO_4, phosphate d'hydrogène (ou acide phosphorique).
- H_3PO_3, phosphite d'hydrogène (ou acide phosphoreux).
- $HClO_4$, perchlorate d'hydrogène (ou acide perchlorique).

Les masses moléculaires respectives sont :

$M(H_2SO_4) = 2 \times M(H) + M(S) + 4 \times M(O) = 2 \times 1 + 32 + 4 \times 16 = 98$,

$M(H_3PO_4) = 98$, $M(H_3PO_3) = 82$ et $M(HClO_4) = 100$.

La bonne réponse est A.

Q5. Réponse D.

La réaction de neutralisation pondérée est :

$$3\ Mg(OH)_2 + 2\ H_3PO_4 \rightarrow Mg_3(PO_4)_2 + 6\ H_2O$$

Le sel ternaire formé est le phosphate de magnésium : $Mg_3(PO_4)_2$ (Réponse D).

Q6. Réponse B.

La masse volumique de la solution est 1 g mL^{-1}, ce qui veut dire que 1 L de solution pèse 1 000 g à $T = 25$ °C.

La concentration molaire de Na_2CO_3 est 0,4 mol L^{-1}. Ainsi, dans un litre de solution, on trouve $n(Na_2CO_3) = 0{,}4$ mol, soit $m(Na_2CO_3) = 0{,}4 \text{ mol} \times M(Na_2CO_3) = 0{,}4 \text{ mol} \times 106 \text{ g mol}^{-1} = 42{,}4$ g.

On en déduit donc que dans 1 000 g de solution, il y a 42,4 g de Na_2CO_3 pur et (1 000 – 42,4) g d'H_2O.

Le pourcentage massique demandé est la *masse* de Na_2CO_3 contenue dans 100 g de solution :

$$\text{Pourcentage en masse} = \frac{m(Na_2CO_3)}{m(\text{Solution})} \times 100\ \% = \frac{42{,}4}{1000} \times 100\ \% = 4{,}24\ \%$$

La bonne réponse est B.

Q7. Réponse D.

L'équation chimique tenant compte des réactifs et des produits, correctement pondérée, est :

$$Na_3PO_4 + FeCl_3 \rightarrow FePO_4 + 3\ NaCl$$

On rappelle que la valence du groupement phosphate est III (PO_4^{3-}), égale à celle du fer (III).

Q8. Réponse B.

Les masses molaires des solutés utilisés pour préparer les quatre solutions sont :

$M(NH_4NO_3) = 80$ g mol^{-1}, $M\ (Al(NO_3)_3) = 213$ g mol^{-1},
$M\ (Ca(NO_3)_2) = 164$ g mol^{-1} et $M\ (NaNO_3) = 85$ g mol^{-1}.

Les sels nitrates sont très solubles dans l'eau. La dissolution est complète dans chacune de ces solutions :

Solution 1) :

$$NaNO_3 \xrightarrow{H_2O} Na^+ + NO_3^-$$

$$n(NaNO_3) = \frac{m(NaNO_3)}{M(NaNO_3)} = \frac{170\ (g)}{85\ (g/mol)} = 2 \text{ mol.}$$

Une dissolution d'une mole de $NaNO_3$ produit une mole de NO_3^-.

D'où : $[NO_3^-] = \dfrac{1 \times n(NaNO_3)}{V(\text{Solution})} = \dfrac{2\ (mol)}{1{,}0\ (L)} = 2{,}0 \text{ mol } L^{-1}$.

Solution 2) :

$$Al(NO_3)_3 \xrightarrow{H_2O} Al^{3+} + 3\ NO_3^-$$

$$n(Al(NO_3)_3) = \frac{m(Al(NO_3)_3)}{M(Al(NO_3)_3)} = \frac{213\ (g)}{213\ (g/mol)} = 1 \text{ mol.}$$

Une dissolution d'une mole de $Al(NO_3)_3$ produit 3 moles de NO_3^-.

D'où : $[NO_3^-] = \dfrac{3 \times n(Al(NO_3)_3)}{V(\text{Solution})} = \dfrac{3\ (\text{mol})}{4{,}0\ (\text{L})} = 0{,}75\ \text{mol L}^{-1}$.

Solution 3 :

$$Ca(NO_3)_2 \xrightarrow{H_2O} Ca^{2+} + 2\,NO_3^-$$

$$n(Ca(NO_3)_2) = \frac{m(Ca(NO_3)_2)}{M(Ca(NO_3)_2)} = \frac{164\ (\text{g})}{164\ (\text{g/mol})} = 1\ \text{mol}.$$

Une dissolution d'une mole de $Ca(NO_3)_2$ produit 2 moles de NO_3^-.

D'où : $[NO_3^-] = \dfrac{2 \times n(Ca(NO_3)_2)}{V(\text{Solution})} = \dfrac{2\ (\text{mol})}{3{,}0\ (\text{L})} = 0{,}67\ \text{mol L}^{-1}$.

Solution 4) :

$$NH_4NO_3 \xrightarrow{H_2O} NH_4^+ + NO_3^-$$

$$n(NH_4NO_3) = \frac{m(NH_4NO_3)}{M(NH_4NO_3)} = \frac{80\ (\text{g})}{80\ (\text{g/mol})} = 1\ \text{mol}.$$

Une dissolution d'une mole de NH_4NO_3 produit une mole de NO_3^-.

D'où : $[NO_3^-] = \dfrac{1 \times n(NH_4NO_3)}{V(\text{Solution})} = \dfrac{1\ (\text{mol})}{2{,}0\ (\text{L})} = 0{,}5\ \text{mol L}^{-1}$.

On en déduit donc que $[NO_3^-]_{\text{Sol. 4)}} < [NO_3^-]_{\text{Sol. 3)}} < [NO_3^-]_{\text{Sol. 2)}} < [NO_3^-]_{\text{Sol. 1)}}$ (Réponse B).

Q9. Réponse C.

Si le coefficient stœchiométrique a de C_xH_{2x+2} vaut 1 ($a = 1$), alors celui de CO_2 sera égal à x (x est l'indice du C). Ainsi s'écrit :

	1 C_xH_{2x+2}	+	b O_2	→	x CO_2	+	d H_2O
$t = t_0$	17 g		excès		0 g		0 g
$t = t_f$	0 mol		excès		1,2 mol		

$\times M(C_xH_{2x+2})$ ← $\times 1/x$

La réaction est complète. Toute la quantité de l'alcane a réagi. Dès lors, une mole de l'alcane engagée produit x moles de CO_2. Pour produire 1,20 mol de CO_2, la quantité de C_xH_{2x+2} engagée est donc de $\dfrac{1{,}20}{x}$ mol.

La masse molaire de C_xH_{2x+2} est égale à $12\,x + (2\,x + 2) \times 1 = (14\,x + 2)$ g mol^{-1}.

D'où : $m(C_xH_{2x+2}) = \left(\dfrac{1{,}2}{x}\right)$ mol $\times (14\,x + 2)$ g/mol $= 17{,}0$ g

Résolvons l'équation : $x = 2{,}4 / 0{,}2 = 12$.

Il s'agit donc de l'alcane $C_{12}H_{26}$ (Réponse C).

Q10. Réponse B.

Calculons les masses molaires des trois gaz :

$$M(H_2) = 2\ \text{g/mol},\ M(CO_2) = 44\ \text{g/mol et } M(N_2) = 28\ \text{g/mol}$$

Pour une masse identique m, nous avons :

$$n(H_2) = \frac{m\ (g)}{2\left(\frac{g}{mol}\right)} > n(N_2) = \frac{m\ (g)}{28\left(\frac{g}{mol}\right)} > n(CO_2) = \frac{m\ (g)}{44\left(\frac{g}{mol}\right)}.$$

Le classement ne change pas, si nous multiplions les quantités de moles par le nombre N_A :

$n(H_2) \times N_A > n(N_2) \times N_A > n(CO_2) \times N_A$ ($N_A = 6{,}02 \times 10^{23}$ étant le nombre d'Avogadro)

On en déduit donc que pour une même masse :

Nbre de molécules $(H_2) = n(H_2) \times N_A$ > Nbre de molécules $(N_2) = n(N_2) \times N_A$ > Nbre de molécules $(CO_2) = n(CO_2) \times N_A$.

La bonne réponse est B.

Q11. **Réponse B.**

Soit $p \times V = n \times R \times T$ pour les gaz parfaits.

Or, on sait que n et p demeurent constants. D'où, $\frac{n \times R}{p}$ = Constante.

Donc, le rapport $\frac{V_i}{T_i}$ = Constante ; le volume est proportionnel à la température lorsque la pression est constante.

Aux deux conditions, on peut écrire : $\frac{V_1}{T_1} = \frac{V_2}{T_2}$ = Constante.

Le volume cherché, noté V_2, est égal à : $V_2 = \frac{T_2 \times V_1}{T_1}$.

En remplaçant V_1, T_1 et T_2 dans cette dernière équation par 29,8 L, 298 K et 398 K respectivement, on obtient : $V_2 = \frac{398\ (K) \times 29{,}8\ (L)}{298\ (K)}$ = 39,8 L (Réponse B).

Q12. **Réponse D.**

On considère le tableau d'avancement pour cette réaction :

	2 A (g)	+	B (g)	⇄	2 C (g)	
t_0 (mol)	4		2		0	n_0(total) = 6 mol
$t_{éq}$ (mol) (« éq » = « équilibre »)	$4 - 2x$		$2 - x$		$0 + 2x$	$n_{éq}$(total) = $6 - x$ mol

Vu qu'à l'équilibre, 50 % de A est transformé, il vient : $\frac{2x}{4} = 0{,}50 \Leftrightarrow x = 1$mol.

D'où : $n_{éq}$(total) = $n_{éq}$(A) + $n_{éq}$(B) + $n_{éq}$(C) = $6 - x$ (mol) = $6 - 1$ = 5 mol.

Le volume et la température sont constants. La pression totale à l'intérieur de l'enceinte fermée est dès lors proportionnelle au nombre total de moles des gaz présents.

Donc :

- à t_0, on a : $p_0 \times V = n_0(\text{total}) \times R \times T$ I
- à $t_{éq}$, on a : $p_{éq} \times V = n_{éq}(\text{total}) \times R \times T$ II

En établissant le rapport I par II et en remplaçant n_0, $n_{éq}$ et $p_{éq}$ dans cette équation par 6 mol, 5 mol et 2 atm respectivement, on obtient : $\frac{p_0}{p_{éq}} = \frac{n_0(\text{total})}{n_{éq}(\text{total})} \Leftrightarrow p_0 = 2 \times \frac{6}{5}$ = 2,4 atm (Réponse D).

Q13. **Réponse A.**

La température augmentera que de 3 °C (6 °C / 2), car il y a deux fois plus de molécules à chauffer dans 6 L que dans 3 L. En effet, pour la même quantité de chaleur injectée dans le système, si on double la masse de la matière, la variation de la température sera divisée en deux. Pour atteindre une augmentation de température de 6 °C, il faut doubler la quantité de chaleur injectée dans le système.

On peut aussi utiliser la formule mathématique vue dans le cours sur la calorimétrie :

$$Q\ (\text{kJ}) = m\ (\text{kg}) \times c\ (\text{kJ °C}^{-1}\ \text{kg}^{-1}) \times \Delta T\ (\text{°C}),$$

avec c la capacité thermique massique de la matière.

Constatons que si la masse m de la matière à chauffer est doublée, alors ΔT sera divisée en deux pour que Q reste constante.

La bonne réponse est A.

Q14. **Réponse C.**

Attention, la constante d'équilibre est toujours liée aux coefficients des réactifs et produits existants dans l'équation.

Constatons que :

- pour $2\ SO_2\ (g) + O_2\ (g) \rightleftarrows 2\ SO_3\ (g)$, on a : $K_p = \dfrac{\left(p_{SO_3 \leftrightharpoons}\right)^2}{\left(p_{SO_2 \leftrightharpoons}\right)^2 \times \left(p_{O_2 \leftrightharpoons}\right)^1}$
- pour $SO_2\ (g) + \frac{1}{2}\ O_2\ (g) \rightleftarrows SO_3\ (g)$, on a : $K'_p = \dfrac{\left(p_{SO_3 \leftrightharpoons}\right)^1}{\left(p_{SO_2 \leftrightharpoons}\right)^1 \times \left(p_{O_2 \leftrightharpoons}\right)^{1/2}}$

On en déduit donc que, à $T = 990$ K, $K'_p = \sqrt{K_p} = \sqrt{4 \times 10^{-4}} = 2 \times 10^{-2}$ (Réponse C).

Q15. **Réponse C.**

L'augmentation de la pression déplace l'équilibre dans le sens produisant le moins de molécules à l'état gazeux. Or, dans ce système, il y a autant de molécules gazeuses dans les produits (2 molécules) que dans les réactifs (2 molécules) : $A\ (g) + B\ (g) \rightleftarrows 2\ C\ (g)$. Par conséquent, l'augmentation de la pression ne déplace pas l'équilibre. La bonne proposition est C.

Q16. **Réponse C.**

$[H_3O^+]_0$ est la concentration en ion hydronium issue uniquement de l'autoprotolyse de l'eau à 25 °C.

Établissons le tableau de l'avancement de la dissociation de l'acide acétique dans l'eau :

	CH_3COOH	+	H_2O	$\rightleftarrows$	H_3O^+	+	CH_3COO^-
t_0	$[CH_3COOH]_0$		–		$[H_3O^+]_0 = 10^{-7}$ M		0
$t_f = t_{éq}$	$[CH_3COOH]_{éq}$		–		$[H_3O^+]_{éq}$		$[CH_3COO^-]_{éq}$

D'où : $K_a = \dfrac{\left[H_3O^+\right]_{éq} \times \left[CH_3COO^-\right]_{éq}}{[CH_3COOH]_{éq}}$ (Réponse C).

Q17. Réponse C.

A. **Vrai.** HCl est un acide plus fort que H_3O^+ formé, il se dissocie complètement dans l'eau :

$$HCl + H_2O \rightarrow H_3O^+ + Cl^-.$$

Rappel :

Toute réaction acide-base passe par un transfert de proton. Celle-ci est complète lorsque l'acide conjugué (ou la base conjuguée) produit(e) est plus faible que l'acide (la base) engagé(e) comme réactif.

À partir des constantes d'acidité, il est toujours facile de calculer la constante d'équilibre de toutes les réactions acide-bases :

$$AH + B \rightleftarrows BH^+ + A^-, \quad K_{éq} = \frac{[BH^+]\times[A^-]}{[AH]\times[B]} = \frac{K_a(\text{Acide réactif})}{K_a(\text{Acide produit})}$$
$$= 10^{pK_a(\text{Acide produit}) - pK_a(\text{Acide réactif})}$$

Avec :

$$K_a(\text{Acide réactif}) = \frac{[H_3O^+]\times[A^-]}{[AH]} = 10^{-pK_a(\text{Acide réactif})}$$

$$K_a(\text{Acide produit}) = \frac{[H_3O^+]\times[B]}{[BH^+]} = 10^{-pK_a(\text{Acide produit})}$$

On admet que le transfert de proton de l'acide à la base est complet si la constante d'équilibre $K_{éq}$ est supérieure ou égale à 10^3, ce qui implique que la différence pK_a(Acide conjugué formé) – pK_a (Acide réactif) soit supérieure ou égale à 3.

Pour notre cas : $HCl + H_2O \rightarrow H_3O^+ + Cl^-$

$$K_{éq} = \frac{[H_3O^+]\times[Cl^-]}{[HCl]\times[H_2O]} = \frac{K_{HCl}}{K_{H_3O^+}} = 10^{pK_a(H_3O^+) - pK_a(HCl)} = 10^{(-1,74)+6} > 10^3$$

Ce qui explique la dissociation dite **complète** des acides forts (ceux dont les p$K_a < -2$) dans l'eau.

B. **Vrai** et **C.** **Faux.**

CH_3COOH est un acide plus faible que l'acide conjugué de l'eau (H_3O^+), sa dissociation (ionisation) dans l'eau n'est pas complète.

CH_3COOH	+	**H_2O**	$\rightleftarrows$	**H_3O^+**	+	**CH_3COO^-**
Acide réactif, p$K_a = 4,75$				Acide formé, p$K_a = -1,74$		

$$K_{éq} = \frac{[H_3O^+]\times[CH_3COO^-]}{[CH_3COOH]\times[H_2O]} = \frac{K_a(CH_3COOH)}{K_a(H_3O^+)} = 10^{pK_a(H_3O^+) - pK_a(CH_3COOH)} = 10^{(-1,74)-4,75} < 10^3$$

Ainsi, $K_{éq} = 10^{(-1,74)-4,75} < 1$ montre que la disociation de l'acide acétique dans l'eau est faible. À l'équilibre, l'acide acétique et sa base conjuguée sont présents tous les deux dans le même milieu.

D. **Vrai.** La base conjuguée de l'acide acétique est plus forte que celle de l'ion hydronium car la force d'acidité de CH_3COOH est plus petite que celle de l'hydronium (pK_a (CH_3COOH) > pK_a (H_3O^+) ou K_a (CH_3COOH) < K_a (H_3O^+)).

Q18. Réponse B.

En sachant que le nombre d'oxydation de l'atome d'hydrogène dans les molécules PH_3 et H_3PO_4 est de +I et celui de l'oxygène dans la molécule H_3PO_4 vaut –II, on en déduit que le nombre d'oxydation du phosphore :

- dans $\mathbf{P}H_3$: $x + 3 \times 1 = 0$, soit $x = -III$ (x étant le N.O.(**P**))
- dans $H_3\mathbf{P}O_4$: $3 \times 1 + x + 4 \times (-2) = 0$, soit $x = +V$ (x étant le N.O.(**P**))

Ainsi, la somme du nombre d'oxydation du phosphore dans $\mathbf{P}H_3$ et celui du phosphore dans $H_3\mathbf{P}O_4$ est égale à +II. La bonne réponse est B.

Q19. Réponse A.

1. **Repérons les deux membres formant les deux demi-équations :**

$$NO_3^- \rightleftarrows NO \qquad (a)$$
$$Fe^{2+} \rightleftarrows Fe^{3+} \qquad (b)$$

2. **Calculons les nombres d'oxydation (N.O.) et déduisons-en le nombre d'électrons échangés dans chacune des demi-équations.**

Pour la demi-équation (a), $NO_3^- \rightleftarrows NO$:

- Le N.O. de N dans $\underline{N}O_3^-$ vaut + V, car $x + 3 \times (-2) = -1$, soit $x = 5$.
- Le N.O. de N dans $\underline{N}O$ vaut + II, car $x + (-2) = 0$, soit $x = 2$.

Il s'agit d'une demi-équation de réduction : l'atome d'azote se réduit de +V à +II.

Le NO_3^- portant le N.O. le plus élevé est l'oxydant et le composé NO portant le N.O. le moins élevé est le réducteur.

Le nombre d'électrons échangés = Δ(N.O.) = N.O.(oxydant) – N.O.(réducteur)
= $5 - 2 = 3\ e^-$.

Pour la demi-équation (b), $Fe^{2+} \rightleftarrows Fe^{3+}$:

- Le N.O. de Fe^{2+} vaut +II.
- Le N.O.de Fe^{3+} vaut +III.

Il s'agit d'une demi-équation d'**oxydation** : l'atome de fer s'oxyde de +II à +III.

L'ion ferreux Fe^{2+} est le réducteur et l'ion ferrique Fe^{3+} est l'oxydant.

Le nombre d'électrons échangés = Δ(N.O.) = N.O.(oxydant) – N.O.(réducteur)
= $3 - 2 = 1\ e^-$.

Il vient :

$$NO_3^- + 3\ e^- \rightleftarrows NO \qquad (a)$$
$$Fe^{2+} \rightleftarrows Fe^{3+} + 1\ e^- \qquad (b)$$

> **Remarque :**
> Les électrons figurent **toujours** du côté de l'oxydant.

3. **Vérifier si on a 1$\underline{N}$ ($\underline{N}O_3^-$) pour 1$\underline{N}$ ($\underline{N}O$) et 1 $\underline{Fe}$ ($\underline{Fe}^{2+}$) pour 1$\underline{Fe}$ ($\underline{Fe}^{3+}$)**

Pour la demi-équation (a) $\underline{N}O_3^- + 3\ e^- \rightleftarrows \underline{N}O$, on a bien 1 (N) pour 1 (N).

Pour la demi-équation (b) $\underline{Fe}^{2+} \rightleftarrows \underline{Fe}^{3+} + 1\ e^-$, on constate que 1 (Fe) pour 1 (Fe) est respecté.

> **Remarque :**
> Voici un exemple tel que le rapport 1 pour 1 n'est pas respecté :
>
> | N.O. : | VI | | | III |
> |---|---|---|---|---|
> | | $\underline{Cr}_2O_7^{2-}$ | $+\ \mathbf{2} \times 3\ e^-$ | $\rightleftarrows$ | $\mathbf{2}\ \underline{Cr}^{3+}$ |
> | | Oxydant | | | Réducteur |
>
> Δ(N.O.) = N.O.(oxydant) – N.O.(réducteur) = 6 – 3 = 3 e^-
> Nous avons **2** <u>Cr</u> ($\underline{Cr}_2O_7^{2-}$) pour **un seul** <u>Cr</u> ($\underline{Cr}^{3+}$). Dans ce cas, il faut multiplier le Cr^{3+} par 2 et <u>surtout NE PAS OUBLIER</u> de multiplier le nombre d'électrons par **2 également** !!!

4. **Le milieu est acide !**

Pour la demi-équation (a), le milieu est acide étant donné la présence de H^+ dans l'équation globale (redox). Dans ce cas, on pondère le nombre d'atomes d'oxygène par addition de H_2O du côté du réducteur. Ensuite, on ajuste la demi-équation avec les protons H^+ du côté de l'oxydant.

On obtient :

$$NO_3^- + 3\ e^- + 4\ H^+ \rightleftarrows NO + 2\ H_2O \qquad \text{(a)}$$

Pour la demi-équation (b), il n'y a pas d'atome d'oxygène. Il ne faut donc rien ajouter.

$$Fe^{2+} \rightleftarrows Fe^{3+} + 1\ e^- \qquad \text{(b)}$$

Enfin, nous confirmons ces deux demi-équations en faisant le bilan de charge.

Constatons que :

- pour (a), de part et d'autre de la demi-équation, la somme des charges est nulle.

$NO_3^- + 3\ e^- + 4\ H^+$	$\rightleftarrows$	$NO + 2\ H_2O$	(a)
Σcharges = **0**		Σcharges = 0	

- pour (b), de part et d'autre de la demi-équation, la somme des charges est égale à +2.

Fe^{2+}	$\rightleftarrows$	$Fe^{3+} + 1\ e^-$	(b)
Σcharges = **+2**		Σcharges = 2	

5. **L'équation redox (globale)**

Étant donné que les deux demi-équations sont simultanées, les électrons sont cédés par le réducteur afin qu'ils puissent être consommés par l'oxydant. Les deux demi-équations doivent contenir le même nombre d'électrons. Pour cela, il suffit de multiplier la demi-équation (b) par 3 :

$$
\begin{array}{rcll}
NO_3^- + 3\ e^- + 4\ H^+ & \rightleftarrows & NO + 2\ H_2O & \times 1\ \text{(a)} \\
[Fe^{2+} & \rightleftarrows & Fe^{3+} + 1\ e^-] \times \mathbf{3} & \times \mathbf{3}\ \text{(b)} \\
\hline
3\ Fe^{2+} + 1\ NO_3^- + 4\ H^+ & \rightleftarrows & 3\ Fe^{3+} + 1\ NO + 2\ H_2O &
\end{array}
$$

La somme des coefficients stœchiométriques des réactifs est égale à 8.

La somme des coefficients stœchiométriques des produits est égale à 6.

On en déduit donc que la bonne réponse est A.

Q20. Réponse D.

La formule brute est $Ca(C_7H_{11}O_3)_2$:

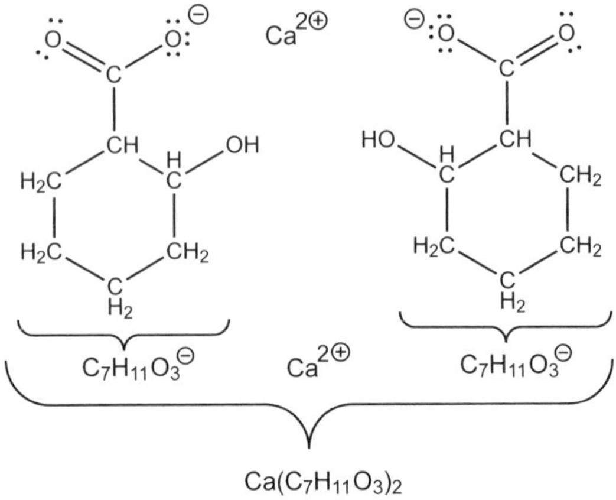

Test 4

Grille des réponses : (1 point si la réponse est correcte, –0,5 point si la réponse est incorrecte et 0 point si rien n'est coché)

	A	B	C	D	Points obtenus (1 pt / –0,5 pt / 0 pt)
QCM 1	☐	☐	☐	☐	....
QCM 2	☐	☐	☐	☐	....
QCM 3	☐	☐	☐	☐	....
QCM 4	☐	☐	☐	☐	....
QCM 5	☐	☐	☐	☐	....
QCM 6	☐	☐	☐	☐	....
QCM 7	☐	☐	☐	☐	....
QCM 8	☐	☐	☐	☐	....
QCM 9	☐	☐	☐	☐	....
QCM 10	☐	☐	☐	☐	....
QCM 11	☐	☐	☐	☐	....
QCM 12	☐	☐	☐	☐	....
QCM 13	☐	☐	☐	☐	....
QCM 14	☐	☐	☐	☐	....
QCM 15	☐	☐	☐	☐	....
QCM 16	☐	☐	☐	☐	....
QCM 17	☐	☐	☐	☐	....
QCM 18	☐	☐	☐	☐	....
QCM 19	☐	☐	☐	☐	....
QCM 20	☐	☐	☐	☐	....
Total / 20 points					Σ = ... / 20

Q1. **On considère la forme cationique stable de l'atome de fer suivant : $^{56}_{26}Fe^{2+}$.**
À l'état fondamental, l'isotope $^{56}_{26}Fe^{2+}$ possède :
(Parmi les propositions ci-dessous, cocher celle qui est correcte.)

- ☐ **A.** 26 électrons.
- ☐ **B.** 24 protons.
- ☐ **C.** 36 neutrons.
- ☐ **D.** Aucune de ces réponses n'est correctes.

Q2. **La structure chimique du paracétamol est :**

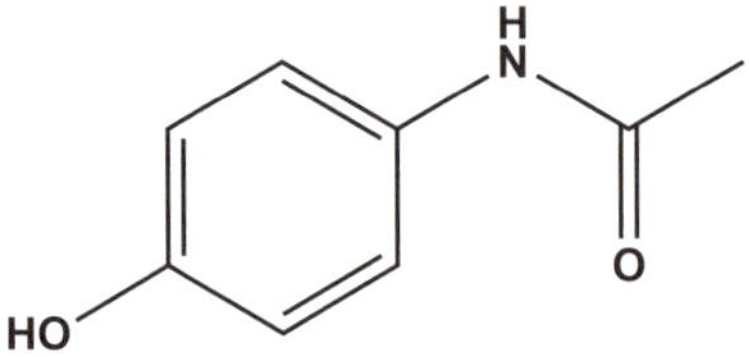

Les masses atomiques relatives sont : C = 12, N = 14, H = 1 et O = 16.
Par mole du paracétamol, le pourcentage massique en atomes de carbone est (Cocher la bonne réponse.) :

- ☐ **A.** $\frac{12}{151} \times 100\ \%$
- ☐ **B.** $\frac{96}{151} \times 100\ \%$
- ☐ **C.** $\frac{84}{151} \times 100\ \%$
- ☐ **D.** $\frac{108}{151} \times 100\ \%$

Q3. **On considère les trois solutions suivantes préparées dans des fioles jaugées de 100 mL, à $T = 25$ °C :**

Solution 1) : 100 mL de NaCl (*aq*) 1 mol L^{-1}.
Solution 2) : 100 mL de $CaCl_2$ (*aq*) 1 mol L^{-1}.
Solution 3) : 100 mL de glucose (*aq*) 1 mol L^{-1}.

Classer ces trois solutions par ordre croissant de conductivité électrique.
Cocher la bonne proposition.

- ☐ **A.** Solution 1) < Solution 2) < Solution 3)
- ☐ **B.** Solution 2) < Solution 1) < Solution 3)
- ☐ **C.** Solution 3) < Solution 1) < Solution 2)
- ☐ **D.** Solution 3) < Solution 2) < Solution 1)

Q4. Que signifie le composé « $MnSO_4 \cdot 2\ H_2O$ » pur ?

- ☐ **A.** une molécule tétrahydratée
- ☐ **B.** une molécule dihydratée
- ☐ **C.** un composé anhydre
- ☐ **D.** un composé trihydraté

Q5. On considère le sel nitrate d'aluminium.
Combien de molécules d'ions nitrates trouve-t-on dans 426 g de ce sel ?
Cocher la bonne réponse.
Données :

Masses atomiques relatives : Al = 27, N = 14, H = 1 et O = 16.
N_A : Nombre d'*Avogadro* = $6{,}023 \times 10^{23}$ mol^{-1}.

- ☐ **A.** $3 \times N_A$ molécules d'ions nitrates
- ☐ **B.** $6 \times N_A$ molécules d'ions nitrates
- ☐ **C.** $9 \times N_A$ molécules d'ions nitrates
- ☐ **D.** Aucune de ces réponses n'est correcte.

Q6. Soit une solution aqueuse à 40 % (masse/masse) de NaOH.
Sachant qu'un cinquième de litre de cette solution pèse 260 g, que vaut sa concentration molaire ?

- ☐ **A.** 10 mol L^{-1}
- ☐ **B.** 12 mol L^{-1}
- ☐ **C.** 13 mol L^{-1}
- ☐ **D.** 14 mol L^{-1}

Q7. Soit une solution composée de 2 mol d'eau pure et de 2 mol de glycérol ($HOCH_2$–CHOH–CH_2OH). Sachant que le volume total de la solution composée uniquement de ces deux constituants vaut 182 mL, quelle est sa masse volumique ?

- ☐ **A.** $\rho_{solution} = \dfrac{184}{182}$ g cm^{-3}
- ☐ **B.** $\rho_{solution} = \dfrac{36}{182}$ g cm^{-3}
- ☐ **C.** $\rho_{solution} = \dfrac{182}{220}$ g cm^{-3}
- ☐ **D.** $\rho_{solution} = \dfrac{220}{182}$ g cm^{-3}

Q8. **On considère la réaction de combustion suivante :**

$$2\ Mg\ (s) + O_2\ (g) \rightarrow 2\ MgO\ (s)$$

Sachant qu'un litre d'O_2 pèse 1,6 grammes, quel est le volume en litres d'O_2 nécessaire pour oxyder complètement 2 moles de Mg ?

- ☐ **A.** 10 L
- ☐ **B.** 20 L
- ☐ **C.** 30 L
- ☐ **D.** 40 L

Q9. **Un échantillon de gaz, supposé parfait, est maintenu à une température constante $T = 25$ °C. Le volume qu'occupe ce gaz à pression atmosphérique est 30 L. Quelle sera sa pression, à $T = 25$ °C, si le volume a été réduit à 20 L ?**

- ☐ **A.** 1,5 atm
- ☐ **B.** 2 atm
- ☐ **C.** 2,5 atm
- ☐ **D.** 3 atm

Q10. **À $T = 298$ K, on considère la réaction suivante à l'équilibre :**

$$A\ (g) + 2\ B\ (g) \rightleftarrows 2\ C\ (g).$$

Dans quel sens l'équilibre va se déplacer si on augmente la température ?

- ☐ **A.** L'équilibre évolue dans le sens direct de la réaction.
- ☐ **B.** L'équilibre évolue dans le sens inverse de la réaction.
- ☐ **C.** Le système n'est pas affecté par cette perturbation.
- ☐ **D.** Le manque de données rend impossible la prédiction du sens de déplacement de l'équilibre.

Q11. **La force d'acidité de H_2CO_3 est plus faible que celle de H_3O^+ à 25 °C. Quelle est l'expression exacte de la constante d'acidité définissant la deuxième dissociation de l'acide carbonique H_2CO_3 dans l'eau pure à 25 °C ?**

(La notation « éq » veut dire « à l'équilibre ».)

- ☐ **A.** $K_{a2} = \dfrac{[H_3O^+]_{éq} \times [HCO_3^-]_{éq}}{[H_2CO_3]_{éq}}$
- ☐ **B.** $K_{a2} = \dfrac{[H_3O^+]_{éq} \times [CO_3^{2-}]_{éq}}{[HCO_3^-]_{éq}}$
- ☐ **C.** $K_{a2} = \dfrac{[H_3O^+]_{éq} \times [CO_3^{2-}]_{éq}}{[H_2CO_3]_{éq}}$
- ☐ **D.** $K_{a2} = \dfrac{[H_3O^+]_{éq} \times [HCO_3^-]_{éq}}{[CO_3^{2-}]_{éq}}$

Q12. **On considère les pK_a des quatre couples acides-bases suivants :**

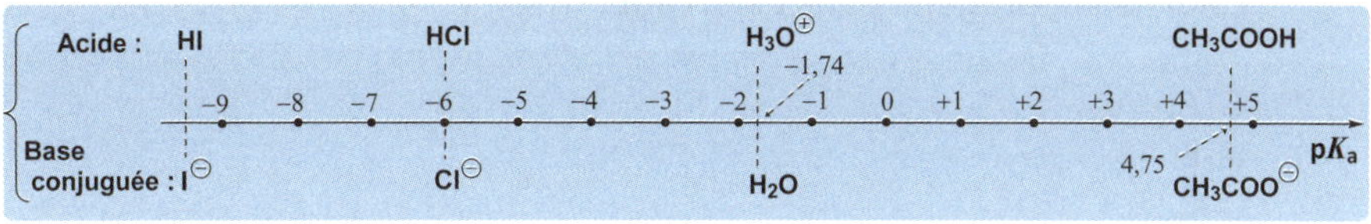

Trois solutions aqueuses A, B et C ont été préparées en introduisant dans chacune un dixième de mole d'acide dans un litre d'eau pure, à $T = 25$ °C. Le volume total de chacune de ces solutions est égal à 1 L.
Sachant que les solutions A, B et C contiennent respectivement HI, HCl et CH_3COOH, classez-les par ordre croissant de pH.
Parmi les propositions suivantes, laquelle est correcte ? Cocher la bonne réponse.

- ☐ **A.** pH (Sol. C) < pH (Sol. B) < pH (Sol. A)
- ☐ **B.** pH (Sol. A) < pH (Sol. B) < pH (Sol. C)
- ☐ **C.** pH (Sol. B) < pH (Sol. A) < pH (Sol. C)
- ☐ **D.** Aucun de ces trois classements n'est correct.

Q13. **On considère deux solutions aqueuses d'acide HCl (*aq*) suivantes :**
Solution A : $V = 50$ mL et pH = 2.
Solution B : $V = 50$ mL et [HCl (*aq*)] = 0,03 mol L^{-1}.
Les volumes des deux solutions A et B ont été mélangés pour obtenir une solution finale de volume égal à 100 mL, à $T = 25$ °C.
Que vaut la concentration en ions hydroxydes dans la solution finale ? Cocher la bonne réponse.

- ☐ **A.** 2×10^{-5} mol L^{-1}
- ☐ **B.** 2×10^{-2} mol L^{-1}
- ☐ **C.** 5×10^{-13} mol L^{-1}
- ☐ **D.** 5×10^{-12} mol L^{-1}

Q14. **Le chlorure de sodium est soluble dans l'eau. L'équation de dissociation est :**

$$\mathrm{NaCl}\ (s) \xrightarrow{H_2O} \mathrm{Na^+}\ (aq) + \mathrm{Cl^-}\ (aq)$$

Sachant que l'on dissout 50 mmol de NaCl (*s*) dans l'eau pure pour obtenir 500 mL de solution, que vaut le pH de la solution préparée, à 25 °C ? Cocher la bonne réponse.

- ☐ **A.** 0
- ☐ **B.** 1
- ☐ **C.** 2
- ☐ **D.** Aucune de ces quatre réponses n'est correcte.

Q15. **Le nombre d'oxydation de l'oxygène dans l'eau oxygénée (H_2O_2) additionné à celui de l'hydrogène dans CaH_2 vaut :**

- ☐ **A.** +IV
- ☐ **B.** +II
- ☐ **C.** +I
- ☐ **D.** –II

Q16. **Soit la structure de Lewis de la molécule suivante :**

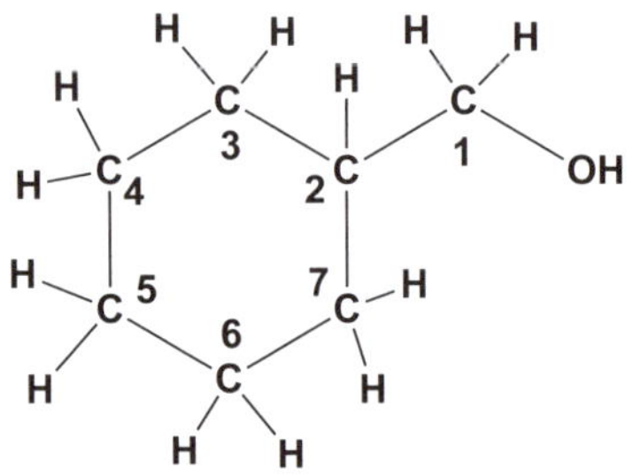

On suppose que H est moins électronégatif que le carbone.
Le nombre d'oxydation du carbone 2 additionné à celui du carbone 4 dans cette molécule vaut :

- ☐ **A.** –IV
- ☐ **B.** 0
- ☐ **C.** –III
- ☐ **D.** –II

Q17. **À 25 °C et dans les conditions standard, laquelle des réactions redox suivantes n'est pas spontanée ?**
Données : $E_r^o(Ag^+/Ag) = +0,80$ V, $E_r^o(Au^{3+}/Au) = +1,52$ V, $E_r^o(Cu^{2+}/Cu) = +0,34$ V, $E_r^o(Br_2/Br^-) = +1,06$ V et $E_r^o(Ca^{2+}/Ca) = -2,84$ V.

- ☐ **A.** $3\ Cu + 2\ Au^{3+} \rightarrow 3\ Cu^{2+} + 2\ Au$
- ☐ **B.** $2\ Ag + Cu^{2+} \rightarrow Cu + 2\ Ag^+$
- ☐ **C.** $Ca + Br_2 \rightarrow Ca^{2+} + 2\ Br^-$
- ☐ **D.** $Cu + Br_2 \rightarrow Cu^{2+} + 2\ Br^-$

Q18. **Soit la réaction redox non pondérée suivante :**

$$\ldots Br_2 + \ldots SO_2 + \ldots H_2O \rightleftarrows \ldots HBr + \ldots H_2SO_4.$$

Laquelle des propositions suivantes est correcte ?

- ☐ **A.** La somme des coefficients stœchiométriques des réactifs est inférieure à celle des produits.
- ☐ **B.** La somme des coefficients stœchiométriques des réactifs est supérieure à celle des produits.
- ☐ **C.** Le SO_2 joue le rôle de l'oxydant dans cette réaction.
- ☐ **D.** Le Br_2 joue le rôle du réducteur dans cette réaction.

Q19. **Pour la molécule Na_2CO_3, parmi les schémas présentés ci-dessous, cocher la bonne structure de Lewis. Celle-ci doit prendre en considération les charges formelles (C.F.) des atomes et les paires électroniques libres.**

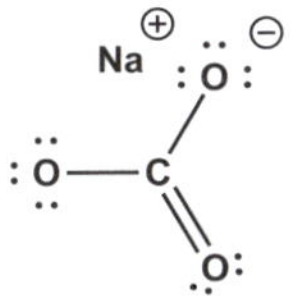

☐ **A.**

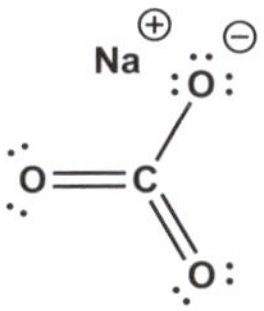

☐ **B.**

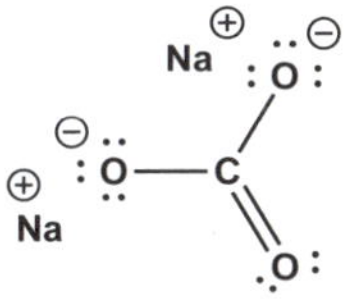

☐ **C.**

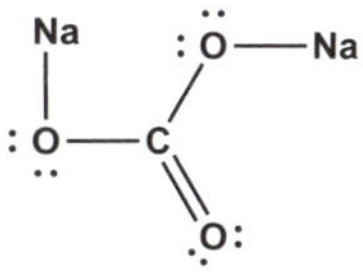

☐ **D.**

Q20. **Pour un traitement antiviral à large spectre, un des médicaments prescrits par le médecin est le Molnupiravir, aussi appelé Lagevrio.**
La structure chimique de ce médicament est :

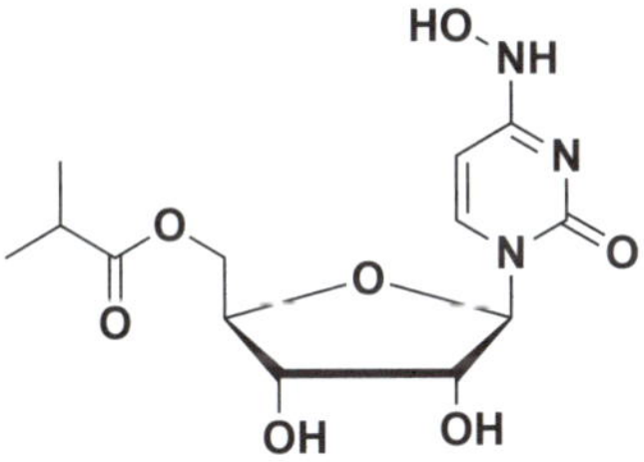

Parmi les quatre fonctions suivantes, laquelle ne fait pas partie de ce médicament ?

- ☐ **A.** éther
- ☐ **B.** alcool
- ☐ **C.** cétone
- ☐ **D.** ester

Corrections . . .

Test 4

Q1. Réponse D.

Pour l'isotope $^{56}_{26}Fe$ non-chargé, le nombre d'électrons est égal au nombre de protons, soit 26 électrons et 26 protons. L'ion $^{56}_{26}Fe^{2+}$ a, quant à lui, perdu 2 électrons par rapport à l'atome $^{56}_{26}Fe$ (neutre). Il possède donc 26 protons et 24 électrons.

Enfin, le nombre de neutrons pour cet isotope est égal à 30 : Nbre de $n^0 = A -$ Nbre de $p^+ \Leftrightarrow$ Nbre de $n^0 = 56 - 26 = 30$. Aucune des réponses proposées n'est donc correcte (Réponse D).

Q2. Réponse B.

La formule brute de la molécule du paracétamol est : $C_8H_9NO_2$.

Constatons que par molécule du paracétamol, il y a 8 atomes de C. Ainsi, dans une mole de paracétamol, on a 8 moles d'atomes de carbone.

Calculons la masse d'une mole de paracétamol :

$$M(C_8H_9NO_2) = 8 \times 12 + 9 \times 1 + 1 \times 14 + 2 \times 16 = 151 \text{ g mol}^{-1}.$$

D'où, le pourcentage massique de C dans le composé est égal à :

$$\frac{8 \times 12}{M(C_8H_9NO_2)} = \frac{96}{151} \times 100 \text{ \% (Réponse B).}$$

Remarque :

Le pourcentage massique en atomes de carbone par molécule ou par mole de molécules est identique.

Q3. Réponse C.

La conductivité électrique résulte de la présence des ions en solution. Plus la solution est concentrée en ions, plus elle est conductrice d'électricité.

Le volume des trois solutions est le même, soit 10 mL.

Dans la solution 1), on trouve :

$$[\text{ions}]_{totale} = [Na^+] + [Cl^-] = 1 \text{ mol L}^{-1} + 1 \text{ mol L}^{-1} = 2 \text{ mol L}^{-1}.$$

Dans la solution 2), on trouve :

$$[\text{ions}]_{totale} = [Ca^{2+}] + 2 \times [Cl^-] = 1 \text{ mol L}^{-1} + 2 \text{ mol L}^{-1} = 3 \text{ mol L}^{-1}.$$

Dans la solution 3), contrairement aux sels solubles donnant des ions, le glucose (sucre) ne subit aucune dissociation dans l'eau. La solution 3) n'est pas conductrice du courant électrique.

On en déduit donc que le classement de ces trois solutions par ordre croissant de conductivité électrique est : Solution 3) < Solution 1) < Solution 2) (Réponse C).

Q4. Réponse B.

Sachez qu'un nombre important de composés inorganiques forment des solides cristallins incluant une ou plusieurs molécules d'eau dans leur structure solide, communément appelés hydrates. Pour préciser qu'il s'agit d'un hydrate, on indiquera simplement « hydrate de » suivi du nom du composé ou le nom du composé suivi de « hydraté ». En notation abrégée, la formule chimique sera suivie de « $\cdot\, nH_2O$ ». Si n est égal à un, il n'est pas indiqué dans la formule.

L'unité moléculaire du sulfate de manganèse (II) solide anhydre est de formule brute $MnSO_4$. Lorsqu'il est hydraté, sa formule chimique devient $MnSO_4 \cdot \mathbf{n}H_2O$, où **n** est le nombre de molécules d'eau associées à chacune des molécules de $MnSO_4$ solide. Dans ce cas, n = 2. Ainsi, il s'agit d'un composé comportant deux molécules d'eau et une molécule de $MnSO_4$.

Q5. Réponse B.

D'après l'énoncé on a : $M(Al(NO_3)_3) = 213$ g mol^{-1} et $m(Al(NO_3)_3) = 426$ g.

Si une mole de sel pèse 213 g, alors 426 g constituent 2 mol de $Al(NO_3)_3$ et 6 mol de NO_3^-.

On précise que dans chaque entité de $Al(NO_3)_3$, on trouve 3 groupements de NO_3^-.

Or, on sait que : dans une mole de composé X, on trouve $6{,}023 \times 10^{23} = N_A$ entités de ce composé.

Dans 426 g, il y a $2 \times N_A$ entités de $Al(NO_3)_3$ et donc $6 \times N_A$ molécules de NO_3^- (Réponse B).

Q6. Réponse C.

Si 200 mL de la solution ($NaOH + H_2O$) pèse 260 g, alors 1 L pèsera 1 300 g (5 × 260 = 1 300).

Or, on sait que 100 g de cette solution contient 40 g en NaOH.

Donc, dans un litre de solution (m = 1 300 g), on trouve : $m(\text{NaOH}) = 1\,300 \times \dfrac{40}{100} = 520$ g.

Calculons le nombre de moles : $n(\text{NaOH}) = \dfrac{m(\text{NaOH})}{M(\text{NaOH})} = \dfrac{520\ (\text{g})}{40\ (\text{g/mol})} = 13$ mol.

On en déduit donc que : $[OH^-] = [Na^+] = \dfrac{n(\text{NaOH})}{V(\text{Solution})} = \dfrac{13\ (\text{mol})}{1{,}0\ (\text{L})} = 13$ mol L^{-1} (Solution C).

Q7. Réponse D.

La solution est composée uniquement des deux substances : H_2O et $HOCH_2{-}CHOH{-}CH_2OH$ ($C_3H_8O_3$).

Calculons leurs masses molaires :

$$M(H_2O) = 18 \text{ g mol}^{-1} \text{ et } M(C_3H_8O_3) = 3 \times 12 + 8 \times 1 + 3 \times 16 = 92 \text{ g mol}^{-1}.$$

Calculons les masses des deux composés :

$$m(H_2O) = 2\ (\text{mol}) \times 18\ (\text{g mol}^{-1}) = 36 \text{ g et } m(C_3H_8O_3) = 2\ (\text{mol}) \times 92\ (\text{g mol}^{-1}) = 184 \text{ g}.$$

Il en résulte que 182 mL de cette solution pèse 220 g ($m(H_2O) + m(C_3H_8O_3)$).

On en déduit donc que $\rho_{\text{solution}} = \dfrac{220}{182}$ g cm^{-3} (Solution D).

Q8. Réponse B.

L'oxydation de deux moles de Mg nécessite « au minimum » une mole de dioxygène.

Or, une mole d'O_2 pèse 32 g.
Établissons la proportion :

$$\begin{array}{lcl} 1\text{ L} & \rightarrow & 1{,}6\text{ g} \\ ?\text{ L} & \rightarrow & 32\text{ g} \end{array}$$

On obtient : $V = \dfrac{32\text{ (g)} \times 1\text{ (L)}}{1{,}6\text{ (g)}} = 20$ L (Réponse B).

Q9. Réponse A.

Soit $p \times V = n \times R \times T$ pour les gaz parfaits.
Or, on sait que : $n \times R \times T$ = Constante (car n et T sont constants).
Donc, $p_i \times V_i$ = Constante : la pression est inversement proportionnelle au volume lorsque la température demeure constante.
Aux deux conditions, on peut écrire : $p_1 \times V_1 = p_2 \times V_2$ = Constante.
La pression cherchée, notée p_2, est égale à : $p_2 = \dfrac{p_1 \times V_1}{V_2}$.
En remplaçant V_1, p_1 et V_2 dans cette dernière équation par 30 L, 1 atm et 20 L respectivement, on obtient : $p_2 = \dfrac{1\text{ (atm)} \times 30\text{ (L)}}{20\text{ (L)}} = 1{,}5$ atm. La bonne réponse est A.

Q10. Réponse D.

L'augmentation de la température dans le système fait déplacer l'équilibre dans le sens endothermique pour absorber cette chaleur. Et, **la diminution de la température** fait évoluer l'équilibre vers le côté exothermique pour s'opposer à la modification imposée.
Constatons, d'après les données du problème, qu'il manquait l'indication de la thermicité de la réaction (exothermique, athermique ou endothermique). Ainsi, par ce manque de donnée, il n'est pas possible de répondre à la question. La bonne proposition est D.

Q11. Réponse B.

L'équation chimique de la première dissociation de l'acide H_2CO_3 dans l'eau est :

$$H_2CO_3 + H_2O \rightleftarrows H_3O^+ + HCO_3^-$$

L'équation chimique définissant la deuxième dissociation de H_2CO_3 dans l'eau est :

$$HCO_3^- + H_2O \rightleftarrows H_3O^+ + CO_3^{2-}$$

À l'équilibre, on a : $K_{a2} = \dfrac{\left[H_3O^+\right]_{éq} \times \left[CO_3^{2-}\right]_{éq}}{\left[HCO_3^-\right]_{éq}}$ (Réponse B).

Q12. Réponse D.

Les deux acides forts HI et HCl sont complètement dissociés dans le solvant (H_2O). Leur réaction avec H_2O est totale. Dès lors, la concentration en H_3O^+ dans les solutions A et B est la même, soit 0,1 mol/L et pH = $-\log[H_3O^+] = -\log 0{,}1 = 1$.
L'acide CH_3COOH est un acide plus faible que H_3O^+, il est très peu dissocié dans l'eau et son pH $= \dfrac{1}{2}pK_a - \dfrac{1}{2}\log[CH_3COOH]_{éq} = \dfrac{1}{2} \times 4{,}75 - \dfrac{1}{2}\log 0{,}1 = 2{,}875$. On suppose que $[CH_3COOH]_{éq} = [CH_3COOH]_{éq} - [H_3O^+]_{éq} = [CH_3COOH]_0$.
Le bon classement est : pH (Sol. A) = pH (Sol. B) < pH (Sol. C). On en déduit donc qu'aucune des propositions n'est correcte (Réponse D).

Q13. **Réponse C.**

L'acide chlorhydrique est un acide fort. Dans l'eau, il est complètement dissocié en H_3O^+ et Cl^-.

Calculons les quantités en moles d'ions hydronium dans chacune des solutions.

Solution A :

$$pH = 2 \Rightarrow [H_3O^+] = 10^{-pH} = 10^{-2} \text{ mol L}^{-1}.$$

$$n(H_3O^+) = [H_3O^+] \times V = 10^{-2} \text{ (mol L}^{-1}) \times 50 \times 10^{-3} \text{ L} = 5 \times 10^{-4} \text{ mol.}$$

Solution B :

$$V = 50 \text{ ml et } [HCl\ (aq)] = 0{,}03 \text{ mol L}^{-1}$$

$$\Rightarrow n(H_3O^+) = 0{,}03 \text{ (mol L}^{-1}) \times 50 \times 10^{-3} \text{ (L)} = 15 \times 10^{-4} \text{ mol.}$$

Solution finale :

La quantité en moles de H_3O^+ présente dans la solution finale est égale à la somme de celle de A et B.

$$n(H_3O^+)_{\text{Sol. finale}} = n(H_3O^+)_{\text{Sol. A}} + n(H_3O^+)_{\text{Sol. B}}$$

$$n(H_3O^+)_{\text{Sol. finale}} = 5 \times 10^{-4} \text{ mol} + 15 \times 10^{-4} \text{ mol}$$

$$n(H_3O^+)_{\text{Sol. finale}} = 20 \times 10^{-4} \text{ mol}$$

Or, on sait que : $V_{\text{Sol. finale}} = 0{,}100$ L.

Donc : $[H_3O^+]_{\text{Sol. finale}} = \dfrac{20 \times 10^{-4} \text{ (mol)}}{0{,}100 \text{ (L)}} = 2 \times 10^{-2} \text{ mol L}^{-1}$.

Utilisons la formule du produit ionique de l'eau, soit K_e (ou K_w) = $[H_3O^+] \times [HO^-] = 1 \times 10^{-14}$, pour calculer la concentration des ions hydroxydes présents dans la solution finale, à 25 °C :

$$[HO^-]_{\text{Sol. finale}} = \frac{1 \times 10^{-14}}{[H_3O^+]} = \frac{1 \times 10^{-14}}{2 \times 10^{-2}} = 5 \times 10^{-13} \text{ mol L}^{-1} \text{ (Réponse C).}$$

Q14. **Réponse D.**

Le sel binaire NaCl s'ionise complètement dans l'eau : NaCl (s) $\xrightarrow{H_2O}$ Na^+ (aq) + Cl^- (aq).
Or, Cl^- est la base conjuguée de l'acide très fort HCl. Ainsi, sa force de basicité est nulle. Donc, la solution aqueuse de chlorure de sodium est neutre, pH = 7 à 25 °C (Réponse D).

Q15. **Réponse D.**

Le nombre d'oxydation de l'atome d'oxygène dans le peroxyde H_2O_2 vaut –I et celui de l'hydrogène dans l'hydrure de calcium vaut –I. Par conséquent, la somme de ces deux nombres vaut –II.

On peut aussi utiliser les structures de Lewis pour déterminer les N.O. des atomes. La règle est simple :

1. Pour une liaison covalente polaire, les électrons de la liaison sont plus attirés par l'atome le plus électronégatif. Celui-ci porte donc une charge partielle négative. On lui attribue un N.O. = –I car on suppose, en comparaison à son état neutre, qu'il a gagné un électron. Dans le cas où l'atome le moins électronégatif porte 4 charges partielles positives, son N.O. = +IV.

Exemples :

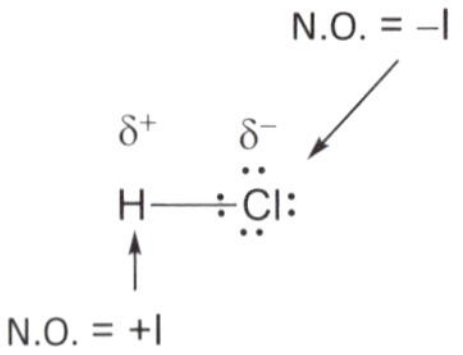

$\Delta\chi = \chi(\text{Cl}) - \chi(\text{H}) = 3 - 2{,}1 = 0{,}9$

Liaison covalente polarisée

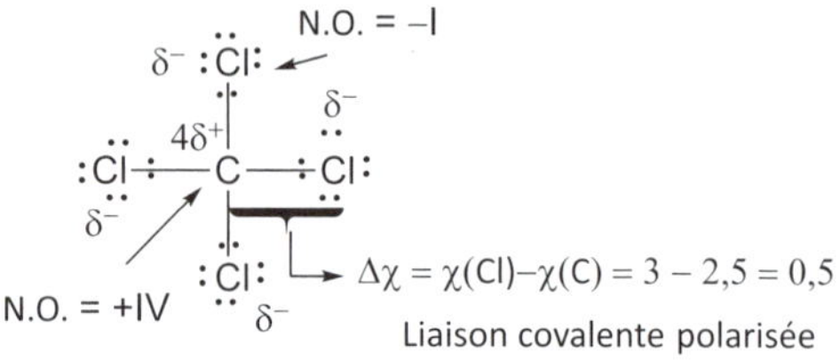

2. Si la liaison est covalente pure (liaison entre deux atomes identiques), les électrons sont partagés et aucun de ces deux atomes ne porte une charge partielle. Ainsi, le nombre d'oxydation de ces deux atomes est nul.

Exemples :

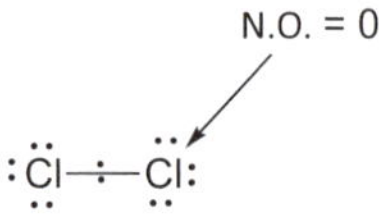

$\Delta\chi = \chi(\text{Cl}) - \chi(\text{Cl}) = 0$

Liaison covalente pure

Pas de charges partielles sur les atomes

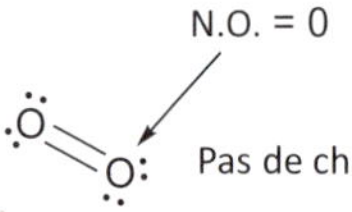

Pas de charges partielles sur les atomes

$\Delta\chi = \chi(\text{O}) - \chi(\text{O}) = 0$

3. Si l'atome porte une charge entière (dans le cas des liaisons ioniques), son étage d'oxydation est égal au nombre algébrique de la charge.

Pour conclure, le N.O. d'un atome est égal à la somme des charges partielles et complètes portées par cet atome :

H_2O_2

$2 \times \underline{x} + 2 \times 1 = 0$

$\underline{x} = -1$

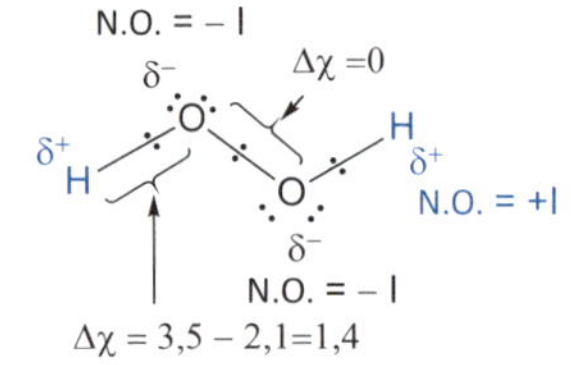

Liaison covalente polarisée

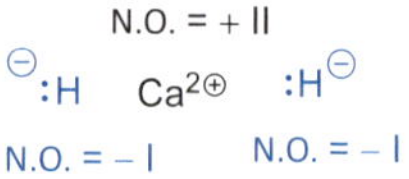

CaH_2

$2 + 2 \times \underline{x} = 0$

$\underline{x} = -1$

Q16. Réponse C.

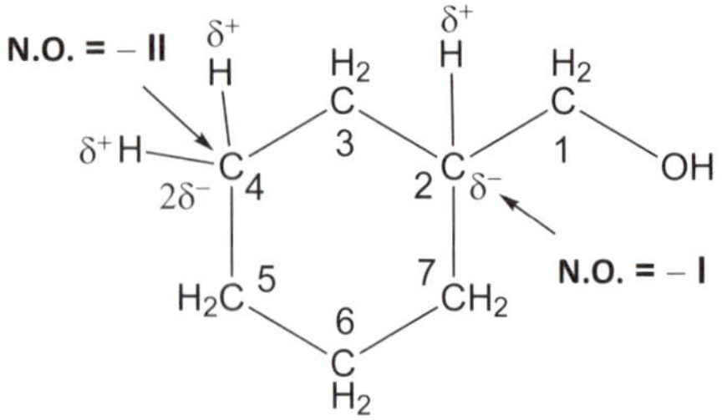

N.O.(C2) + N.O.(C4) = –III (Réponse C).

Q17. **Réponse B.**

D'après l'échelle ci-dessous et en suivant le même raisonnement expliqué dans la correction du QCM 19 du Test 1, dans les conditions standard, on constate que les ions Au^{3+} peuvent oxyder spontanément tous les réducteurs des autres couples. Ainsi, l'équation **en A** est spontanée dans les conditions standard.

B. Faux. La réaction **en B** n'est pas spontanée dans les conditions standard, car Cu^{2+} n'a le potentiel d'oxyder que le calcium.

En C, Le potentiel de réduction du couple (Br_2 / Br^-) est supérieur à celui du couple (Ca^{2+} / Ca), ce qui implique que l'oxydant Br_2 peut oxyder le calcium pour produire des ions Br^- et Ca^{2+} dans les conditions standard (voir le schéma ci-dessous).

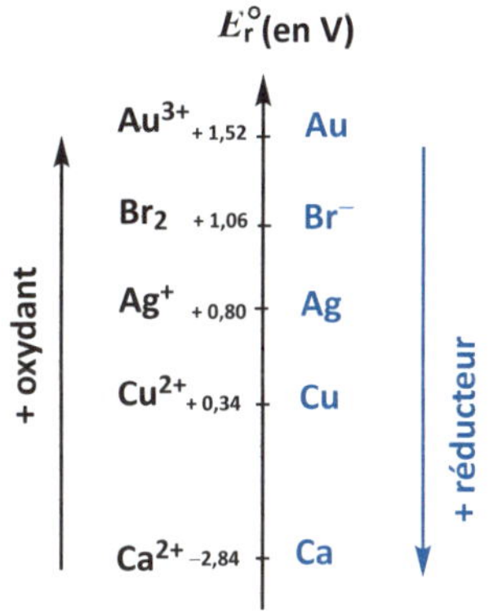

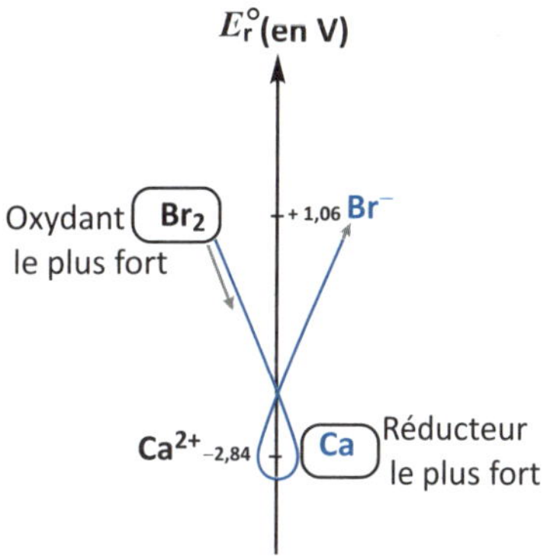

Les deux demi-équations et l'équation globale redox sont :

- Demi-équation d'oxydation : $Ca \rightarrow Ca^{2+} + 2e^-$
- Demi-équation de réduction : $Br_2 + 2e^- \rightarrow 2Br^-$
- L'équation redox ionique : $Br_2 + Ca \rightarrow Ca^{2+} + 2Br^-$

La réaction **en D** est spontanée dans les conditions standard car $E_r^\circ(Br_2 / Br^-) = +1{,}06$ V > $E_r^\circ(Cu^{2+} / Cu) = +0{,}34$ V. Donc Br_2, oxydant plus fort que Cu^{2+}, peut réagir avec le réducteur Cu (réducteur plus fort que Br^-) : $Cu + Br_2 \rightarrow Cu^{2+} + 2\,Br^-$.

Q18. **Réponse B.**

En se basant sur la solution détaillée du QCM 19 du Test 3, les deux demi-équations et l'équation globale (redox) pondérées sont :

- Demi-équation de réduction : $Br_2 + 2\,e^- \rightarrow 2\,Br^-$
- Demi-équation d'oxydation : $SO_2 + 2\,H_2O \rightarrow H_2SO_4 + 2\,e^- + 2\,H^+$

Au cours de la réaction, le dibrome passe d'un N.O. = 0 à un N.O. = –I en se réduisant. Pour le dioxyde de soufre, quant à lui, il s'oxyde en passant d'un N.O. = +IV à un N.O. = +VI.

Les deux réactions sont simultanées. Les électrons cédés par le réducteur $\mathbf{SO_2}$ sont consommés par l'oxydant $\mathbf{Br_2}$. Les deux demi-équations ont le même nombre d'électrons.

En additionnant les deux équations, on obtient l'équation globale (redox) :

$$1\,Br_2 + 1\,SO_2 + 2\,H_2O \rightleftarrows 2\,Br^- + 2\,H^+ + 1\,H_2SO_4$$

Soit, sous la forme moléculaire,

$$1\,Br_2 + 1\,SO_2 + 2\,H_2O \rightleftarrows 2\,HBr + 1\,H_2SO_4$$

La somme des coefficients stœchiométriques des réactifs est égale à 4.

La somme des coefficients stœchiométriques des produits est égale à 3.

On en déduit donc que la bonne réponse est B.

D. Faux et **C. Faux.** Br_2 est l'oxydant et SO_2 le réducteur.

Q19. Réponse C.

A. Faux, car il manque i) une charge formelle négative sur l'atome d'O et ii) un ion sodium.

B. Faux, car i) la règle de l'octet n'est pas respectée pour l'atome central C (élément de la 2e période) puis ii) il manque un ion sodium.

La règle de l'octet doit être respectée pour les atomes C et O. Chaque élément dans la molécule doit atteindre une configuration électronique périphérique égale à celle du gaz noble (8 électrons).

C. Vrai, car les charges formelles, les liaisons ioniques, les liaisons covalentes et les paires d'électrons non liants sur les trois atomes d'O sont toutes bien respectées dans le dessin.

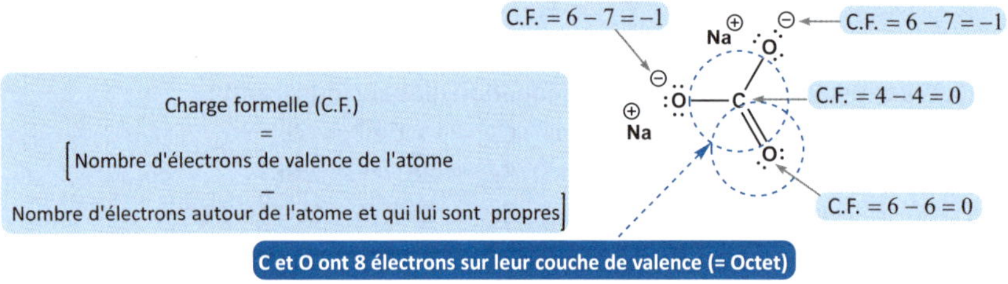

Les électrons de valence doivent apparaitre sur les structures de Lewis, ils sont soit des électrons libres, soit des électrons liants (participant aux liaisons).

La paire d'électrons formant une liaison est représentée par un trait. Si on a un seul trait entre deux atomes c'est qu'on a une liaison simple. Pour deux traits (4 électrons), on a une liaison double.

Les paires d'électrons représentés ici par deux points sur les atomes d'O sont des électrons de valence de l'atome ne participant pas aux liaisons. On les appelle des paires d'électrons libres.

D. Faux, car il ne s'agit plus d'une liaison covalente entre O et Na, mais d'une liaison ionique (la différence d'électronégativité entre les deux atomes dépasse 1,7).

Q20. **Réponses C.**

La molécule contient deux groupements carbonyles C=O dont un est un ester et l'autre n'est pas une cétone car il est lié à deux azotes. Une fonction est nommée cétone lorsque le groupement carbonyle est lié de part et d'autre à des carbones.

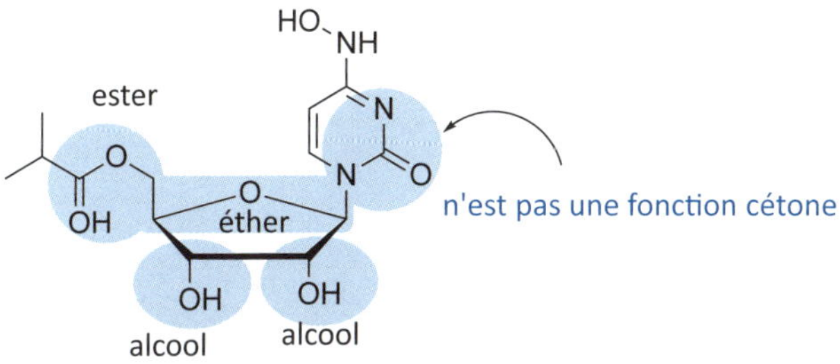

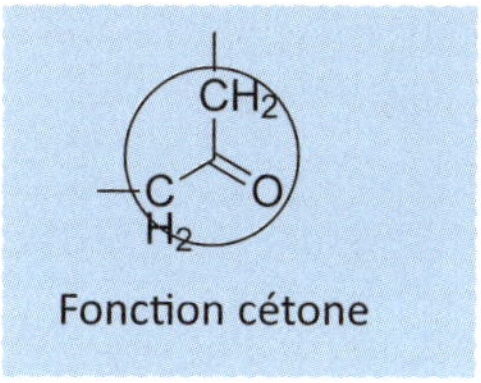

Test 5

Grille des réponses : (1 point si la réponse est correcte, –0,5 point si la réponse est incorrecte et 0 point si rien n'est coché)

	A	B	C	D	Points obtenus (1 pt / –0,5 pt / 0 pt)
QCM 1	☐	☐	☐	☐	....
QCM 2	☐	☐	☐	☐	....
QCM 3	☐	☐	☐	☐	....
QCM 4	☐	☐	☐	☐	....
QCM 5	☐	☐	☐	☐	....
QCM 6	☐	☐	☐	☐	....
QCM 7	☐	☐	☐	☐	....
QCM 8	☐	☐	☐	☐	....
QCM 9	☐	☐	☐	☐	....
QCM 10	☐	☐	☐	☐	....
QCM 11	☐	☐	☐	☐	....
QCM 12	☐	☐	☐	☐	....
QCM 13	☐	☐	☐	☐	....
QCM 14	☐	☐	☐	☐	....
QCM 15	☐	☐	☐	☐	....
QCM 16	☐	☐	☐	☐	....
QCM 17	☐	☐	☐	☐	....
QCM 18	☐	☐	☐	☐	....
QCM 19	☐	☐	☐	☐	....
QCM 20	☐	☐	☐	☐	....
Total / 20 points					Σ = ... / 20

Q1. **On considère les isotopes de fer sous les formes suivantes :**

$$^{54}Fe^{2+} \quad ^{56}_{26}Fe^{3+} \quad ^{57}Fe^{2+} \quad ^{58}Fe$$

Classez-les par ordre décroissant de neutrons existant dans leurs noyaux. Cocher la bonne réponse.

- ☐ **A.** $^{54}Fe^{2+} > ^{56}_{26}Fe^{3+} > ^{57}Fe^{2+} > ^{58}Fe$
- ☐ **B.** $^{58}Fe > ^{56}_{26}Fe^{3+} > ^{57}Fe^{2+} > ^{54}Fe^{2+}$
- ☐ **C.** $^{58}Fe > ^{57}Fe^{2+} > ^{56}_{26}Fe^{3+} > ^{54}Fe^{2+}$
- ☐ **D.** Aucune de ces réponses n'est correctes.

Q2. **À $T = 200$ K et $p = 1$ atm, une quantité de moles n d'un gaz parfait occupe un volume de 3 L. Quel volume occuperait cette quantité de gaz si la pression (en atm) est doublée et la température a été augmentée de 100 K ?**

- ☐ **A.** 1,25 L
- ☐ **B.** 2,25 L
- ☐ **C.** 3,25 L
- ☐ **D.** 4,25 L

Q3. **On considère les formules moléculaires des composés suivants :**

NaCl, $Mg(OH)_2$, KOH, H_3PO_4, HCl, CO_2, H_2SO_4 et $Ca(NO_3)_2$.

Parmi les fonctions chimiques suivantes, laquelle ne correspond à aucun des composés ci-dessus ?

- ☐ **A.** Oxyde métallique
- ☐ **B.** Oxyde non métallique
- ☐ **C.** Acide binaire/ternaire
- ☐ **D.** Sel binaire/ternaire

Q4. **Soit une solution composée de 36 g de H_2O et d'une mole d'une substance pure A. Sachant que la substance A ne subit aucune transformation chimique et que le mélange est homogène, laquelle des propositions suivantes est correcte ? Cocher la bonne réponse.**

- ☐ **A.** La fraction massique de l'eau est supérieure à celle de A.
- ☐ **B.** La fraction massique de l'eau est inférieure à celle de A.
- ☐ **C.** La fraction massique de l'eau est égale à celle de A.
- ☐ **D.** Le manque de données rend impossible la confirmation ou l'infirmation des propositions ci-dessus.

Q5. On considère une solution aqueuse de volume $V_0 = 100$ mL contenant 0,200 mol L^{-1} de nitrate de calcium. Un volume V_1 (en mL) est prélevé de cette solution et est porté avec de l'eau pure à un volume $V_2 = 400$ mL.
Sachant que la concentration de la nouvelle solution est égale à 0,0200 mol L^{-1} en ions nitrates, que vaut V_1 ?

- ☐ **A.** $V_1 = 10{,}0$ mL
- ☐ **B.** $V_1 = 20{,}0$ mL
- ☐ **C.** $V_1 = 30{,}0$ mL
- ☐ **D.** $V_1 = 40{,}0$ mL

Q6. On considère une solution aqueuse de volume V_0 (en L) contenant n_0 moles par litre de chlorure de sodium. Un volume V_1 (en L) est prélevé de cette solution ($V_1 < V_0$) et est porté avec de l'eau pure à un volume $V_2 = x \times V_1$ (avec x un nombre entier naturel supérieur à 5).
Sachant que les concentrations de chlorure de sodium dans V_1 et V_2 sont respectivement C_1 et C_2, quelle est la proposition incorrecte ?

- ☐ **A.** La concentration de soluté dans V_0 est la même que celle trouvée dans le volume V_1.
- ☐ **B.** La quantité de matière de soluté dans V_2 est la même que celle dans V_1.
- ☐ **C.** La relation entre C_1 et C_2 est $C_1 = x \times C_2$.
- ☐ **D.** La relation entre C_2, V_1, V_2 et C_1 est $C_2 = \dfrac{C_1 \times V_2}{V_1}$.

Q7. Soit l'équation chimique suivante :

$$2\,K_2Cr_2O_7\,(aq) + 3\,C\,(s) + 8\,H_2SO_4\,(aq)$$
$$\rightarrow 3\,CO_2\,(g) + 2\,Cr_2(SO_4)_3\,(aq) + 2\,K_2SO_4\,(aq) + 8\,H_2O\,(l)$$

Si les quantités initiales de réactifs sont toutes égales à 0,20 mol et le rendement de la réaction est 100 %, combien obtiendra-t-on de litres de CO_2 dans les conditions normales de température et de pression (CNTP) ?
On suppose que le CO_2 est un gaz parfait et qu'il est complètement dégagé de la solution.

- ☐ **A.** 1,12 L
- ☐ **B.** 1,68 L
- ☐ **C.** 4,48 L
- ☐ **D.** 6,72 L

Q8. **On considère la colonne ci-dessous remplie d'un liquide plus dense que l'eau liquide.**

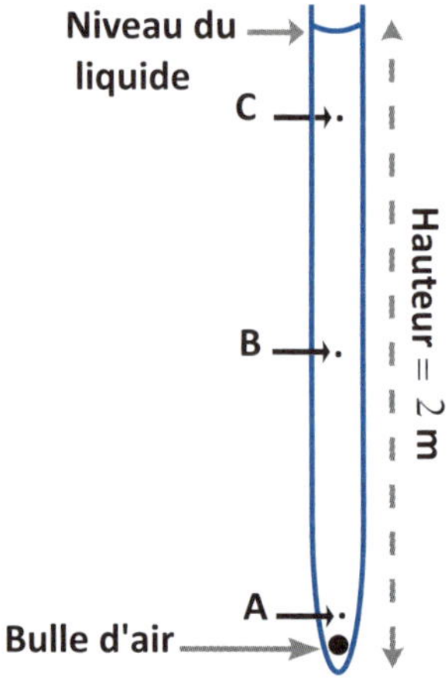

À température constante, une bulle d'air de masse *m* se trouvant au fond de la colonne monte dans le liquide. Les pressions de l'air dans cette bulle aux points A, B et C sont respectivement p_A, p_B et p_C avec $p_A > p_B > p_C$.
Parmi les propositions suivantes, laquelle est fausse ?

- ☐ **A.** La masse de la bulle d'air reste constante durant son parcours de A à C.
- ☐ **B.** Le volume de la bulle augmente au fur et à mesure qu'elle monte de A à C.
- ☐ **C.** La masse volumique de la bulle augmente au fur et à mesure qu'elle monte dans la colonne.
- ☐ **D.** Le classement par ordre décroissant des masses volumiques de la bulle d'air aux points A, B et C est $\rho_A > \rho_B > \rho_C$.

Q9. **On considère la réaction endothermique suivante de décomposition du carbonate de calcium en chaux vive et dioxyde de carbone sous 1 bar et à 298 K :**

$$CaCO_3\,(s) \rightarrow CaO\,(s) + CO_2\,(g) \qquad \Delta H_{réaction}$$

Sachant que $\Delta H_{réaction} = 179$ kJ mol^{-1}, quelle quantité de chaleur faut-il fournir à 500 g du carbonate de calcium pour assurer sa décomposition en oxyde de calcium et CO_2 à 298 K et 1 bar ?
Masses atomiques relatives : M(Ca) = 40, M(C) = 12 et M(O) = 16.

- ☐ **A.** 179 kJ
- ☐ **B.** 358 kJ
- ☐ **C.** 895 kJ
- ☐ **D.** 895 000 kJ

Q10. **L'équation de la dissolution de l'hydroxyde de calcium solide dans l'eau pure à 298 K est :**

$$Ca(OH)_2\,(s) \rightleftarrows Ca^{2+}\,(aq) + 2\,OH^-\,(aq) \qquad K$$

Parmi les expressions ci-dessous, quelle est celle qui définit correctement la constante d'équilibre de la dissolution de $Ca(OH)_2$ (*s*) en milieu aqueux à 298 K ?

- ☐ **A.** $K = [Ca^{2+}]_{\rightleftharpoons} \times [OH^-]_{\rightleftharpoons}$ (« ⇄ » = « à l'équilibre »)
- ☐ **B.** $K = [Ca^{2+}]_{\rightleftharpoons} \times 2 \times [OH^-]_{\rightleftharpoons}$
- ☐ **C.** $K = [Ca^{2+}]_{\rightleftharpoons} \times ([OH^-]_{\rightleftharpoons})^2$
- ☐ **D.** $K = \dfrac{1}{[Ca^{2+}]_{\rightleftharpoons} \times ([OH^-]_{\rightleftharpoons})^2}$

Q11. **On considère les deux réactions successives (ou consécutives) suivantes à une température égale à 373 K :**

$$A\,(g) + B\,(g) \rightleftarrows 2\,C\,(g) \qquad K_1$$

$$2\,C\,(g) + B\,(g) \rightleftarrows 2\,D\,(g) \qquad K_2$$

Sachant que $K_2 = K_1 \times 10^{30}$, que vaut la constante d'équilibre K_3 relative à la réaction ½ A (*g*) + B(*g*) ⇄ D (*g*) à 100 °C ?
On admet que les constantes d'équilibre sont mesurées sur base des concentrations molaires à 373 K et que 1 °C vaut 274 K.

- ☐ **A.** $K_3 = K_2 \times 10^{15}$
- ☐ **B.** $K_3 = K_2{}^2 \times 10^{30}$
- ☐ **C.** $K_3 = K_1{}^2 \times 10^{30}$
- ☐ **D.** $K_3 = K_1 \times 10^{15}$

Q12. **Dans un récipient fermé à $T = 500$ K, on considère la réaction endothermique suivante :**

$$A(g) + B\,(g) \rightleftarrows 2\,C\,(g).$$

On admet que la constante d'équilibre, à $T = 500$ K, est notée K.
Laquelle des opérations suivantes déplacera l'équilibre vers le sens inverse de la réaction directe (vers la formation des réactifs) ?

- ☐ **A.** en baissant la température à 400 K
- ☐ **B.** en doublant le volume du récipient
- ☐ **C.** en augmentant la pression totale
- ☐ **D.** en diminuant le volume du récipient

Q13. **À 5,00 mL d'une solution aqueuse d'acide acétique 0,100 M, on ajoute 45,0 mL d'eau distillée.**
On admet qu'il n'y a pas de variation de volume (V_{total} = 50,0 mL) et que la quantité dissociée de l'acide acétique est négligeable à celle introduite initialement. Le pK_a de l'acide acétique vaut 4,74 à 25 °C.
À 25 °C, quel est le pH de la solution finale ?

- ☐ **A.** 2,37
- ☐ **B.** 2,87
- ☐ **C.** 3,37
- ☐ **D.** 3,87

Q14. **L'hydroxyde de sodium est soluble dans l'eau. L'équation de dissociation est :**

$$KOH\ (s) \xrightarrow{H_2O} K^+\ (aq) + OH^-\ (aq)$$

On fait dissoudre 5,6 g d'hydroxyde de potassium solide dans un litre d'eau. En supposant qu'il n'y a pas de variation de volume, calculer le pH de la solution finale obtenue à 25 °C.
Donnée : M(KOH) = 56 g/mol.

- ☐ **A.** 10
- ☐ **B.** 11
- ☐ **C.** 12
- ☐ **D.** 13

Q15. **On considère les zones de virage et les changements de couleur en fonction du pH de deux indicateurs colorés : le bleu de bromothymol (BDB) et le rouge de crésol (RDC).**

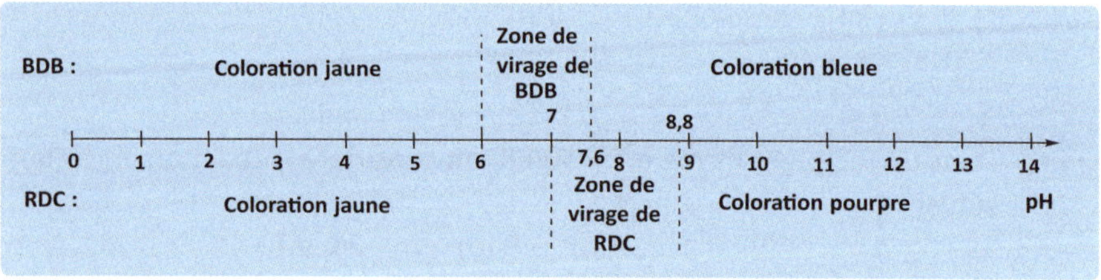

Une solution aqueuse a été préparée à T = 25 °C. Elle est jaune lorsque 3 gouttes du BDB ou RDC y sont ajoutées.
Parmi les propositions suivantes, laquelle est incorrecte ?

- ☐ **A.** La solution est acide.
- ☐ **B.** Le pH de la solution est forcément inférieur à 6.
- ☐ **C.** Le pH de la solution est nécessairement situé entre 6 et 7.
- ☐ **D.** L'indicateur RDC vire en milieu basique.

Q16. Soit la réaction redox ionique non pondérée suivante :

$$... H_2S + ... Cl_2 + ... H_2O \rightarrow ... SO_4^{2-} + ... Cl^- + ... H^+$$

Pour cette réaction redox, sous <u>sa forme moléculaire</u>, … (Cocher la bonne réponse.)

- ☐ **A.** la somme des coefficients stœchiométriques des réactifs est inférieure à celle des produits.
- ☐ **B.** la somme des coefficients stœchiométriques des réactifs est supérieure à celle des produits.
- ☐ **C.** la somme des coefficients stœchiométriques des réactifs est égale à celle des produits.
- ☐ **D.** le composé H_2S joue le rôle de l'oxydant.

Q17. On considère une pile Zn–Sn composée de deux compartiments, d'un pont salin et d'un fil conducteur électrique (de platine), comme le montre le schéma suivant :

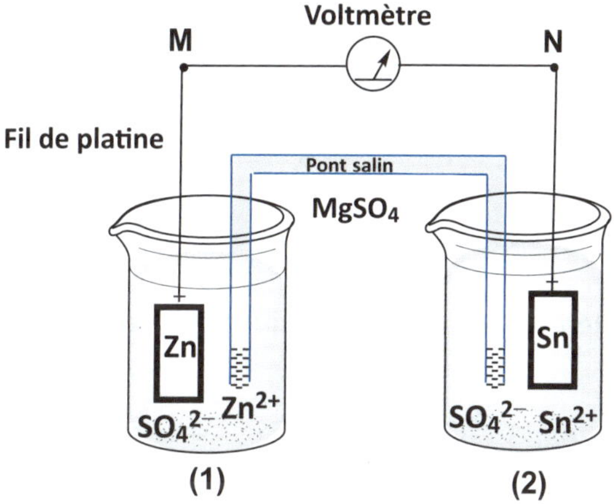

L'électrode de zinc, plongée dans une solution de sulfate de zinc, est reliée par le fil de platine à l'électrode d'étain qui est immergée dans une solution de sulfate d'étain (II). Le pont salin qui relie les deux solutions contient du $MgSO_4$. À 25 °C, les potentiels de réduction standard des deux couples sont :

$$E_r^o(Zn^{2+} / Zn) = -0{,}76 \text{ V et } E_r^o(Sn^{2+} / Sn) = -0{,}14 \text{ V.}$$

Sachant que toutes les concentrations valent 1 mol/L et que $p = 1$ atm, quelle proposition ci-dessous est incorrecte ?

- ☐ **A.** À la surface de l'électrode de zinc, il y a une oxydation.
- ☐ **B.** À la surface de l'électrode d'étain, on a la réaction $Sn \rightarrow Sn^{2+} + 2\,e^-$.
- ☐ **C.** Le sens des électrons est de M à N et celui du courant de N à M.
- ☐ **D.** Lorsque la pile débite, les anions Mg^{2+} se dirigent vers l'anode.

Q18. **On considère la réaction redox ionique suivante en milieu aqueux :**

$$Cr_2O_7^{2-}\,(aq) + 14\,H^+\,(aq) + 3\,Sn^{2+}\,(aq) \rightleftarrows 2\,Cr^{3+}\,(aq) + 7\,H_2O\,(l) + 3\,Sn^{4+}\,(aq)$$

Sachant que la réaction est réalisée à 25°C, que toutes les concentrations valent 0,01 mol/L et que pH = 1, quel est le quotient réactionnel Q_r de la pile à l'état initial ?

- ▢ **A.** 10^{-12}
- ▢ **B.** 10^{10}
- ▢ **C.** 10^{12}
- ▢ **D.** 10^{11}

Q19. **Pour la molécule du carbonate d'hydrogène (H_2CO_3), parmi les schémas présentés ci-dessous, cocher la bonne structure de Lewis. Celle-ci doit prendre en considération les charges formelles des atomes, les paires électroniques libres ainsi que les éventuels électrons célibataires.**

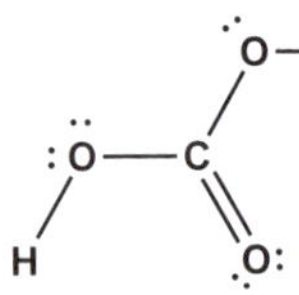
▢ **A.**

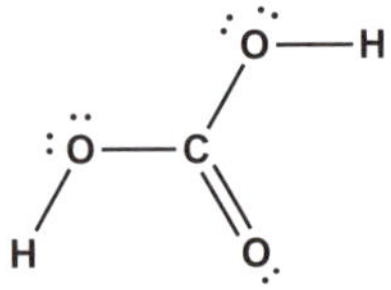
▢ **B.**

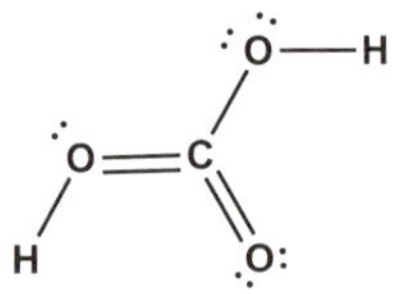
▢ **C.**

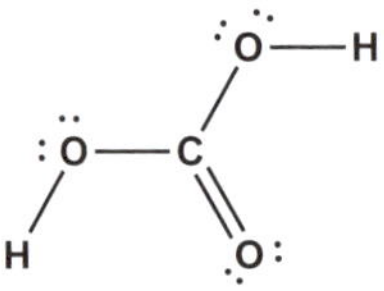
▢ **D.**

Q20. **On considère les structures chimiques des molécules ci-dessous :**

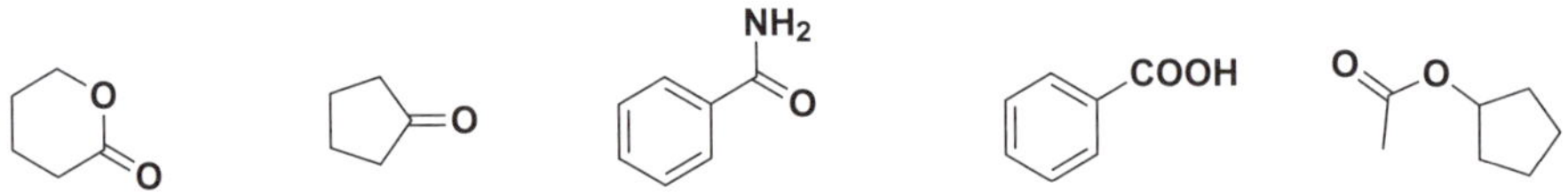

Parmi les fonctions chimiques suivantes, laquelle ne correspond à aucune des structures ci-dessus ?

- ▢ **A.** éther
- ▢ **B.** cétone
- ▢ **C.** ester
- ▢ **D.** amide

Corrections . . .

Test 5

Q1. Réponse C.

Pour un atome non-chargé, le nombre d'électrons entourant généralement le noyau est égal au nombre de protons. L'ion $^{56}_{26}Fe^{3+}$ possède 3 électrons en moins par rapport à l'atome neutre $^{58}_{26}Fe$. Cependant, le nombre de protons ($Z = 26$) est le même pour tous les isotopes de fer et celui de neutrons se calcule selon la formule : $A - Z = n$ (Nbre de neutrons).

Il en résulte donc que :

	$^{54}_{26}Fe^{2+}$	$^{56}_{26}Fe^{3+}$	$^{57}_{26}Fe^{2+}$	$^{58}_{26}Fe$
Nbre d'e^-	26 – 2 = 24	26 – 3 = 23	26 – 2 = 24	26
Z (Nbre de protons)	26	26	26	26
$A - Z$ (Nbre de neutrons)	28	30	31	32

On en déduit donc que la proposition C est correcte : $^{58}Fe > {}^{57}Fe^{2+} > {}^{56}_{26}Fe^{3+} > {}^{54}Fe^{2+}$.

Q2. Réponse B.

La quantité n du gaz reste constante dans les deux conditions.

Conditions initiales : $p_1V_1 = nRT_1$ (I), avec $p_1 = 1$ atm, $V_1 = 3$ L et $T_1 = 200$ K.

Conditions finales : $p_2V_2 = nRT_2$ (II), avec $p_2 = 2$ atm, $V_2 = ?$ L et $T_2 = 200 + 100 = 300$ K.

Si on divise (II) par (I), on obtient : $\frac{p_2 \times V_2}{p_1 \times V_1} = \frac{n \times R \times T_2}{n \times R \times T_1}$.

Après simplification, on obtient $V_2 = \frac{300\ (K)}{200\ (K)} \times \frac{1\ (atm) \times 3\ (L)}{2\ (atm)} = 2{,}25$ L (Réponse B).

Q3. Réponse A.

Le tableau suivant illustre, pour chaque composé, son nom spécifique, sa fonction chimique et la formule générale :

Formule moléculaire	Nomenclature	Fonction chimique	Formule générale
NaCl	Chlorure de sodium	Sel binaire (sel d'hydracide)	MX
$Mg(OH)_2$	Hydroxyde de magnésium	Hydroxyde (base hydroxylée)	MOH
KOH	Hydroxyde de potassium	Hydroxyde (base hydroxylée)	MOH
H_3PO_4	Phosphate d'hydrogène (ou acide phosphorique)	Acide ternaire (oxacide)	HXO

Formule moléculaire	Nomenclature	Fonction chimique	Formule générale
HCl	Chlorure d'hydrogène (ou acide chlorhydrique)	Acide binaire (hydracide)	HX
CO_2	Dioxyde de carbone	Oxyde non métallique	XO
H_2SO_4	Sulfate d'hydrogène (ou acide sulfurique)	Acide ternaire (oxacide)	HXO
$Ca(NO_3)_2$	Nitrate de calcium	Sel ternaire (sel d'oxacide)	MXO

La réponse A est correcte car aucun de ces composés ne fait partie des oxydes métalliques (MO).

Q4. Réponse D.

La fraction massique de l'eau est égale au rapport de la masse de ce constituant m_{H_2O} sur la masse totale du mélange $m_{H_2O} + m_A$:

Fraction massique de $H_2O = \dfrac{n_{H_2O}}{n_{H_2O} + n_A} = \dfrac{36\text{ (g)}}{36\text{ (g)} + [1\text{ (mol)} \times M(A)\text{ (g/mol)}]}$ (M(A) étant la masse molaire de A).

Fraction massique de A $= \dfrac{m_A}{m_{H_2O} + m_A} = \dfrac{1\text{ (mol)} \times M(A)\text{ (g/mol)}}{36\text{ (g)} + [1\text{ (mol)} \times M(A)\text{ (g/mol)}]}$.

Dès lors, on peut constater, par exemple, que la fraction massique de H_2O ne peut être supérieure à celle de A que si la masse molaire de A est strictement inférieure à 36 g/mol.

On en déduit donc qu'il manque des données nécessaires pour établir la comparaison de la fraction massique de H_2O à celle de A.

Par ailleurs, les données de cet exercice permettent de déterminer les fractions molaires de ces deux composés :

Fraction molaire de $H_2O = \dfrac{n_{H_2O}}{n_{H_2O} + n_A} = \dfrac{36\text{ (g)} / M(H_2O)\text{ (g/mol)}}{[36\text{ (g)} / M(H_2O)\text{ (g/mol)}] + 1\text{ (mol)}} = \dfrac{2}{3}$.

Fraction molaire de A $= \dfrac{n_A}{n_{H_2O} + n_A} = \dfrac{1\text{ (mol)}}{3\text{ (mol)}} = \dfrac{1}{3}$ (ou $= 1 - \dfrac{2}{3}$).

Q5. Réponse B.

Le nitrate de sodium est un sel soluble dans l'eau. Son équation de dissolution est :

$$Ca(NO_3)_2 \xrightarrow{H_2O} Ca^{2+} + 2\ NO_3^-$$

Constatons qu'une mole de $Ca(NO_3)_2$ donne deux moles en ions nitrates. D'où, la concentration en ions nitrates avant la dilution valant $2 \times 0{,}200 = 0{,}400$ mol/L.

On sait que la quantité de matière de soluté dans V_1 est la même que celle se trouvant dans le volume V_2, car lors de la dilution, la quantité de matière de soluté se conserve.

D'où :

$$0{,}400\left(\frac{\text{mol}}{\text{L}}\right) \times V_1(\text{L}) = 0{,}0200\left(\frac{\text{mol}}{\text{L}}\right) \times V_2(\text{L}) \Leftrightarrow V_1(\text{L}) = \frac{0{,}0200\left(\frac{\text{mol}}{\text{L}}\right) \times 0{,}400(\text{L})}{0{,}400\left(\frac{\text{mol}}{\text{L}}\right)} = 0{,}0200\text{ L},$$

soit 20,0 mL (Réponse B).

Q6. Réponse D.

D'après l'énoncé, voici le protocole expérimental :

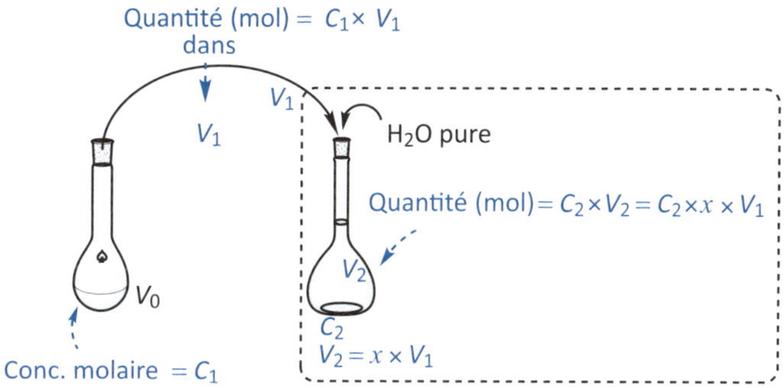

A. **Vrai.** La concentration de soluté dans V_0 est la même que celle trouvée dans le volume V_1 car il s'agit de la même solution.

B. **Vrai.** La quantité de matière de soluté dans V_1 est la même que celle dans le volume V_2, car lors de la dilution, la quantité de matière de soluté se conserve. Par contre, la dilution altère la concentration molaire.

C. **Vrai.**

Soit $C_1 \times V_1 = C_2 \times V_2$.

Or : $V_2 = x \times V_1$

Donc : $C_1 \times V_1 = C_2 \times x \times V_1 \Leftrightarrow C_1 = x \times C_2$

D. **Faux.** $C_1 \times V_1 = C_2 \times V_2 \Leftrightarrow C_2 = \frac{C_1 \times V_1}{V_2}$ $(\neq \frac{C_1 \times V_2}{V_1}$!)

Q7. Réponse B.

Si les conditions d'une réaction sont stœchiométriques alors les quantités initiales des réactifs sont injectées dans le système dans les mêmes proportions que les coefficients stœchiométriques de ces mêmes réactifs.

Dans notre cas, il faut que $\frac{n_0(K_2Cr_2O_7)}{2} = \frac{n_0(C)}{3} = \frac{n_0(H_2SO_4)}{8}$ pour que le mélange soit stœchiométrique.

Si $n_0(K_2Cr_2O_7) = 0{,}2$ mol, alors il faut que $n_0(C) = 0{,}3$ mol et $n_0(H_2SO_4) = 0{,}8$ mol.

Or, $n_0(K_2Cr_2O_7) = n_0(C) = n_0(H_2SO_4) = 0{,}2$ mol à $t = 0$ s et les nombres stœchiométriques ne sont pas les mêmes. Dès lors, les quantités initiales des réactifs ne sont pas en proportion stœchiométriques. Comme la réaction est complète (Rendement = 100 %), il existe au moins un réactif limitant qui devra être consommé complètement.

Le réactif limitant exige que le rapport $\frac{n_0(\text{Réactif})}{\text{Coefficient stœchiométrique}}$ soit le plus petit. C'est celui du H_2SO_4 car $\frac{n_0(H_2SO_4)}{\text{Coefficient stœchiométrique}} = \frac{0{,}20}{8} = 0{,}025$ est inférieur au rapport $\frac{0{,}20}{2}$ du $K_2Cr_2O_7$ et $\frac{0{,}20}{3}$ du carbone.

La réaction est totale, au temps final. Toutes les quantités calculées sont basées sur le réactif limitant qui est H_2SO_4.

On obtient :

$$2\,K_2Cr_2O_7(aq) + 3\,C(s) + 8\,H_2SO_4(aq) \longrightarrow 3\,CO_2(g) + 2\,Cr_2(SO_4)_3(aq) + 2\,K_2SO_4(aq) + 8\,H_2O(l)$$

	$2\,K_2Cr_2O_7(aq)$	$3\,C(s)$	$8\,H_2SO_4(aq)$	$3\,CO_2(g)$ (× 3/8)	$2\,Cr_2(SO_4)_3(aq)$ (× 2/8)	$2\,K_2SO_4(aq)$ (× 2/8)
t_0 :	0,20 mol	0,20 mol	0,20 mol	0 mol	0 mol	0 mol
t_f :			0 réactif limitant	0,20 × 3/8 = **0,075 mol**	0,20 × 2/8	0,20 × 2/8

On sait que dans les conditions normales de température et de pression, 1 mol de gaz correspond à un volume de 22,4 L. Or, pour cette réaction, nous avons produit 0,075 mol de CO_2, soit un volume équivalent à $0{,}075 \times 22{,}4 = 1{,}68$ L (Réponse B).

Q8. Réponse C.

La masse de la bulle d'air reste constante. Cette masse ne varie pas avec la pression ou le volume de la bulle.

C'est au fond de la colonne que la pression exercée par le liquide sur la bulle d'air est plus élevée. On admet qu'à tout point de la colonne, cette pression est égale à celle de l'air dans la bulle.

À température constante, l'augmentation du volume de la bulle est proportionnelle à la hauteur parcourue par celle-ci dans la colonne étant donné la diminution de pression associée. Dès lors, sa masse volumique ($\rho \searrow = m/V \nearrow$) diminue au fur et à mesure qu'elle monte de A à C. La proposition C est fausse.

On en déduit donc que les masses volumiques classées par ordre décroissant de la bulle d'air aux points A, B et C sont : $\rho_A > \rho_B > \rho_C$.

Q9. Réponse C.

$\Delta H_{\text{réaction}} = 179$ kJ mol^{-1} signifie que pour la décomposition d'une mole de $CaCO_3$ (*s*), la quantité de chaleur absorbée par le système est égale à 179 kJ.

La masse d'une mole de $CaCO_3$ vaut 100 g car $M(CaCO_3) = 100$ g mol^{-1}.

On en déduit donc que pour décomposer 500 g de $CaCO_3$, la quantité de chaleur à injecter dans le système est égale à :

$$Q = 179 \times 5 = 895 \text{ kJ (Réponse C).}$$

Q10. Réponse C.

La constante d'équilibre ne comprend pas les solides et les solvants car on considère que leurs activités ne varient pas au cours de la réaction.

D'où : $K = [Ca^{2+}]_{\rightleftharpoons} \times ([OH^-]_{\rightleftharpoons})^2$, avec $[Ca^{2+}]_{\rightleftharpoons}$ et $[OH^-]_{\rightleftharpoons}$ les concentrations respectives des ions Ca^{2+} et OH^- à l'équilibre (Réponse C).

Q11. Réponse D.

Constatons que l'addition des réactions relatives à K_1 et K_2 donne la réaction globale suivante :

$$\begin{array}{llll} A(g) + B(g) & \rightleftarrows & 2\,C(g) & K_1 \\ 2\,C(g) + B(g) & \rightleftarrows & 2\,D(g) & K_2 \\ \hline A(g) + 2\,B(g) & \rightleftarrows & 2\,D(g) & K\,? \end{array}$$

Les expressions des trois constantes d'équilibre sont :

$$K_1 = \frac{\left([C]_{éq}\right)^2}{[A]_{éq} \times [B]_{éq}}$$, $[\ ]_{éq}$ étant la concentration mesurée à l'équilibre.

$$K_2 = \frac{\left([D]_{éq}\right)^2}{[B]_{éq} \times \left([C]_{éq}\right)^2} \text{ et } K = \frac{\left([D]_{éq}\right)^2}{[A]_{éq} \times \left([B]_{éq}\right)^2}$$

Constatons que K n'est que le produit de K_1 par K_2. D'où, $K = K_1 \times K_2$ (Rappel : La constante d'équilibre d'une réaction résultant d'une somme de plusieurs réactions est égale au produit des constantes d'équilibres de chacune de celles-ci.)

Or, on sait que : $K_2 = K_1 \times 10^{30}$. Donc : $K = K_1^2 \times 10^{30}$.

Si nous divisons tous les coefficients stœchiométriques de l'équation relative à K par 2, nous obtenons exactement l'équation cherchée : ½ A (g) + B(g) $\rightleftarrows$ D (g). Ainsi, la constante d'équilibre K_3 de celle-ci est égale à la racine carrée de K :

$$K_3 = \frac{\left([D]_{éq}\right)^1}{\left([A]_{éq}\right)^{1/2} \times \left([B]_{éq}\right)^1} = \sqrt{\frac{\left([D]_{éq}\right)^2}{[A]_{éq} \times \left([B]_{éq}\right)^2}} = \sqrt{K}$$

On en déduit donc que : $K_3 = \sqrt{K} = \sqrt{K_1^2 \times 10^{30}} = K_1 \times 10^{15}$ (Réponse D).

Q12. Réponse A.

D'après l'énoncé, la réaction est endothermique dans le **sens 1** et exothermique dans le **sens 2**.

$$A(g) + B(g) \underset{\text{sens 2}}{\overset{\text{sens 1}}{\rightleftarrows}} 2\,C(g)$$

Pour le sens direct de la réaction (sens 1), on peut aussi écrire l'équation sous la forme :

$$A(g) + B(g) + \text{Chaleur} \rightarrow 2\,C(g)$$

Pour le sens 2, exothermique, l'équation s'écrit :

$$2\,C(g) \rightarrow A(g) + B(g) + \text{Chaleur}$$

Lorsqu'un système à l'équilibre subit une augmentation de température, la réaction évolue dans le sens endothermique pour s'opposer à l'augmentation de la chaleur engendrée (l'absorption de la chaleur implique son abaissement dans le milieu).

Attention, la variation de la température change carrément la valeur de la constante d'équilibre.

L'effet de température n'est donc pas une perturbation momentanée du système, ce qui implique qu'un nouvel équilibre se rétablisse avec une proportion différente de produits et de réactifs. La constante d'équilibre varie donc avec la température.

- Si $T \nearrow$, la réaction évolue dans le sens endothermique, ce qui est défavorable à l'énoncé puisque l'équilibre est déplacé vers la droite, à savoir le sens où le composé C se forme (K augmente).

- Si $T \searrow$, la réaction évolue dans le sens exothermique, ce qui est favorable à l'énoncé puisque l'équilibre est déplacé vers la gauche (K diminue). La proposition A est correcte.

La variation du volume ou de la pression n'a pas d'effet sur le système à l'équilibre car il y a autant de molécules à l'état gazeux du côté des réactifs que des produits (1 mol + 1 mol $\rightleftarrows$ 2 mol).

Q13. Réponse C.

Calculons la quantité de mole d'acide acétique présente dans les 5 mL de la solution 0,1 mol L^{-1} :

$$n(CH_3COOH) = 0{,}100\ (\text{mol L}^{-1}) \times 5 \times 10^{-3}\ \text{L} = 5 \times 10^{-4}\ \text{mol}.$$

Après dilution, la concentration molaire de l'acide acétique est :

$$[CH_3COOH]_0 = \frac{n(CH_3COOH)}{V_{\text{Total}}} = \frac{5\times10^{-4}\ (\text{mol})}{50\times10^{-3}\ (\text{L})} = 1 \times 10^{-2}\ \text{mol L}^{-1}.$$

Comme l'acide est faible, la formule pour calculer son pH est :

$$\text{pH} = \frac{1}{2} \times \text{p}K_a - \frac{1}{2} \times \log [CH_3COOH]_{\text{éq}}$$

Or, d'après l'énoncé, on a : $[CH_3COOH]_{\text{éq}} = [CH_3COOH]_0 - [H_3O^+]_{\text{éq}} = [CH_3COOH]_0$.

D'où :

$$\text{pH} = \frac{1}{2} \times \text{p}K_a - \frac{1}{2} \times \log [CH_3COOH]_0 = \frac{1}{2} \times 4{,}74 - \frac{1}{2} \times \log (1 \times 10^{-2}) = 3{,}37 \text{ (Réponse C).}$$

Q14. Réponse D.

OH^- est une base forte et K^+ un ion spectateur.

$$\text{pH} = 14 + \log [HO^-]_0 = 14 + \log\left(\frac{\dfrac{5{,}6\ (\text{g})}{56\left(\dfrac{\text{g}}{\text{mol}}\right)}}{1\ (\text{L})}\right) = 13,$$

$$\text{avec } [HO^-]_0 = \frac{n(KOH)}{V_{\text{Total}}} = \frac{\dfrac{m(KOH)}{M(KOH)}}{V_{\text{Total}}} = \frac{\dfrac{5{,}6\ (\text{g})}{56\left(\dfrac{\text{g}}{\text{mol}}\right)}}{1\ (\text{L})} = 1 \times 10^{-1}\ \text{mol L}^{-1}.$$

La bonne réponse est D.

Q15. Réponse C.

La coloration jaune due à l'ajout de quelques gouttes de BDB nous renseigne que le pH de la solution était forcément inférieur à 6. Elle ne pouvait donc en aucun cas avoir un pH situé entre 6 et 7, sinon la coloration serait verte (coexistence des deux couleurs jaune et bleue).

La proposition D est correcte car la zone de virage du RDC se situe, d'après le schéma, entre 7 et 8,8, à $T = 25$ °C. Celle-ci est basique car le pH > 7.

Q16. Réponse C.

Au cours de la réaction, le dichlore passe d'un N.O. = 0 à un N.O. = –I en se réduisant. Pour le sulfure d'hydrogène, quant à lui, il s'oxyde en passant d'un N.O. = –II à un N.O. = +VI.

Les deux réactions sont simultanées. Les électrons cédés par le réducteur $\mathbf{H_2S}$ sont consommés par l'oxydant $\mathbf{Cl_2}$.

$$1\,H_2S + 4\,H_2O \rightarrow 1\,SO_4^{2-} + 8\,e^- + 10\,H^+$$

$$(Cl_2 + 2\,e^- \rightarrow 2\,Cl^-) \times \mathbf{4}.$$

En additionnant les deux équations, après avoir multipliée la deuxième équation par 4, on obtient l'équation globale ionique (redox) suivante :

$$1\,H_2S + 4\,Cl_2 + 4\,H_2O \rightarrow 1\,SO_4^{2-} + 8\,Cl^- + 10\,H^+$$

Soit, sous forme moléculaire,

$$1\,H_2S + 4\,Cl_2 + 4\,H_2O \rightarrow 1\,H_2SO_4 + 8\,HCl.$$

Constatons que :

- la somme des coefficients stœchiométriques des réactifs est égale à 9,
- la somme des coefficients stœchiométriques des produits est égale à 9.

On en déduit donc que la bonne réponse est C.

D. **Faux.** H_2S est le réducteur et Cl_2 l'oxydant.

Q17. Réponse B.

Constatons que pour les deux couples redox (Sn^{2+} / Sn) et (Zn^{2+} / Zn), $E_r^\circ(Sn^{2+}/Sn) > E_r^\circ(Zn^{2+}/Zn)$. L'oxydant le plus fort est Sn^{2+} et le réducteur le plus fort est Zn.

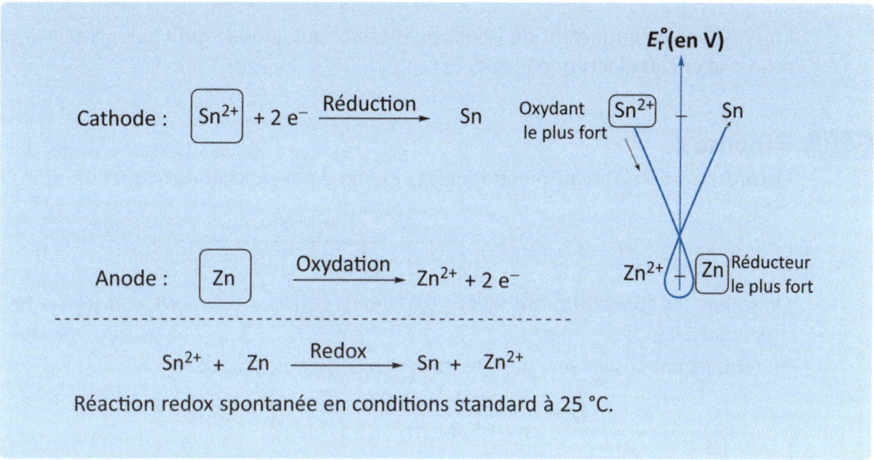

L'ion Sn^{2+}, qui est l'oxydant le plus fort, se trouve par conséquent au niveau de la cathode, annotée par (+). L'anode, contrairement à la cathode, est chargée négativement (–).

C'est au niveau de l'anode que la réaction d'oxydation s'effectue. Dès lors, Zn se transforme en Zn^{2+}. **La proposition A est correcte.**

B. **Faux.** Ce n'est pas une oxydation $Sn \rightarrow Sn^{2+} + 2\,e^-$ qui siège à la cathode mais bien une réduction : $Sn^{2+} + 2\,e^- \rightarrow Sn$.

C. **Vrai.** Les électrons, contrairement au sens du courant *I*, se déplacent de l'anode à la cathode.

D. **Vrai.** Le pont salin est représenté par le sel $MgSO_4$ (Mg^{2+} et SO_4^{2-}).

Les ions Mg^{2+} se déplacent vers la cathode pour remplacer les charges des ions Sn^{2+} transformés en Sn (ou pour « neutraliser » les contre-ions de Sn^{2+} réduits, soit les ions SO_4^{2-}).

Les ions SO_4^{2-} migrent vers l'anode pour « neutraliser » les charges positives des ions formés, soit les ions Zn^{2+}.

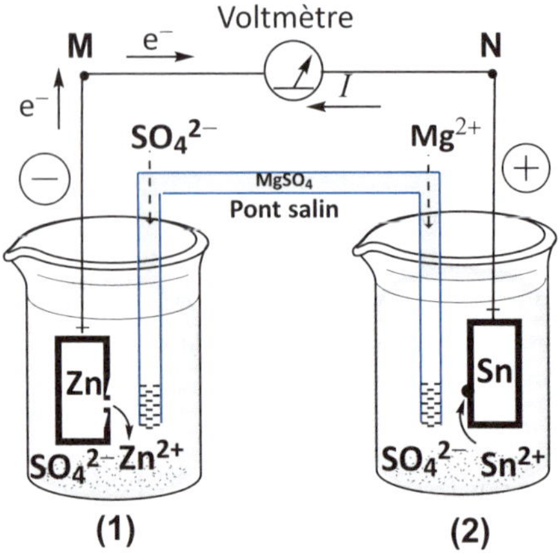

En plus du rôle important de l'électroneutralité que joue le pont salin, il sert également à rendre le circuit électrique fermé.

Q18. **Réponse C.**

L'expression du quotient réactionnel Q_r, exprimé par rapport aux concentrations molaires, est :

$$Q_r = \frac{([Sn^{4+}])^3 \times ([Cr^{3+}])^2}{([Sn^{2+}])^3 \times ([Cr_2O_7^{2-}])^1 \times ([H^+])^{14}}$$

Or, toutes les concentrations valent 0,01mol/L et $[H^+] = 0,1$ mol/L (car $[H^+] = 10^{-pH} = 10^{-1} = 0,1$ mol/L).

En remplaçant ces valeurs dans l'expression ci-dessus, on obtient :

$$Q_r = \frac{(0,01)^3 \times (0,01)^2}{(0,01)^3 \times (0,01)^1 \times (0,1)^{14}} = 10^{12} \text{ (Réponse C).}$$

Le quotient réactionnel « Q_r » varie tant que les concentrations n'ont pas atteint l'équilibre. À l'équilibre, « Q_r » = $K_{\text{équilibre}}$.

Q19. **Réponse D.**

A. **Faux.** Il manque une paire d'électrons libres sur l'oxygène.

B. **Faux.** Il manque une paire d'électrons libres sur l'oxygène.

C. **Faux.** L'atome du C ne respecte pas l'octet.

D. **Vrai.**

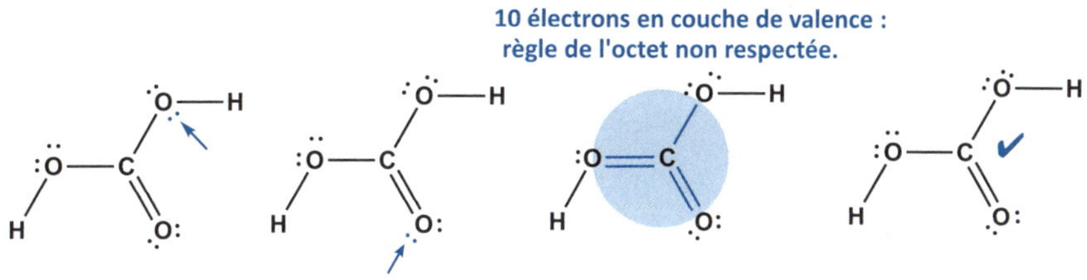

A. B. C. D.

Q20. Réponse A.

La réponse A est correcte car aucune de ces molécules ne contient la fonction éther, R–O–R'. Par ailleurs, on retrouve bien les fonctions ester, cétone, amide et acide carboxylique :

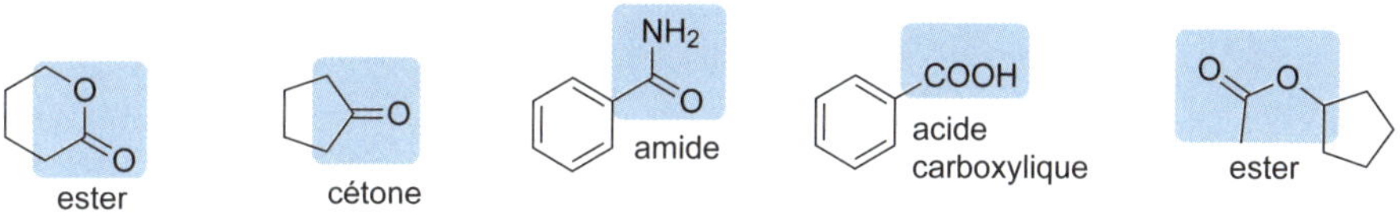

Test 6

Grille des réponses : (1 point si la réponse est correcte, –0,5 point si la réponse est incorrecte et 0 point si rien n'est coché)

	A	B	C	D	Points obtenus (1 pt / –0,5 pt / 0 pt)
QCM 1	☐	☐	☐	☐	....
QCM 2	☐	☐	☐	☐	....
QCM 3	☐	☐	☐	☐	....
QCM 4	☐	☐	☐	☐	....
QCM 5	☐	☐	☐	☐	....
QCM 6	☐	☐	☐	☐	....
QCM 7	☐	☐	☐	☐	....
QCM 8	☐	☐	☐	☐	....
QCM 9	☐	☐	☐	☐	....
QCM 10	☐	☐	☐	☐	....
QCM 11	☐	☐	☐	☐	....
QCM 12	☐	☐	☐	☐	....
QCM 13	☐	☐	☐	☐	....
QCM 14	☐	☐	☐	☐	....
QCM 15	☐	☐	☐	☐	....
QCM 16	☐	☐	☐	☐	....
QCM 17	☐	☐	☐	☐	....
QCM 18	☐	☐	☐	☐	....
QCM 19	☐	☐	☐	☐	....
QCM 20	☐	☐	☐	☐	....
Total / 20 points					$\Sigma =$ .... / 20

Q1. **Cocher le couple dans lequel les entités ont le même nombre de neutrons.**

- ☐ **A.** $({}^{32}_{16}S^{2-}\ ;\ {}^{31}_{15}P)$
- ☐ **B.** $({}^{14}_{6}C\ ;\ {}^{14}_{7}N)$
- ☐ **C.** $({}^{19}_{9}F^{-}\ ;\ {}^{16}_{8}O)$
- ☐ **D.** $({}^{32}_{16}S^{2-}\ ;\ {}^{39}_{19}K^{+})$

Q2. **On considère une molécule organique appelée X de masse moléculaire relative égale à 180.**
Le pourcentage massique en atomes de carbone par molécule X est égal à 60 %.
Combien d'atomes de carbone y a-t-il dans cette molécule ?

- ☐ **A.** 8
- ☐ **B.** 9
- ☐ **C.** 10
- ☐ **D.** Le manque de données rend impossible la détermination du nombre de carbone par molécule X.

Q3. **Soit la structure chimique de la molécule Y suivante :**

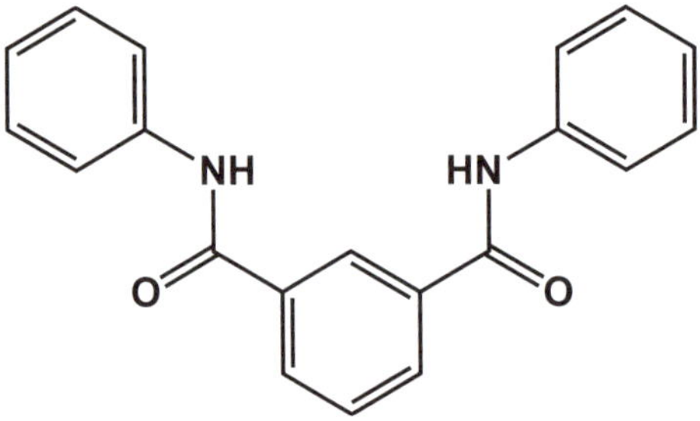

Molécule Y

Les masses atomiques et moléculaires relatives sont : Molécule Y = 316, O = 16, H = 1 et C = 12.
Dans 6,32 g de cette molécule, il y a : (Cocher la bonne réponse.)

- ☐ **A.** 0,40 mol d'atomes de carbone.
- ☐ **B.** 0,04 g d'atomes d'azote.
- ☐ **C.** 0,02 mol d'atomes d'oxygène.
- ☐ **D.** 0,04 mol d'atomes de carbone.

Q4. **On dispose, à $T = 20$ °C, d'un demi-litre d'une solution aqueuse à 18 % (masse/masse) de NaOH et dont la masse volumique est de 1,2 g mL^{-1}.**
Sachant que la masse molaire de NaOH est égale à 40 g moL^{-1}, que vaut la concentration massique de cette solution ? Cocher la bonne réponse.

- ☐ **A.** 5,4 g L^{-1}
- ☐ **B.** 108 g L^{-1}
- ☐ **C.** 216 g L^{-1}
- ☐ **D.** 1 200 g L^{-1}

Q5. **Parmi les équations (en milieu aqueux, à $T = 25$ °C) suivantes, laquelle représente une réaction acido-basique ?**

- ☐ **A.** $HCl\ (aq) + AgNO_3\ (aq) \rightarrow AgCl\ (s) + HNO_3\ (aq)$
- ☐ **B.** $Zn(OH)_2\ (aq) + H_2CO_3\ (aq) \rightarrow ZnCO_3\ (aq) + 2\ H_2O\ (l)$
- ☐ **C.** $H_2SO_4\ (aq) + Mg\ (s) \rightarrow MgSO_4\ (aq) + H_2\ (g)$
- ☐ **D.** $BaCl_2\ (aq) + Na_2SO_4\ (aq) \rightarrow BaSO_4\ (s) + 2\ NaCl\ (aq)$

Q6. **Quelle est la formule brute d'une substance pure formée des ions aluminiums et sulfates ?**

- ☐ **A.** $Al(SO_3)_3$
- ☐ **B.** $Al_2(SO_4)_3$
- ☐ **C.** $Al_3(SO_4)_2$
- ☐ **D.** $Al_2(SO_3)_3$

Q7. **Soit la réaction en milieu aqueux du réactif A avec B pour produire C et D à $T = 25$ °C :**

$$a\ A\ (aq) + b\ B\ (aq) \rightarrow c\ C\ (aq) + d\ D\ (aq),$$

a, b, c et d représentant les coefficients stœchiométriques.
On admet que la réaction se fait dans les conditions stœchiométriques et que les quantités initiales en réactifs sont $n_0(A) = 3$ mol et $n_0(B) = 2$ mol. Les quantités initiales en C et D sont nulles ; ils ne sont produits que lorsque A réagit avec B.
Parmi les relations mathématiques suivantes entre a et b, laquelle est correcte ?

- ☐ **A.** $a = b$
- ☐ **B.** $6b = a$
- ☐ **C.** $3a = 2b$
- ☐ **D.** $2a = 3b$

Q8. On veut déterminer la concentration inconnue d'une solution aqueuse de Fe^{2+} par dosage colorimétrique. La solution titrante utilisée dans la burette, solution d'ions permanganates, est de concentration 0,20 mol L^{-1}. L'équation ionique pondérée mise en jeu est :

$$MnO_4^- + 5\,Fe^{2+} + 8\,H_3O^+ \rightarrow Mn^{2+} + 5\,Fe^{3+} + 12\,H_2O$$

Sachant que 10,0 mL de la solution d'ions permanganates ajoutés ont été nécessaires pour oxyder entièrement 10,0 mL de la solution d'ions Fe^{2+}, quelle est la quantité de moles d'ions Fe^{2+} contenue dans le volume dosé ? Cocher la bonne réponse.

- ☐ **A.** 0,020 mol
- ☐ **B.** 0,010 mol
- ☐ **C.** 0,005 mol
- ☐ **D.** 0,001 mol

Q9. Pour la molécule HNO_3, parmi les schémas présentés ci-dessous, cocher la bonne structure de Lewis. Celle-ci doit prendre en considération les charges formelles des atomes et les paires électroniques libres.

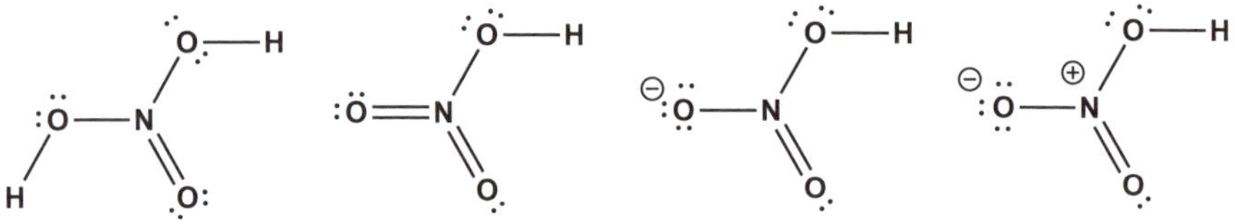

☐ **A.** ☐ **B.** ☐ **C.** ☐ **D.**

Q10. On admet que la masse volumique d'air est égale à 1,25 kg m^{-3} (à $p = 1$ atm et $T = 10$ °C) et que l'air est constitué de 22 % (masse/masse) d'oxygène pur. Dans une bouteille d'air de volume intérieur $V = 200$ L, supposé constant à $p = 1$ atm et à $T = 10$ °C, combien de grammes d'oxygène contient-il ?

- ☐ **A.** 50 g
- ☐ **B.** 55 g
- ☐ **C.** 60 g
- ☐ **D.** 65 g

Q11. On considère la réaction suivante :

$$Mg\,(s) + H_2SO_4\,(aq)\ \textit{en excès} \rightarrow MgSO_4\,(aq) + H_2\,(g).$$

Sachant qu'une mole de Mg (*s*) est complètement oxydée en Mg^{2+}, quel est le volume maximal d'hydrogène obtenu à $T = 300$ K et $p = 1{,}5$ atm ? Cocher la bonne réponse.

On admet que le gaz est parfait et que la constante $R = 0{,}082$ L atm mol^{-1} K^{-1}.

- ☐ **A.** 8,2 L
- ☐ **B.** 10,4 L
- ☐ **C.** 12,2 L
- ☐ **D.** 16,4 L

Q12. **La courbe suivante présente l'évolution du volume (en mL) d'un gramme d'eau liquide en fonction de la température (en °C).**

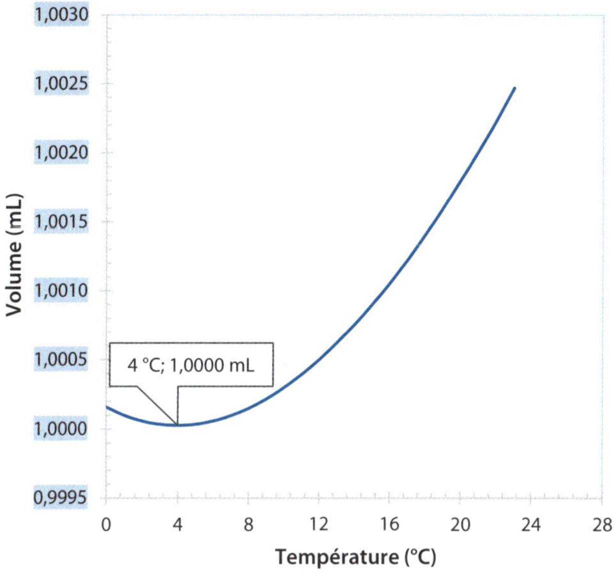

En se référant à cette courbe, classer par ordre décroissant les masses volumiques d'eau pure à $T = 0$ °C, $T = 1$ °C, $T = 3$ °C et $T = 20$ °C.

- ▢ **A.** $\rho^{3\,°C}_{(H_2O)} > \rho^{0\,°C}_{(H_2O)} > \rho^{1\,°C}_{(H_2O)} > \rho^{20\,°C}_{(H_2O)}$
- ▢ **B.** $\rho^{20\,°C}_{(H_2O)} > \rho^{3\,°C}_{(H_2O)} > \rho^{0\,°C}_{(H_2O)} > \rho^{1\,°C}_{(H_2O)}$
- ▢ **C.** $\rho^{0\,°C}_{(H_2O)} > \rho^{1\,°C}_{(H_2O)} > \rho^{3\,°C}_{(H_2O)} > \rho^{20\,°C}_{(H_2O)}$
- ▢ **D.** $\rho^{3\,°C}_{(H_2O)} > \rho^{1\,°C}_{(H_2O)} > \rho^{0\,°C}_{(H_2O)} > \rho^{20\,°C}_{(H_2O)}$

Q13. **Soit la réaction suivante : $H_2\ (g) + I_2\ (g) \rightleftarrows 2\ HI\ (g)$.**
On admet que la constante d'équilibre calculée sur base des concentrations molaires à $T = 450$ °C vaut 49.
Sachant que l'on introduit 1 mol de H_2 et 1 mol de I_2 dans un récipient d'un litre (volume constant) et que la réaction se déroule à $T = 450$ °C, que vaut les concentrations en mol L^{-1} de HI à l'équilibre ?

- ▢ **A.** $[HI]_{éq} = \frac{2}{9}$ mol L^{-1}
- ▢ **B.** $[HI]_{éq} = \frac{4}{9}$ mol L^{-1}
- ▢ **C.** $[HI]_{éq} = \frac{7}{9}$ mol L^{-1}
- ▢ **D.** $[HI]_{éq} = \frac{14}{9}$ mol L^{-1}

Q14. À $T = 298$ K, on considère la réaction exothermique suivante :

$$A(g) + B(g) \rightleftarrows 2\,C(g).$$

On admet que la constante d'équilibre K, à $T = 298$ K, vaut 400.
Laquelle des conditions suivantes baissera la valeur de K ?

- ☐ **A.** en baissant la température
- ☐ **B.** en augmentant la température
- ☐ **C.** en diminuant la température et la pression
- ☐ **D.** en diminuant la température et le volume

Q15. Une solution de volume V a été préparée en dissolvant 40 mg de NaOH (s, pur) dans l'eau déminéralisée, à $T = 25$ °C.
Sachant que le pH de la solution préparée vaut 12, calculer le volume V. (Cocher la bonne réponse.)
La masse molaire de NaOH est égale à 40 g/mol.

- ☐ **A.** 100 mL
- ☐ **B.** 200 mL
- ☐ **C.** 1,00 L
- ☐ **D.** 50 mL

Q16. 100 mL d'une solution aqueuse d'un acide faible AH de concentration molaire égale à 1 mol L^{-1} a été préparée.
Sachant que dans cette solution la concentration des ions H_3O^+ en équilibre avec AH est égale à 1×10^{-5} mol L^{-1}, que vaut le pK_a de l'acide AH ?
On néglige la quantité des ions H_3O^+ et OH^- issus de l'autoprotolyse de l'eau.

- ☐ **A.** p$K_a = 9$
- ☐ **B.** p$K_a = 10$
- ☐ **C.** p$K_a = 4$
- ☐ **D.** p$K_a = 5$

Q17. En se basant sur la table des pK_a suivants, pour la réaction acido-basique suivante, calculer la valeur de la constante d'équilibre ($K_{éq} = K_c$) et indiquer si la réaction est complète, impossible ou limitée par un équilibre.

	pK_a
H_3PO_4	2,1
$H_2PO_4^-$	7,2
HPO_4^{2-}	12,7
NH_4^+	9,2
$HOOC\text{-}COO^-$	4,3

$$PO_4^{3-} + NH_4^+ \rightarrow ?\; HPO_4^{2-} + NH_3$$

- ▢ **A.** $K_{éq} > 10^3$; réaction complète.
- ▢ **B.** $K_{éq} < 10^3$; réaction impossible.
- ▢ **C.** $K_{éq} < 10^3$; réaction aboutit à un équilibre.
- ▢ **D.** Aucune de ces trois propositions n'est correcte.

Q18. À 25 °C et dans les conditions standard, on considère la demi-équation de réduction de MnO_4^- en Mn^{2+} suivante :

$$MnO_4^- + 5\,e^- + 8\,H^+ \rightleftarrows Mn^{2+} + 4H_2O \qquad E_r^o(MnO_4^- / Mn^{2+}) = +1{,}51\ V$$

Parmi les équations d'oxydation suivantes laquelle (lesquelles) est (sont) réalisable(s) et spontanée(s) par l'ajout d'une solution de MnO_4^- en milieu acide.

(1) $2\,Br^- \rightarrow Br_2 + 2\,e^-$ $\qquad E_r^o(Br_2 / Br^-) = +1{,}06\ V$

(2) $Sn^{2+} \rightarrow Sn^{4+} + 2\,e^-$ $\qquad E_r^o(Sn^{4+} / Sn^{2+}) = +0{,}151\ V$

(3) $2\,SO_4^{2-} \rightarrow S_2O_8^{2-} + 2\,e^-$ $\qquad E_r^o(S_2O_8^{2-} / SO_4^{2-}) = +2{,}01\ V$

On suppose que les conditions de la réaction sont standard et $T = 25$ °C.

- ▢ **A.** Uniquement (3)
- ▢ **B.** Uniquement (1) et (2)
- ▢ **C.** Uniquement (2)
- ▢ **D.** (1), (2) et (3)

Q19. On considère une pile Zn–Sn composée de deux compartiments, d'un pont salin et d'un fil conducteur neutre en platine, comme le montre le schéma suivant :

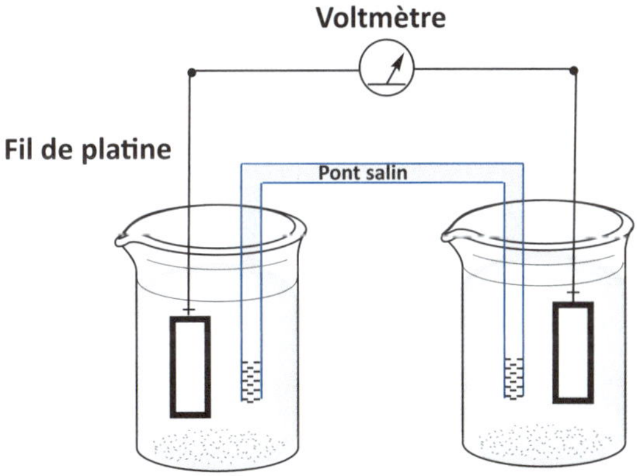

L'électrode de zinc, plongée dans une solution de sulfate de zinc, est reliée par le fil de platine à l'électrode d'étain qui est immergée dans une solution de sulfate d'étain (II). Le pont salin qui relie les deux solutions contient du NaCl.

À 25 °C, les potentiels de réduction standard des deux couples sont :

$$E_r^o(Zn^{2+} / Zn) = -0,76 \text{ V et } E_r^o(Sn^{2+} / Sn) = -0,14 \text{ V.}$$

Sachant que toutes les concentrations valent 1 mol/L et *p* = 1 atm, quelle est la différence de potentiel que l'on pourra lire à 25 °C sur le voltmètre connecté à la pile illustrée ci-dessus.

- ☐ **A.** −0,62 V
- ☐ **B.** −0,9 V
- ☐ **C.** +0,62 V
- ☐ **D.** +0,9 V

Q20. La structure chimique de l'ibuprofène est :

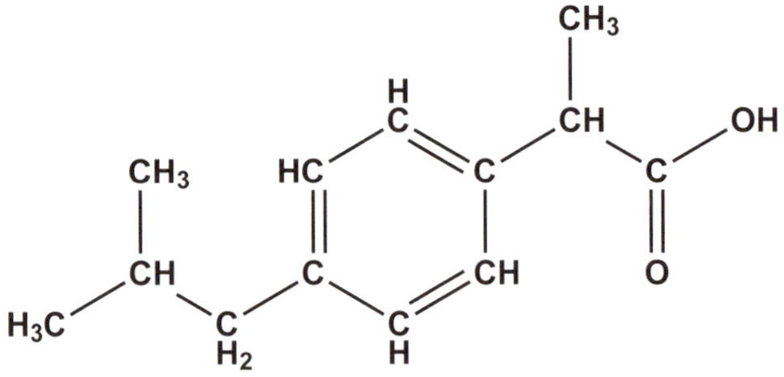

Cette molécule : (Cocher la réponse fausse.)

- ☐ **A.** contient une chaîne carbonée linéaire (non ramifiée) liée au benzène.
- ☐ **B.** porte une fonction acide carboxylique.
- ☐ **C.** comporte 13 atomes de carbone et deux atomes d'oxygène.
- ☐ **D.** réagit complètement avec l'hydroxyde de sodium en milieu aqueux.

Corrections . . .

Test 6

Q1. **Réponse A.**

L'ion $^{32}_{16}S^{2-}$ possède 16 protons et 16 neutrons ($A - Z = 32 - 16$).

L'atome métallique $^{31}_{15}P$ possède 15 protons et 16 neutrons ($A - Z = 31 - 15$).

Pour les autres atomes/ions :

$^{14}_{6}C \rightarrowtail$ 8 neutrons, $^{14}_{7}N \rightarrowtail$ 7 neutrons, $^{19}_{9}F^{-} \rightarrowtail$ 10 neutrons, $^{16}_{8}O \rightarrowtail$ 8 neutrons et $^{39}_{19}K^{+} \rightarrowtail$ 20 neutrons.

Q2. **Réponse B.**

Une mole de la molécule X pèse 180 g.

D'après l'énoncé, le pourcentage massique en atomes de carbone par molécule X est de 60 %. Cela est traduit par l'équation suivante :

$$\%\,C = \frac{12 \times x}{M(X)} = 0{,}60 \text{ (}x\text{ étant le nombre d'atomes de C par molécule)}$$

Calculons x, en remplaçant $M(X)$ par 180 g/mol :

$$x = \frac{0{,}60 \times 180\left(\frac{g}{mol}\right)}{12\left(\frac{g}{mol}\right)} = 9 \text{ atomes de carbone par molécule X (Réponse B).}$$

Q3. **Réponse A.**

Dans une mole de la molécule Y, on a :

- 2 mol d'atomes d'oxygène (car il y a 2 atomes d'O par molécule)
- 2 mol d'atome d'azote (car il y a 2 atomes de N par molécule)
- 20 mol d'atomes de carbone (car il y a 20 atomes de C par molécule)

Calculons la quantité en mol de Y dans 6,32 g :

$$n(Y) = 6{,}32\text{ (g)} / 316\left(\frac{g}{mol}\right) = 0{,}02 \text{ mol.}$$

D'où : $n(O) = 0{,}04$ mol, $n(N) = 0{,}04$ mol et $n(C) = 0{,}4$ mol.

La seule bonne réponse est A.

Q4. Réponse C.

La masse volumique vaut 1,2 g mL^{-1}. Cela veut dire que 1 mL de la solution pèse 1,2 g.

La concentration massique est la masse de soluté dissous dans un litre de solution. Si nous partons d'un litre de solution ($NaOH + H_2O$), on a :

$$1\ \text{L de solution} \xrightarrow{\text{pèse}} 1\,200\ \text{g de solution}\ \left[m(NaOH) + m(H_2O)\right]$$

$$\downarrow \times 18/100$$

$$216\ \text{g de soluté NaOH pur}$$

$$\downarrow \div V = 1\ \text{L}$$

$$216\ \text{g L}^{-1}$$

Donc, la solution est de concentration massique égale à 216 g L^{-1} (Réponse C).

Q5. Réponse B.

Une réaction acido-basique exige l'action d'un acide sur une base dans le milieu réactionnel.

La réaction en B est une réaction de neutralisation acido-basique impliquant l'acide ternaire H_2CO_3 et la base hydroxylée $Zn(OH)_2$.

Les trois autres réactions ne sont pas acido-basiques.

Pour la réaction en A, vu que la combinaison des cations Ag^+ et des anions Cl^- produit le solide AgCl insoluble en milieu aqueux, celle-ci est une réaction de précipitation. Il est de même pour la réaction en D : les cations Ba^{2+} et anions SO_4^{2-} se combinent pour former le solide $BaSO_4$ insoluble dans l'eau.

La réaction en C est une réaction redox. Le magnésium est oxydé par les ions H^+ pour produire Mg^{2+} et du gaz H_2. Le N.O. du magnésium passe de 0 (Mg) à +II (Mg^{2+}) et celui de l'hydrogène passe de +I (H^+) à 0 (H_2).

Q6. Réponse B.

L'ion aluminium possède toujours à l'état fondamental une valence égale à 3, soit Al^{3+}.

L'ion sulfite possède deux charges négatives et a pour formule chimique SO_3^{2-}.

L'ion sulfate, quant à lui, possède également deux charges négatives et a pour formule chimique SO_4^{2-} (valence égale à 2). Pour déterminer les indices et donc le nombre d'atomes/groupements correct lors de la formation d'une molécule neutre, il suffit d'inverser les valences des éléments et de les placer en indice.

On en déduit donc que la formule du sulfate d'aluminium est $Al_2(SO_4)_3$. La proposition correcte est B.

La formule donnée en D est fausse car il s'agit du sulfite d'aluminium et non du sulfate d'aluminium !

Q7. **Réponse D.**

Les conditions d'une réaction sont stœchiométriques lorsque les quantités initiales des réactifs sont injectées dans le système dans les mêmes proportions que les coefficients stœchiométriques de ces mêmes réactifs.

Le mélange des quantités initiales des réactifs A et B en proportion stœchiométrique exige que :

$$\frac{n_0(\text{A})}{a} = \frac{n_0(\text{B})}{b} \Leftrightarrow \frac{3}{a} = \frac{2}{b} \Leftrightarrow 3b = 2a \text{ (Réponse D).}$$

Q8. **Réponse B.**

Au point d'équivalence, la relation entre les quantités $n(Fe^{2+})$ et $n(MnO_4^-)$ exige que :

$$\frac{n(\text{MnO}_4^-)}{1} = \frac{n(\text{Fe}^{2+})}{5}.$$

D'où : $n(Fe^{2+}) = 5 \times n(MnO_4^-)$

Or : $n(MnO_4^-) = 10{,}0 \times 10^{-3}$ (L) $\times$ 0,20 (mol/L) = 0,002 mol.

On en déduit donc que : $n(Fe^{2+}) = 5 \times n(MnO_4^-) = 0{,}010$ mol (Réponse B).

Q9. **Réponse D.**

A. **Faux**, car i) il manque une charge formelle positive sur l'atome d'N et ii) il y a deux atomes d'H au lieu d'un seul.

B. **Faux**, car la règle de l'octet n'est pas respectée pour l'atome central N (élément de la 2e période !)

C. **Faux**, car il manque une charge formelle positive sur l'atome d'azote.

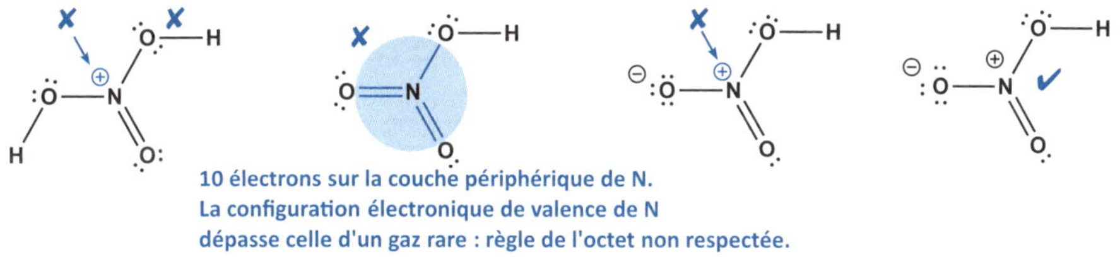

A. B. C. D.

Q10. **Réponse B.**

Le volume d'air est égal à 200 L.

Comme la masse volumique est égale à 1,25 kg m^{-3} (ou 1,25 g L^{-1}), on a :

1L d'air pèse 1,25 g et donc un volume V = 200 L possède une masse de 250 g.

Or, le pourcentage massique de l'oxygène dans l'air est à 22 %.

Donc : $m(O_2) = 250 \text{ g (Air)} \times \dfrac{22 \text{ g } (O_2)}{100 \text{ g (Air)}} = 55 \text{ g.}$

Q11. Réponse D.

On a introduit une mole de Mg dans un excès d'acide sulfurique et la réaction est complète (R = 100 %). Donc :

	Mg (*s*)	+	H_2SO_4 (*aq*)	→	$MgSO_4$ (*aq*)	+	H_2 (*g*)
t_0 : (en mol)	1		en excès		0		0
t_f : (en mol)	0		en excès		1		1

On constate que les coefficients stœchiométriques du réactif limitant Mg et de l'H_2 sont les mêmes. D'où, une mole de Mg complètement oxydé produit une mole de H_2.

À T = 300 K et p = 1,5 atm, le volume maximal qu'occupe le gaz H_2 formé est :

$$V = \frac{n_{H_2} \times R \times T}{p} = \frac{1\,(\text{mol}) \times 0{,}082\ (\text{L atm mol}^{-1}\ \text{K}^{-1}) \times 300\ (\text{K})}{1{,}5\ (\text{atm})} = 16{,}4\ \text{L}.$$

Q12. Réponse D.

Constatons, d'après la courbe, que le volume occupé par 1 g d'H_2O liquide diminue de 0 °C à 4 °C et augmente au-dessus de 4 °C.

D'où : $V_{(H_2O)}^{3\ °C} < V_{(H_2O)}^{1\ °C} < V_{(H_2O)}^{0\ °C} < V_{(H_2O)}^{20\ °C}$.

Comme $\rho_{(H_2O)}^{T} = \dfrac{m}{V}$ et la masse m = 1 g demeure constante, alors $\rho_{(H_2O)}^{3\ °C} > \rho_{(H_2O)}^{1\ °C} > \rho_{(H_2O)}^{0\ °C} > \rho_{(H_2O)}^{20\ °C}$ (Réponse D).

Q13. Réponse D.

Initialement on a : $[H_2\,(g)]_0 = [I_2\,(g)]_0 = \dfrac{1\,(\text{mol})}{1\,(\text{L})} = 1\ \text{mol L}^{-1}$ et $[HI\,(g)]_0 = 0\ \text{mol L}^{-1}$.

Le tableau d'avancement de la réaction est :

	H_2 (*g*)	+	I_2 (*g*)	⇄	2 HI (*g*)
t_0 : (en mol)	1		1		0
Variation :	$-x$		$-x$		$+2x$
$t_{\text{équilibre}}$ ($t_{\text{éq}}$) : (en mol/L)	$1-x$		$1-x$		$2x$

$$K_c = \frac{[HI]_{éq}^{\ 2}}{[H_2]_{éq} \times [I_2]_{éq}} \iff 49 = \frac{(2x)^2}{(1-x)^2} = \left(\frac{2x}{1-x}\right)^2$$

$$\iff 7^2 = \left(\frac{2x}{1-x}\right)^2$$

$$\iff 7 = \frac{2x}{1-x} \ (x \text{ étant positif et inférieur à 1})$$

$$\iff 7 \times (1-x) = 2x$$

$$\iff x = \frac{7}{9}$$

D'où : $[HI]_{éq} = 2\,x = \dfrac{14}{9}$ mol L^{-1} (Réponse D) et $[H_2]_{éq} = [I_2]_{éq} = 1 - x = \dfrac{2}{9}$ mol L^{-1}.

Q14. Réponse B.

Si $T \searrow$, la réaction évolue dans le sens exothermique, ce qui est favorable pour le rendement puisque l'équilibre est déplacé vers la droite (sens direct de la réaction), à savoir le sens où le composé C se forme. Un nouvel équilibre se rétablit avec une constante d'équilibre supérieure à K.

Si $T \nearrow$, la réaction évolue dans le sens endothermique, ce qui est défavorable pour le rendement puisque l'équilibre est déplacé vers la gauche (sens inverse de la réaction), à savoir le sens où les réactifs A et B se forment. Un nouvel équilibre se rétablit avec une constante d'équilibre inférieure à K.

La variation du volume ou de la pression n'a pas d'effet sur le système à l'équilibre ; il y a autant de molécules à l'état gazeux dans les réactifs que dans les produits (Réactifs = 1 mol + 1 mol $\rightleftarrows$ Produit = 2 mol).

On en déduit donc que l'opération en B baissera la constante K.

Q15. Réponse A.

NaOH étant une base forte :

$$\text{pH} = 14 + \log[\text{HO}^-] = 14 + \log \frac{\dfrac{m(\text{NaOH})}{M(\text{NaOH})}}{V_{\text{Total}}}$$

Remplaçons m(NaOH) par 40×10^{-3} g et M(NaOH) par 40 g/mol :

$$\text{pH} = 14 + \log\frac{10^{-3}}{V_{\text{Total}}} \Leftrightarrow 12 - 14 = \log\frac{10^{-3}}{V_{\text{Total}}} \Leftrightarrow V_{\text{Total}} = \frac{10^{-3}}{10^{-2}} = 0{,}1 \text{ L } (= 100 \text{ mL})$$

La bonne réponse est A.

Q16. Réponse B.

AH est un acide faible, ce qui implique que sa dissociation dans l'eau est faible :

$$\text{AH} + \text{H}_2\text{O} \rightleftarrows \text{A}^- + \text{H}_3\text{O}^+$$

À l'équilibre, on a : $[\text{H}_3\text{O}^+]_{\text{éq}} = [\text{A}^-]_{\text{éq}}$ (puisqu'on néglige les ions issus de l'autoprotolyse de l'eau).

$$[\text{AH}]_0 = [\text{AH}]_{\text{éq}} + [\text{A}^-]_{\text{éq}} = [\text{AH}]_{\text{éq}} + [\text{H}_3\text{O}^+]_{\text{éq}} \Leftrightarrow [\text{AH}]_{\text{éq}} = [\text{AH}]_0 - [\text{H}_3\text{O}^+]_{\text{éq}}$$

Or, on sait que : $[\text{H}_3\text{O}^+]_{\text{éq}} = 1 \times 10^{-5}$ mol L^{-1} < 1 mol L^{-1}.

Donc, on peut négliger la concentration de H_3O^+ devant celle de $[\text{AH}]_0$:

$$[\text{AH}]_{\text{éq}} = [\text{AH}]_0 - [\text{H}_3\text{O}^+]_{\text{éq}} = [\text{AH}]_0$$

En utilisant la formule de pH, on peut calculer le pK_a de l'acide :

$$\text{pH} = \frac{1}{2}\text{p}K_a - \frac{1}{2}\log[\text{AH}]_{\text{éq}}$$

Comme $[\text{H}_3\text{O}^+]_{\text{éq}} = 1 \times 10^{-5}$ mol L^{-1}, alors pH $= -\log[\text{H}_3\text{O}^+] = 5$.

D'où : $\text{pH} = \frac{1}{2}\text{p}K_a - \frac{1}{2}\log[\text{AH}]_{\text{éq}} \Leftrightarrow \text{p}K_a = 2 \times \text{pH} + \log[\text{AH}]_0$

Application numérique : p$K_a = 2 \times 5 + \log 1 = 10$ (Réponse B).

Q17. Réponse A.

On considère la réaction acide-base : $\text{AH} + \text{B}^- \rightleftarrows \text{BH} + \text{A}^-$ (I)

À température constante, à l'équilibre, on a : $K_{\text{éq}} = \dfrac{[\text{BH}] \times [\text{A}^-]}{[\text{AH}] \times [\text{B}^-]}$.

Or, on sait que :

$HA + H_2O \rightleftarrows H_3O^+ + A^-$ (II) est caractérisée par $K_a(HA) = \frac{[A^-]\times[H_3O^+]}{[HA]}$ et,

$B^- + H_3O^+ \rightleftarrows H_2O + HB$ (III) par $\frac{1}{K_a(HB)} = \frac{[HB]}{[B^-]\times[H_3O^+]}$ (réaction inverse de la dissociation de BH dans l'eau).

Si on additionne les deux réactions (II) et (III), on obtient la réaction globale (I) :

$$HA + B^- \rightleftarrows HB + A^-$$

Ainsi, la constante d'équilibre est :

$$K_{éq} = \frac{[A^-]\times[HB]}{[HA]\times[B^-]} = \frac{K_a(HA)}{K_a(HB)} = 10^{pK_a(HA)-pK_a(HB)} = 10^{\Delta pK_a}$$

On constate que la constante d'équilibre dépend uniquement de la variation de pK_a entre l'acide produit et l'acide engagé comme réactif dans le milieu réactionnel.

On admet que le transfert de proton de l'acide à la base est complet si la constante d'équilibre $K_{éq}$ est supérieure à 10^3, ce qui implique que la différence [pK_a (Acide conjugué formé) – pK_a (Acide réactif)] soit supérieure ou égale à 3.

Si ΔpK_a est comprise entre –3 et 3, la réaction est limitée par un équilibre.

Si ΔpK_a est inférieure à –3, la réaction est impossible dans le sens direct.

Pour la réaction : $PO_4^{3-} + NH_4^+ \rightarrow HPO_4^{2-} + NH_3$

Constatons que l'acide est NH_4^+ et la base est PO_4^{3-}.

L'acide réactif est NH_4^+ et l'acide formé, si la réaction a lieu, est HPO_4^{2-} :

PO_4^{3-}	+	NH_4^+	→	HPO_4^{2-}	+	NH_3
Base 2		Acide 1 (réactif)		Acide 2 (produit)		Base 1
		$pK_a = 9{,}2$		$pK_a = 12{,}7$		

$$K_{éq} = \frac{[NH_3]\times[HPO_4^{2-}]}{[PO_4^{3-}]\times[NH_4^+]} = \frac{K_a(NH_4^+)}{K_a(HPO_4^{2-})} = 10^{pK_a(HPO_4^{2-})-pK_a(NH_4^+)} = 10^{12,7-9,2} = 10^{3,5} > 10^3$$

On en déduit donc que la réaction est complète (Réponse A).

Q18. Réponse B.

Pour (1), la réaction entre MnO_4^- et Br^- est possible car $E_r^\circ(MnO_4^-/Mn^{2+}) > E_r^\circ(Br_2/Br^-)$ dans les conditions standard :

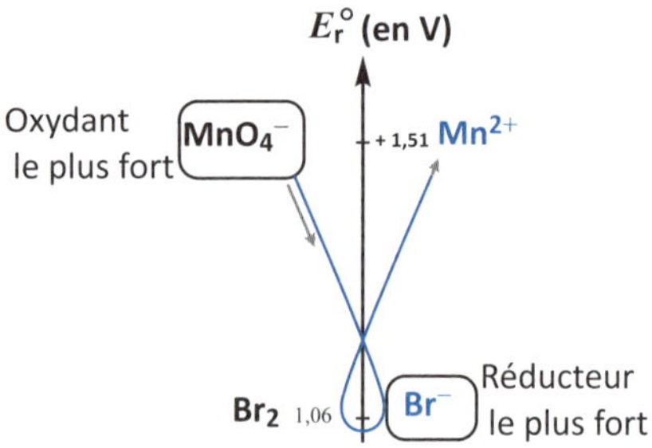

Demi-équation d'oxydation : $2\ Br^- \rightarrow Br_2 + 2\ e^-$ I

Demi-équation de réduction : $MnO_4^- + 5\ e^- + 8\ H^+ \rightleftarrows Mn^{2+} + 4\ H_2O$ II

Pour avoir le même nombre d'électrons, on multiplie l'équation I par 5 et II par 2.

$$(2\ Br^- \rightarrow Br_2 + 2\ e^-) \times 5 \quad \text{I}$$

$$(MnO_4^- + 5\ e^- + 8\ H^+ \rightleftarrows Mn^{2+} + 4\ H_2O) \times 2 \quad \text{II}$$

L'addition des deux équations donne l'équation de la réaction redox ionique :

$$2\ MnO_4^- + 10\ Br^- + 16\ H^+ \rightleftarrows 2\ Mn^{2+} + 5\ Br_2 + 8\ H_2O$$

Pour (2), la réaction est possible car $E_r^\circ(MnO_4^- / Mn^{2+}) > E_r^\circ(Sn^{4+} / Sn^{2+})$. L'équation redox est :

$$2\ MnO_4^- + 5\ Sn^{2+} + 16\ H^+ \rightleftarrows 2\ Mn^{2+} + 5\ Sn^{4+} + 8\ H_2O$$

Pour (3), la réaction redox n'est pas possible en mélangeant du MnO_4^- avec SO_4^{2-}, car $E_r^\circ(MnO_4^- / Mn^{2+}) < E_r^\circ(S_2O_8^{2-} / SO_4^{2-})$. Le réactif MnO_4^- est un oxydant moins fort que $S_2O_8^{2-}$, il ne peut pas oxyder son réducteur, SO_4^{2-}. Cependant, la réaction inverse est possible :

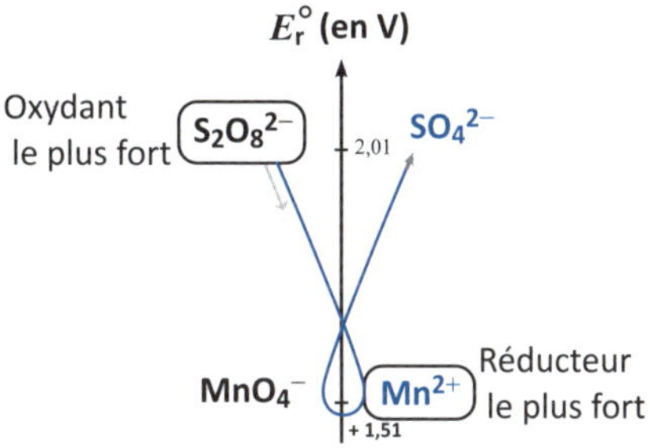

La réponse correcte est B.

Q19. Réponse C.

Les deux couples intervenant dans cette pile sont (Zn^{2+} / Zn) et (Sn^{2+} / Sn).

Or, $E_r^\circ(Zn^{2+} / Zn) = -0{,}76\ V < E_r^\circ(Sn^{2+} / Sn) = -0{,}14\ V$. L'oxydant le plus fort est Sn^{2+}, celui du couple (Sn^{2+} / Sn).

Pour rappel : une réaction redox (25 °C, $p = 1$ atm et [ ] = 1 mol L^{-1}) n'est spontanée que si le système (le couple) de potentiel de réduction (E_r°) élevé oxyde le système de potentiel de réduction plus faible.

Ainsi, se produit la réaction entre l'oxydant Sn^{2+} du couple (Sn^{2+} / Sn) et le réducteur Zn de l'autre couple.

L'oxydation se fait à l'anode et la réduction quant à elle se fait à la cathode.

Dans les conditions standard et $T = 25$ °C, la différence de potentiel entre les deux électrodes est égale à :

ΔE°_{pile} = E_r° **cathode** − E_r° **anode** $= -0{,}14 - (-0{,}76) = 0{,}62\ V$

E_r° cathode ↓	E_r° anode ↓
(+) ↬ Demi-équation de *réduction* ↬ Consommation d'électrons	(–) ↬ Demi-équation d'*oxydation* ↬ Production d'électrons

La réponse C est correcte.

Q20. Réponse A

A. **Faux.** La chaîne carbonée liée au benzène n'est pas linéaire. Elle est ramifiée puisque le groupement méthyle ($-CH_3$) vient créer une troisième liaison covalente C–C sur le carbone 2 de la chaîne. Les carbones d'une chaîne linéaire sont liés soit à un C, soit à deux C au maximum.

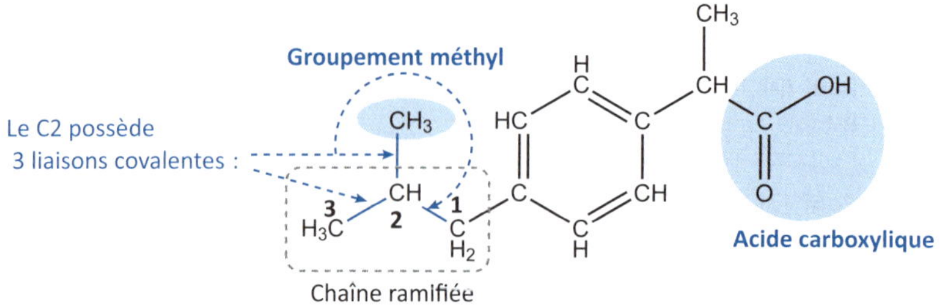

Si la chaîne était linéaire, sa structures serait :

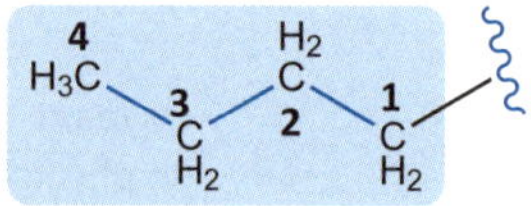

B. **Vrai.** Voir sur le dessin en A.

C. **Vrai.** La formule brute de l'ibuprofène est $C_{13}H_{18}O_2$. La molécule est constituée de 13 atomes de C, 18 atomes d'H et 2 atomes d'O.

D. **Vrai.** L'ibuprofène contient une fonction acide carboxylique comme l'acide acétique. Elle peut dès lors transférer complètement son proton acide à la base forte OH^-. La réaction acido-basique mise en jeu est :

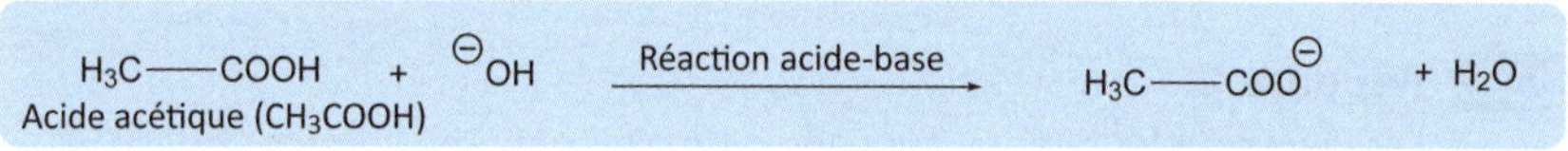

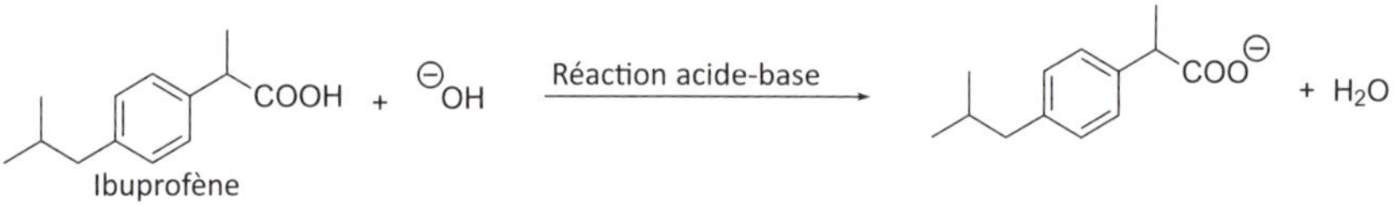

Test 7

Grille des réponses : (1 point si la réponse est correcte, –0,5 point si la réponse est incorrecte et 0 point si rien n'est coché)

	A	B	C	D	Points obtenus (1 pt / –0,5 pt / 0 pt)
QCM 1	☐	☐	☐	☐	....
QCM 2	☐	☐	☐	☐	....
QCM 3	☐	☐	☐	☐	....
QCM 4	☐	☐	☐	☐	....
QCM 5	☐	☐	☐	☐	....
QCM 6	☐	☐	☐	☐	....
QCM 7	☐	☐	☐	☐	....
QCM 8	☐	☐	☐	☐	....
QCM 9	☐	☐	☐	☐	....
QCM 10	☐	☐	☐	☐	....
QCM 11	☐	☐	☐	☐	....
QCM 12	☐	☐	☐	☐	....
QCM 13	☐	☐	☐	☐	....
QCM 14	☐	☐	☐	☐	....
QCM 15	☐	☐	☐	☐	....
QCM 16	☐	☐	☐	☐	....
QCM 17	☐	☐	☐	☐	....
QCM 18	☐	☐	☐	☐	....
QCM 19	☐	☐	☐	☐	....
QCM 20	☐	☐	☐	☐	....
Total / 20 points					Σ = ... / 20

Q1. **On considère la forme anionique stable de l'atome de brome suivant : $^{79}_{35}Br^-$. À l'état fondamental, son isotope $^{81}Br^-$ possède : (Parmi les propositions ci-dessous, cocher celle qui est correcte.)**

- ☐ **A.** 44 neutrons.
- ☐ **B.** 45 neutrons.
- ☐ **C.** 46 neutrons.
- ☐ **D.** Aucune de ces réponses n'est correctes.

Q2. **Parmi les formules brutes moléculaires ci-dessous, cocher celle qui est correcte.**

- ☐ **A.** $Zn(SO_3)_2$
- ☐ **B.** $Al_2(HCO_3)_3$
- ☐ **C.** $(NH_4)_2CO_3$
- ☐ **D.** H_2CO_2

Q3. **Parmi les propositions suivantes, laquelle est fausse ?**

- ☐ **A.** L'action de l'oxygène sur un métal M (combustion) suivie d'une hydratation (+ H_2O) pourrait donner un hydroxyde métallique. Ce dernier réagit avec un acide binaire ou ternaire fort pour former un sel et de l'eau (neutralisation).
- ☐ **B.** L'action d'un acide ternaire HXO sur un métal M pourrait produire un sel ternaire et de l'oxygène.
- ☐ **C.** L'action de l'oxygène sur un non-métal (combustion) suivie d'une hydratation (+ H_2O) pourrait donner un acide ternaire. Ce dernier peut subir une réaction de neutralisation acido-basique avec un hydroxyde métallique.
- ☐ **D.** L'action d'un acide binaire sur un métal M pourrait produire un sel binaire et de l'hydrogène.

Q4. **La réaction ci-dessous correspondant à la neutralisation acido-basique complète de l'acide sulfurique par du NaOH :**

$$\ldots H_2SO_4 + \ldots NaOH \rightarrow \ldots Na_2SO_4 + \ldots H_2O$$

(Attention, l'équation est non affectée de ses coefficients stœchiométriques)
Quelle masse en grammes de Na_2SO_4 obtient-on lorsque 20 mmol de H_2SO_4 sont complètement neutralisées ?
Masses atomiques relatives : H = 1, O = 16, Na = 23 et S = 32.

- ☐ **A.** 0,284 g
- ☐ **B.** 2,87 g
- ☐ **C.** 28,4 g
- ☐ **D.** Aucune de ces réponses n'est correcte.

Q5. **Pour les structures de Lewis présentées ci-dessous, cocher celle ne respectant pas strictement les règles de l'octet et du duet.**
Masses atomiques relatives : $_{1}H = 1$, $_{8}O = 16$, $_{11}Na = 23$ et $_{16}S = 32$.

☐ **A.**

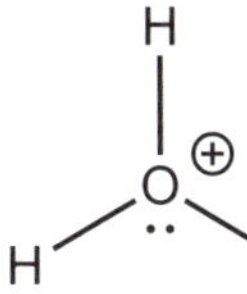

☐ **B.**

☐ **C.**

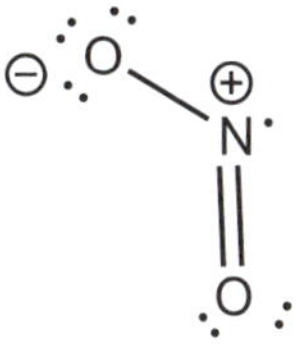

☐ **D.**

Q6. **On considère une quantité *n*(en mol) d'un gaz parfait à température constante. À pression p_1 (en atm), le volume du gaz est V_1 (en L). Pour le même échantillon, à pression p_2 (en atm) différente de p_1 (atm), le volume est V_2 (en L).**
Parmi les propositions ci-dessous, indiquer celle qui est fausse ?

- ☐ **A.** Le produit de la pression par le volume est une constante (la pression est inversement proportionnelle au volume).
- ☐ **B.** Le rapport p_1 / V_1 est égal au rapport p_2 / V_2.
- ☐ **C.** Le produit $p_1 \times V_1$ est égal au produit $p_2 \times V_2$.
- ☐ **D.** Le rapport p_2 / p_1 est égal au rapport V_1 / V_2.

Q7. **Pour un gaz, maintenu à température constante, obéissant à la loi de Boyle-Mariotte, si son volume est réduit à un cinquième de sa valeur initiale, la pression …**

- ☐ **A.** augmente d'un facteur de 5.
- ☐ **B.** diminue d'un facteur de 5.
- ☐ **C.** reste constante.
- ☐ **D.** Par manque de données, il est impossible de prédire la variation de la pression.

Q8. **Soit la réaction en milieu aqueux du réactif A avec B pour produire C et D à $T = 25$ °C :**

$$a\,\mathrm{A}\,(aq) + b\,\mathrm{B}\,(aq) \rightarrow c\,\mathrm{C}\,(aq) + d\,\mathrm{D}\,(aq),$$

***a*, *b*, *c* et *d* étant les coefficients stœchiométriques.**
On admet que la réaction se fait dans les conditions stœchiométriques et que les quantités initiales en réactifs sont $n_0(\mathrm{A}) = 2$ mol et $n_0(\mathrm{B}) = 5$ mol. La quantité initiale des produits C et D est nulle.

Si, à l'équilibre, la quantité réelle produite de C est égale à $\frac{c}{2a}$ mol, quel est, en pourcent, le rendement de la réaction ? Cocher la bonne réponse.

- ☐ **A.** 20 %
- ☐ **B.** 25 %
- ☐ **C.** 50 %
- ☐ **D.** 80 %

Q9. **On considère les réactions (a), (b) et (c) et leurs graphiques correspondants illustrant l'évolution des quantités du(des) réactif(s) consommé(s) et/ou du (des) produit(s) formé(s) en fonction du temps.**
Les réactifs et les produits sont assimilés à des gaz parfaits et les réactions se font à des températures constantes.

(a)

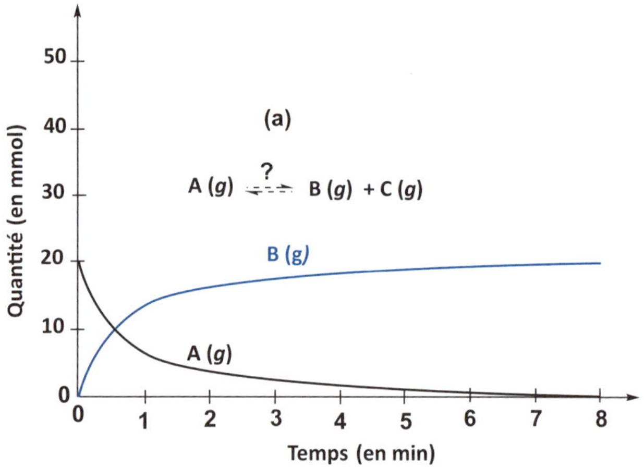

(b)

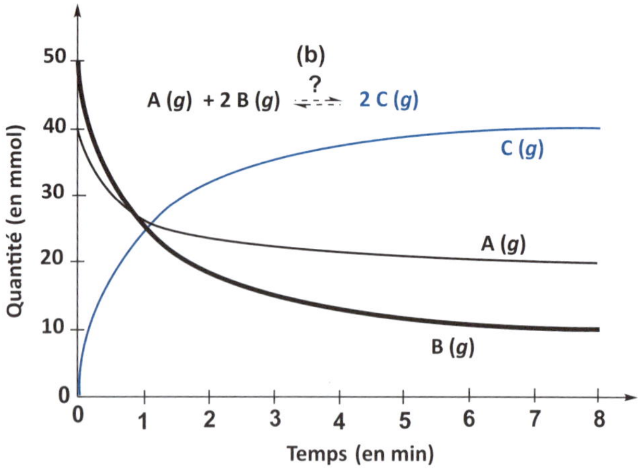

(c)	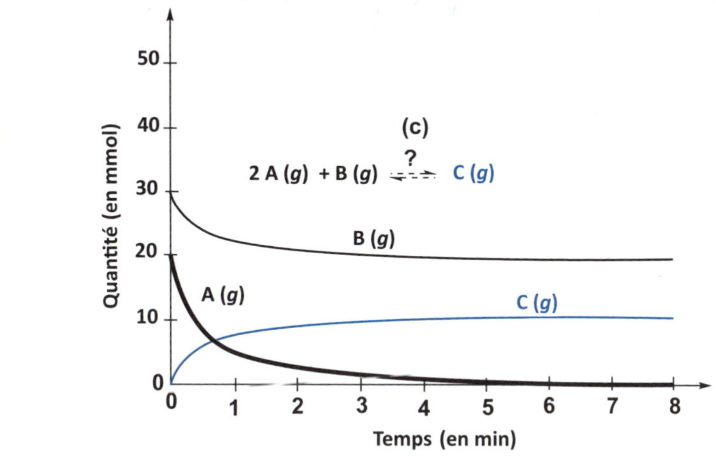

Pour chacune de ces réactions, laquelle (lesquelles) …

1. peut (peuvent) correspondre à une réaction complète ?

2. peut (peuvent) correspondre à une réaction limitée par un équilibre (ou incomplète) ?

3. ne correspond(ent) pas au graphique qui lui est proposé ?

Parmi les propositions suivantes, cocher l'association correcte.

- ☐ **A.** **1** → (a) & (c) ; **2** → (b) ; **3** → Aucune
- ☐ **B.** **1** → (a) & (b) ; **2** → (c) ; **3** → Aucune
- ☐ **C.** **1** → (c) ; **2** → (a) ; **3** → (b)
- ☐ **D.** **1** → (b) ; **2** → (a) ; **3** → (c)

Q10. **À volume et température constants, on considère la réaction suivante en phase gazeuse dans une enceinte fermée :**

$$2\,A\,(g) + B\,(g) \rightleftarrows 2\,C\,(g)$$

Les concentrations initiales de A et B sont respectivement *a* mol L^{-1} et *b* mol L^{-1}. La quantité initiale en C est nulle. Lorsque l'équilibre s'est rétabli, on mesure 0,10 mol L^{-1} de A, 0,020 mol L^{-1} de B et 0,10 mol L^{-1} de C. Que vaut la constante d'équilibre ? Cocher la bonne réponse.

- ☐ **A.** 100
- ☐ **B.** 50
- ☐ **C.** 25
- ☐ **D.** 5

Q11. **On considère la réaction $N_2O_4\,(g) \rightleftarrows 2\,NO_2\,(g)$ effectuée à $T = 20$ °C dans une enceinte de volume constant égal à 1 L.**
On introduit dans le récipient une quantité (en mol) n de $N_2O_4\,(g)$. La constante d'équilibre calculée sur base des concentrations molaires à $T = 20$ °C vaut 2 / 15.
Sachant qu'à l'équilibre la concentration de $NO_2\,(g)$ mesurée est égale à 1 / 3 mol L^{-1}, que vaut la quantité n de $N_2O_4\,(g)$ introduite initialement dans le système ?

- ☐ **A.** $n = 2$ mol
- ☐ **B.** $n = 1{,}5$ mol
- ☐ **C.** $n = 1$ mol
- ☐ **D.** $n = 0{,}5$ mol

Q12. **À $T = 298$ K, on considère la réaction à l'équilibre suivante :**

$$A\,(g) + B\,(g) \rightleftarrows 2\,C\,(g) + D\,(g) \qquad \Delta H_{réaction} > 0 \text{ (en kJ)}$$

Laquelle des options suivantes sera plus efficace pour augmenter le rendement de la réaction ? Cocher la bonne réponse.

- ☐ **A.** en augmentant la température et la pression dans le système
- ☐ **B.** en augmentant la volume et ajoutant de la chaleur
- ☐ **C.** en diminuant la température et ajoutant A (g)
- ☐ **D.** en diminuant la température et le volume

Q13. **Dans une enceinte fermée et à température constante, pour la réaction $A\,(g) + 2\,B\,(g) \rightleftarrows C\,(g) + D\,(g)$ à l'équilibre (de constante d'équilibre K), que se passe-t-il si on diminue la concentration de C dans le milieu réactionnel ?**
Parmi les propositions suivantes, indiquer celle qui est exacte.

- ☐ **A.** Le système s'oppose à la modification en évoluant vers le côté aboutissant à avoir un nouvel état d'équilibre de constante d'équilibre supérieure à K.
- ☐ **B.** Le système s'oppose à la modification en évoluant vers le côté aboutissant à avoir un nouvel état d'équilibre de constante d'équilibre inférieure à K.
- ☐ **C.** Le système va évoluer vers un équilibre augmentant la contrainte.
- ☐ **D.** Le système va évoluer vers un équilibre diminuant la contrainte.

Q14. **On considère deux solutions aqueuses d'acides faibles différents AH (Sol. A) et A'H (Sol. B), à 25 °C.**
Sachant que les pH des solutions A et B sont respectivement 2 et 3, que vaut le rapport $\dfrac{[H_3O^+]_{Sol.\,A}}{[H_3O^+]_{Sol.\,B}}$?

Données :

- **$[H_3O^+]_{Sol.\,A}$ étant la concentration de H_3O^+ en équilibre avec AH en solution A.**
- **$[H_3O^+]_{Sol.\,B}$ étant la concentration de H_3O^+ en équilibre avec A'H en solution B.**
- **On néglige la quantité des ions hydroniums issus de l'autoprotolyse de l'eau.**

- ☐ **A.** 0,01
- ☐ **B.** 0,1
- ☐ **C.** 10
- ☐ **D.** 100

Q15. **À 25 °C, on prépare deux solutions aqueuses d'acides faibles AH (Sol. A) et A'H (Sol. B) de même pH et de pK_a respectifs 7 et 4.**
Dans les deux solutions, on admet que : $[\text{Acide}]_{éq} = [\text{Acide}]_0 - [H_3O^+]_{éq} = [\text{Acide}]_0$ et on néglige la quantité des ions hydroniums issus de l'autoprotolyse de l'eau.
Si la concentration de AH dans la solution A est de 1,0 mol L^{-1}, que vaut celle de A'H dans la solution B ?

- ☐ **A.** $1{,}0 \times 10^{-3}$ mol L^{-1}
- ☐ **B.** $1{,}0 \times 10^{-2}$ mol L^{-1}
- ☐ **C.** 0,10 mol L^{-1}
- ☐ **D.** 1,0 mol L^{-1}

Q16. **On considère une solution aqueuse d'acide faible AH de pK_a = 7, à 25 °C. Quelle est l'expression exacte du coefficient d'ionisation α de l'acide AH en fonction de sa constante d'acidité K_a et $[H_3O^+]_{éq}$?**

- ☐ **A.** $\alpha = \dfrac{K_a}{[H_3O^+]_{éq}} + 1$
- ☐ **B.** $\alpha = \dfrac{1}{\dfrac{K_a}{[H_3O^+]_{éq}} + 1}$
- ☐ **C.** $\alpha = \dfrac{1}{\dfrac{[H_3O^+]_{éq}}{K_a} + 1}$
- ☐ **D.** $\alpha = \dfrac{[H_3O^+]_{éq}}{K_a} + 1$

Q17. À 25 °C et dans les conditions standard, si l'on place un morceau de ruban de magnésium dans une solution aqueuse d'HCl 1 mol L^{-1}. Que se passe-t-il ? Cocher les bonnes propositions.

Données : $E^o_r(Mg^{2+} / Mg) = -2{,}36$ V, $E^o_r(H^+ / H_2) = 0{,}0$ V et $E^o_r(Cl_2 / Cl^-) = +1{,}36$ V

Les propositions sont :

(1) Il y aura une oxydation possible de Mg en Mg^{2+}.

(2) Il y aura une réduction possible des ions H^+ en H_2.

(3) Il y aura un dégagement de H_2.

(4) Il y aura un dégagement de Cl_2.

- ☐ **A.** (1) et (2).
- ☐ **B.** (1), (2) et (3).
- ☐ **C.** (1), (3) et (4).
- ☐ **D.** (1), (2), (3) et (4)

Q18. On considère une pile Zn–Cu composée de deux demi-piles, d'un pont salin et d'un fil conducteur électrique, comme le montre le schéma suivant :

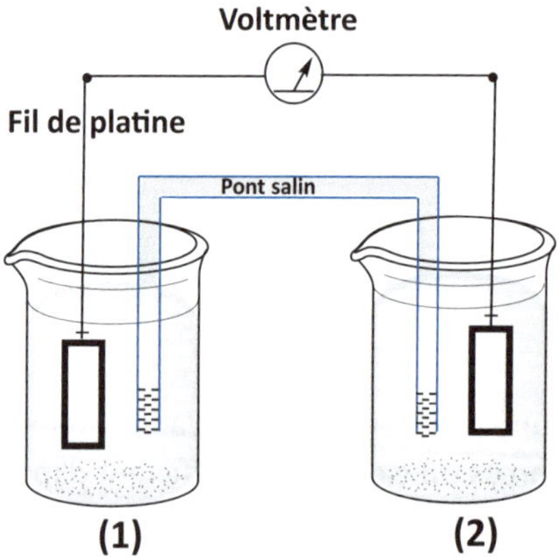

Le bécher (1) contient l'électrode de zinc plongeant dans une solution de sulfate de zinc et le bécher (2) contient l'électrode de cuivre qui est immergée dans une solution de sulfate de cuivre (II). Les deux électrodes sont reliées par un fil de platine (conducteur électrique) et les deux solutions, quant à elles, sont connectées par un pont salin contenant du sulfate de sodium, Na_2SO_4.

À 25 °C, les potentiels de réduction standard des deux couples sont :

$E^o_r(Zn^{2+} / Zn) = -0{,}76$ V, $E^o_r(Cu^{2+} / Cu) = 0{,}34$ V et $E^o_r(Na^+ / Na) = -2{,}71$ V.

Sachant que la pile débite dans des conditions initiales standard (les concentrations valent 1 mol L^{-1} et $p = 1$ atm) et $T = 25$ °C, quelle proposition ci-dessous est incorrecte ?

Lorsque la pile se débite, ...

- ☐ **A.** la surface de l'électrode de Zinc « se dissout ».
- ☐ **B.** du cuivre se dépose sur la surface de l'électrode cathodique.
- ☐ **C.** les ions sodiums se déplacent vers la cathode et ne subissent aucune réduction.
- ☐ **D.** les électrons circulent de l'électrode située dans le bécher (2) vers l'autre dans le bécher (1).

Q19. **Soit la structure chimique de la molécule suivante :**

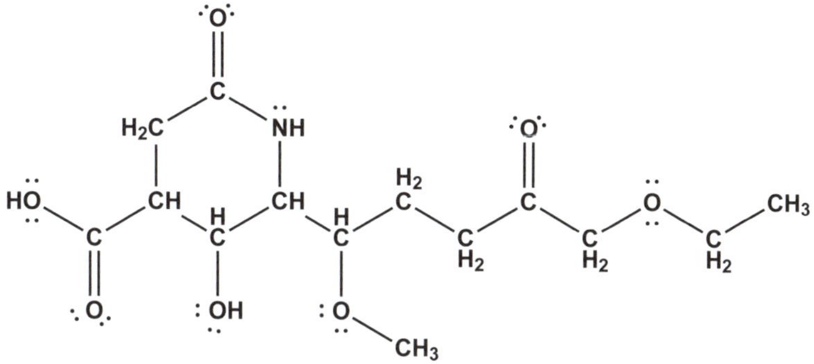

Cette molécule ne comporte pas (Cocher la bonne réponse.) : …

- ☐ **A.** de fonction acide carboxylique.
- ☐ **B.** de fonction alcool.
- ☐ **C.** de fonction ester.
- ☐ **D.** de fonction amide.

Q20. **Soit la structure chimique de l'alcane suivant :**

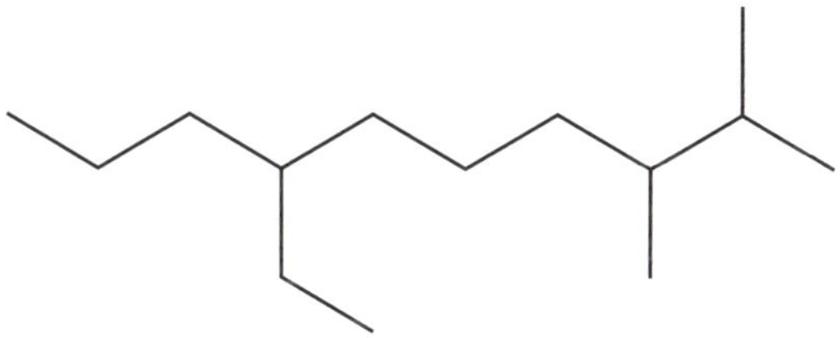

Quelle est le nom de cette molécule ? Cocher la bonne réponse.

- ☐ **A.** 2,3,7-triéthyldécane
- ☐ **B.** 7-éthyl-2,3,7-triéthyldécane
- ☐ **C.** 4-éthyl-2,3-diméthyldécane
- ☐ **D.** 7-éthyl-2,3-diméthyldécane

Corrections...

Test 7

Q1. Réponse C.

Les deux isotopes possèdent le même nombre de protons, soit 35 p^+. Ils diffèrent uniquement en nombre de neutrons (n^0).

Le nombre de neutrons que possède l'isotope $^{81}Br^-$ est égal à 46 :

Nbre de n^0 = A – Nbre de p^+ ⇔ Nbre de n^0 = 81 – 35 = 46 (Réponse C).

Q2. Réponse C.

Les formules correctes associées à leurs noms sont :

$ZnSO_3$	Sulfite de zinc
$Al(HCO_3)_3$	Hydrogénocarbonate d'aluminium
$(NH_4)_2CO_3$	Carbonate d'ammonium
H_2CO_3	Carbonate d'hydrogène ou acide carbonique

Q3. Réponse B.

A. Vrai. M peut réagir avec O_2 pour former l'oxyde métallique MO. L'hydratation de MO peut donner une base hydroxylée (hydroxyde).

Exemple : $2\ Mg + O_2 \rightarrow 2\ MgO$ et, $MgO + H_2O \rightarrow Mg(OH)_2$.

Les hydroxydes métalliques subissent des réactions de neutralisation (acido-basique) avec des acides forts pour donner des sels et de l'eau.

Exemple : $Mg(OH)_2\ (aq) + 2\ HCl\ (aq) \rightarrow MgCl_2\ (aq) + 2\ H_2O$ (le sel formé est binaire).

Si l'acide est ternaire, le sel formé sera également ternaire :

$$Mg(OH)_2\ (aq) + 2\ HClO_4\ (aq) \rightarrow Mg(ClO_4)_2\ (aq) + 2\ H_2O.$$

B. Faux. Lors d'une réaction possible entre un acide ternaire et un métal, s'ajoute au sel également formé, la formation de l'**hydrogène** et non de l'oxygène.

Exemple : $H_2SO_4 + Mg \rightarrow MgSO_4 + \mathbf{H_2}$.

C. Vrai. L'action de l'oxygène sur un non-métal (combustion) suivie d'une hydratation (+ H_2O) pourrait donner un acide ternaire.

Exemple : $S + O_2 \rightarrow SO_2$ et $SO_2 + H_2O \rightarrow H_2SO_3$.

L'acide ternaire formé peut subir une réaction de neutralisation avec une base hydroxylée :

$$H_2SO_3 + 2\ NaOH \rightarrow Na_2SO_3 + 2\ H_2O.$$

D. **Vrai.** L'action d'un acide binaire (ou ternaire) fort sur un métal M pourrait produire un sel binaire (ou ternaire) et de l'hydrogène.
Exemple : 2 HCl (*aq*) + Cu (*s*) → $CuCl_2$ (*aq*) + H_2 (*g*).

Q4. Réponse B.

L'équation chimique pondérée de neutralisation complète de H_2SO_4 par NaOH est :

$$\mathbf{1}\ H_2SO_4\ (aq) + \mathbf{2}\ NaOH\ (aq) \rightarrow \mathbf{1}\ Na_2SO_4\ (aq) + \mathbf{2}\ H_2O\ (l).$$

Constatons qu'une mole de H_2SO_4 réagit avec 2 moles de NaOH pour produire une mole de Na_2SO_4.

Donc, la neutralisation complète des 20 mmol de H_2SO_4 donnera 20 mmol de Na_2SO_4, ce qui correspond à une masse de : $m(Na_2SO_4) = 20 \times 10^{-3}$ mol × 142 g/mol = 2,84 g (Réponse B).

Q5. Réponse D.

Les atomes d'hydrogène dans les structures A et B respectent tous la configuration électronique de valence du gaz rare Hélium (Règle du duet).

Les atomes d'O dans toutes ces structures sont entourés par huit électrons. Par contre l'atome d'azote dans la molécule NO_2 (en D) n'est entouré que par 7 électrons, la règle de l'octet n'est de ce fait pas strictement respectée ; la molécule est donc instable.

Les charges formelles dans toutes les structures sont correctes.

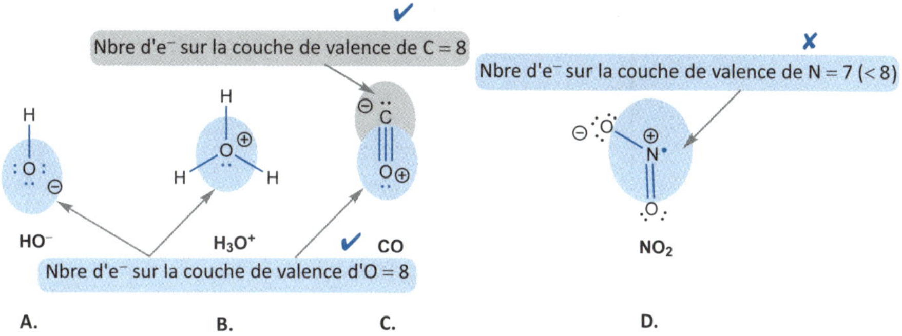

Les électrons de valence doivent apparaitre sur les structures de Lewis, ils sont soit des électrons libres, soit des électrons liants (participant aux liaisons).

La paire d'électrons formant une liaison est représentée par un trait. Si on a un seul trait entre deux atomes c'est qu'on a une liaison simple. Pour deux traits (4 électrons), on a une liaison double et trois traits (6 électrons) une triple liaison.

Les paires d'électrons représentés ici par deux points sont des électrons de valence de l'atome ne participant pas aux liaisons. On les appelle des paires d'électrons libres.

Q6. Réponse B.

Si la température et la quantité du gaz sont constantes, la relation des gaz parfaits $pV = nRT$ (où R est la constante des gaz parfaits) peut être écrite sous la forme :

$$pV = nRT = \text{Constante}$$

Dès lors : $p_2 \times V_2 = p_1 \times V_1 = \text{Constante} \Leftrightarrow p_2 / p_1 = V_1 / V_2$.

On peut donc confirmer que la proposition B est fausse et les trois autres sont correctes.

Q7. **Réponse A.**

Si la température et la quantité du gaz demeurent constantes, la relation des gaz parfaits $pV = nRT$ (où R est la constante des gaz parfaits) peut être écrite sous la forme :

$$pV = nRT = \text{Constante}$$

Pour assurer que le produit de la pression par le volume reste constant, si V est réduit à un cinquième de sa valeur initiale, alors la pression augmente d'un facteur de 5 :

$$pV = \text{Constante} \Leftrightarrow (5 \times p) \times \left(\frac{V}{5}\right) = \text{Constante (Réponse A).}$$

Q8. **Réponse B.**

La réaction se fait dans les conditions stœchiométriques. Ainsi, on peut calculer la quantité maximale de C formée (Rendement 100 %) en se basant soit sur la quantité du réactif A ou celle de B.

Pour une transformation complète, a mol de A donne c mol de C.

Donc, pour 2 mol de A consommées entièrement, on produit $2c / a$ mol de C.

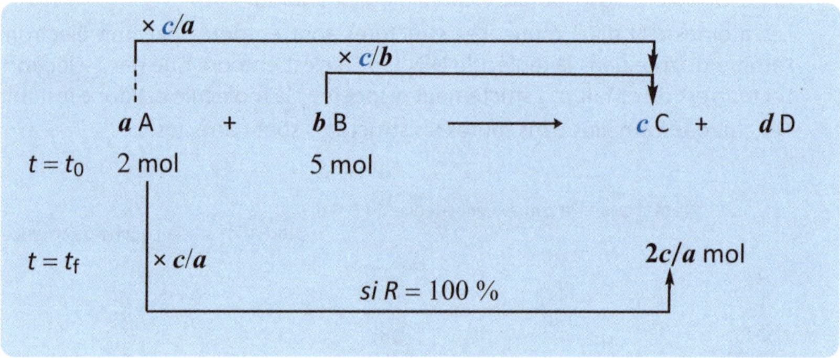

Le rendement de la réaction est le rapport entre la quantité de moles expérimentalement produites de C et la quantité maximale qui serait formée si la réaction était à 100 % :

$$\text{Rendement de la réaction} = \frac{n(\text{C})\text{réellement obtenue}}{n(\text{C})\text{théorique}} \times 100\ \%$$

$$= \frac{\frac{c}{2a}}{\frac{2c}{a}} \times 100\ \% = \frac{1}{4} \times 100\ \% = 25\ \%\ \text{(Réponse B)}$$

Q9. **Réponse A.**

L'équation de la réaction (a) est : A (g) → B (g) + C (g). Une quantité d'une mole de A consommée conduit à la formation d'une mole de B. Dès lors, $-\Delta n(\text{A}) = \Delta n(\text{B})$.

D'après le graphique, on constate que $\Delta n(\text{A}) = -20$ mmol et $\Delta n(\text{B}) = +20$ mmol. Ainsi, le graphique proposé correspond bel et bien à la réaction (a).

Comme $n_f(\text{A}) = 0$ mmol, donc la réaction (a) est complète.

L'équation de la réaction (c) est : 2 A (g) + B (g) → C (g). Deux moles de A et une mole de B sont consommées pour produire une mole de C. Dès lors, $-\Delta n(\text{B}) = -\frac{\Delta n(\text{A})}{2} = \Delta n(\text{C})$.

D'après le graphique, on constate que $\Delta n(A) = -20$ mmol et $\Delta n(B) = -10$ mmol et $\Delta n(C) =$ 10 mmol. Ainsi, le graphique proposé peut correspondre à la réaction (c).

Comme $n_f(A) = 0$ mmol et $n_f(B) \neq 0$ mmol, la réaction (c) est complète et le mélange initial est composé d'un réactif limitant (A) et d'un réactif en excès (B).

L'équation de la réaction (b) est : A (*g*) + 2 B (*g*) $\rightleftarrows$ 2 C (*g*). Deux moles de B réagissent avec une mole de A pour produire deux moles de C. Dès lors, $-\Delta n(A) = -\frac{\Delta n(B)}{2} = \frac{\Delta n(C)}{2}$.

D'après le graphique, on constate que $\Delta n(A) = -20$ mmol et $\Delta n(B) = -40$ mmol et $\Delta n(C) =$ 40 mmol. Ainsi, le graphique proposé correspond à la réaction (b). Il s'agit d'une réaction incomplète car aucun des réactifs n'est consommé complètement à la fin de la réaction.

Q10. Réponse B.

À l'équilibre, la réaction 2 A (*g*) + B (*g*) $\rightleftarrows$ 2 C (*g*) est caractérisée par la constante d'équilibre :

$$K_{\acute{e}q} = \frac{([C]_{\acute{e}q})^2}{([A]_{\acute{e}q})^2 \times [B]_{\acute{e}q}} = \frac{(0{,}10)^2}{(0{,}10)^2 \times 0{,}020} = 50 \text{ (Réponse B).}$$

Q11. Réponse C.

Initialement on a introduit dans le récipient : $[N_2O_4]_0 = \frac{n\ (\text{mol})}{1\ (\text{L})} = y$.

Le tableau d'avancement de la réaction est :

	N_2O_4 (*g*)	$\rightleftarrows$	$2\ NO_2$ (*g*)
t_0 : (en mol L^{-1})	y		0
Variation : (en mol L^{-1})	$-x$		$+2x$
$t_{\acute{e}q}$: (en mol/L)	$y - x$		$2x$

À l'équilibre on a mesuré : $[NO_2]_{\acute{e}q} = \frac{1}{3}$ mol $L^{-1} \Leftrightarrow \frac{1}{3} = 2x \Leftrightarrow x = \frac{1}{6}$ mol L^{-1}

$$K_c = \frac{([NO_2]_{\acute{e}q})^2}{[N_2O_4]_{\acute{e}q}} \Leftrightarrow \frac{2}{15} = \frac{4x^2}{y-x}$$

En remplaçant x par $\frac{1}{6}$, on obtient : $\frac{2}{15} = \frac{\frac{4}{36}}{y - \frac{1}{6}} = \frac{4}{36y - 6}$

$$\Leftrightarrow \frac{2}{15} = \frac{4}{36y-6} \Leftrightarrow 72y - 12 = 60 \Leftrightarrow y = 1 \text{ mol L}^{-1}$$

Comme le volume est égal à 1 L, la quantité en mol de N_2O_4 (*g*) introduite initialement dans le système est égale à $n = 1$ mol (Réponse C).

Q12. Réponse B.

L'augmentation de la température ou l'ajout de la chaleur dans le système fait déplacer l'équilibre dans le sens endothermique, ce qui est favorable pour le rendement puisque l'équilibre est déplacé vers la droite (**sens direct** de la réaction).

La diminution de la température fait évoluer l'équilibre vers le côté des réactifs (**sens inverse** de la réaction).

L'augmentation de la pression déplacera l'équilibre dans le sens produisant le moins de molécules à l'état gazeux (**sens inverse** de la réaction), ce qui est défavorable pour le rendement puisque l'équilibre est déplacé vers la gauche (nombre de molécules gazeuses plus important dans les produits que dans les réactifs : $A(g) + B(g) \rightleftarrows 2\,C(g) + D(g)$).

L'augmentation du volume ou **la diminution de la pression** déplacera l'équilibre vers le côté au nombre de molécules de gaz plus élevé (**sens direct de la réaction**), ce qui est favorable pour le rendement.

On en déduit donc que les opérations les plus efficaces pour augmenter le rendement sont celles présentées en B.

Q13. Réponse D.

L'évolution du système vers un nouvel état d'équilibre caractérisé par une constante d'équilibre différente de *K* ne peut avoir lieu que si on modifie la température. Dans ce cas, la température n'a pas été modifiée et la variation des concentrations ou des pressions des réactifs/produits dans le système ne peut en aucun cas modifier la valeur de la constante d'équilibre. Les propositions A et B sont fausses.

La contrainte appliquée au système dans cette condition est la diminution de la concentration du composé C. Ainsi, le système va toujours évoluer vers le sens diminuant cette contrainte ; c'est-à-dire vers les produits, de sorte que la concentration de C augmente dans le milieu réactionnel. La réponse D est correcte.

Q14. Réponse C.

Les valeurs de pH suffisent pour calculer le rapport $\frac{[H_3O^+]_{Sol.\,A}}{[H_3O^+]_{Sol.\,B}}$.

Calculons la concentration H_3O^+ dans chaque solution.

Pour la solution A, on a : $pH = 2 \Leftrightarrow [H_3O^+]_{Sol.\,A} = 10^{-pH} = 10^{-2}$ mol L^{-1}.

Pour la solution B, on a : $pH = 3 \Leftrightarrow [H_3O^+]_{Sol.\,B} = 10^{-pH} = 10^{-3}$ mol L^{-1}.

On en déduit donc que : $\frac{[H_3O^+]_{Sol.\,A}}{[H_3O^+]_{Sol.\,B}} = \frac{10^{-2}}{10^{-3}} = 10$ (Réponse C).

Q15. Réponse A.

On écrit les deux formules de pH relatives aux deux acides faibles AH et A'H :

Solution A : $pH = \frac{1}{2} \times pK_a(AH) - \frac{1}{2} \times \log [AH]_{éq}$ I

Solution B : $pH = \frac{1}{2} \times pK_a(A'H) - \frac{1}{2} \times \log [A'H]_{éq}$ II

Comme les deux solutions ont le même pH, on peut alors égaliser les deux équations I et II :

$$\frac{1}{2} \times pK_a(AH) - \frac{1}{2} \times \log [AH]_{éq} = \frac{1}{2} \times pK_a(A'H) - \frac{1}{2} \times \log [A'H]_{éq}$$

Si on remplace les valeurs de pK_a des deux acides et $[AH]_{éq} = 1$ mol L^{-1}, on obtient :

$$\frac{1}{2} \times 7 - \frac{1}{2} \times \log 1 = \frac{1}{2} \times 4 - \frac{1}{2} \times \log [A'H]_{éq} \Leftrightarrow [A'H]_{éq} = 10^{-3} \text{ mol L}^{-1} \text{ (Réponse A).}$$

Q16. **Réponse C.**

Le tableau suivant montre la dissociation de l'acide HA dans l'eau pure aux temps t_0 et $t_{éq}$:

	AH	+	H_2O	⇄	H_3O^+	+	A^-
t_0, [ ] en mol/L :	C_0						0
$t_{éq}$, [ ] en mol/L :	$C_0 - x$				$[H_3O^+]_{éq}$		x

Le coefficient de dissociation (α) est la quantité d'acide dissocié divisée par la quantité initiale :

$$\alpha = \frac{[A^-]_{éq}}{C_0}$$

D'où : $[A^-]_{éq} = \alpha \times C_0 = x$

Or, on sait que : $K_a = \dfrac{[H_3O^+]_{éq} \times [A^-]_{éq}}{[AH]_{éq}}$ et $C_0 = [AH]_{éq} + [A^-]_{éq} \Leftrightarrow [AH]_{éq} = C_0 - [A^-]_{éq}$.

En remplaçant $[A^-]_{éq}$ par $\alpha \times C_0$ et $[AH]_{éq}$ par $(C_0 - \alpha \times C_0)$, l'équation de K_a devient :

$$K_a = \frac{[H_3O^+]_{éq} \times \alpha \times C_0}{C_0 - \alpha \times C_0} = \frac{[H_3O^+]_{éq} \times \alpha}{1 - \alpha}$$

Or, le produit des extrêmes est égal au produit des moyens.
D'où :

$$K_a \times (1-\alpha) = [H_3O^+]_{éq} \times \alpha \Leftrightarrow \alpha = \frac{K_a}{[H_3O^+]_{éq} + K_a} \Leftrightarrow \alpha = \frac{\dfrac{K_a}{K_a}}{\dfrac{[H_3O^+]_{éq} + K_a}{K_a}} = \frac{1}{\dfrac{[H_3O^+]_{éq}}{K_a} + 1}$$

On en déduit donc que $\alpha = \dfrac{1}{\dfrac{[H_3O^+]_{éq}}{K_a} + 1}$ (Réponse C).

Q17. **Réponse B.**

Initialement, les réactifs présents dans le milieu sont Mg (*s*), H^+ (*aq*) et Cl^- (*aq*). Le seul oxydant présent est H^+ et les deux autres sont des réducteurs.

Comme le potentiel de réduction $E_r^\circ(H^+/H_2)$ n'est supérieur qu'à celui du couple (Mg^{2+}/Mg), alors la seule réaction qui aura lieu est l'oxydation de Mg par les ions H^+.

Les deux demi-équations et l'équation redox globale sont :

Demi-équation d'oxydation : Mg (*s*) → Mg^{2+} (*aq*) + $2e^-$

Demi-équation de réduction : 2 H^+ (*aq*) + 2 e^- → H_2 (*g*)

L'équation redox ionique : Mg (*s*) + 2 H^+ (*aq*) → Mg^{2+} (*aq*) + H_2 (*g*)

Les ions H^+ et Mg^{2+} ne peuvent pas oxyder les ions Cl^-, car ils sont tous les deux des oxydants plus faibles que Cl_2 sensé être formé si la réaction avait lieu. En fait, dans les conditions standard, un oxydant ou un réducteur plus fort que celui utilisé en réactif ne peut pas être formé. Par conséquent, le dégagement de Cl_2 n'aura pas lieu dans les conditions standard. La bonne réponse est B.

Q18. Réponse D.

En positionnant les couples (Zn^{2+}/ Zn) et (Cu^{2+}/ Cu) sur une échelle de potentiels de réduction standard, on en déduit que l'oxydant le plus fort est Cu^{2+} et le réducteur fort est Zn. Le Zn s'oxyde en Zn^{2+} à l'anode et le Cu^{2+} se réduit en Cu à la cathode.

À la cathode, on a une demi-équation de réduction : $Cu^{2+} + 2\,e^- \longrightarrow Cu$

À l'anode, on a une demi-équation d'oxydation : $Zn \longrightarrow Zn^{2+} + 2\,e^-$

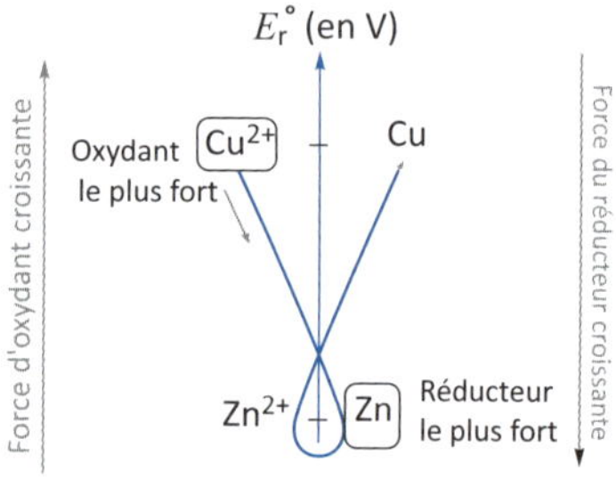

$$Cu^{2+} + Zn \xrightarrow{\text{Redox}} Cu + Zn^{2+}$$

La réaction redox est spontanée en conditions standard à 25 °C, car $E_r^\circ(Cu^{2+}/Cu) > E_r^\circ(Zn^{2+}/Zn)$

Le schéma de pile ci-dessous illustre les substances intervenant dans les réactions, le sens des transferts, le sens de passage des électrons, le sens de transfert des ions du pont salin, les charges des pôles et le nom des deux demi-piles :

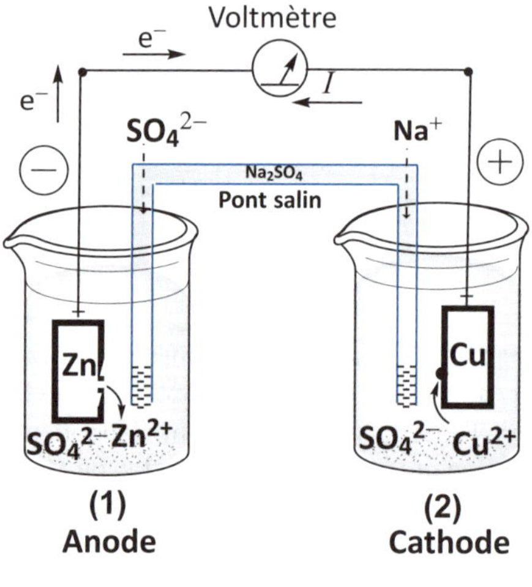

La plaque de zinc s'oxyde et se transforme en ions Zn^{2+} dissous en solution, sa masse diminue donc au cours du temps. La proposition **A est correcte**.

À la surface de l'électrode cathodique, les ions Cu^{2+} captent les électrons venant de l'anode et se réduisent en Cu solide. Celui-ci se dépose sur la plaque de cuivre tout en augmentant sa masse au cours de la réaction. La proposition **B est vraie**.

L'ion sodium Na^+ est un oxydant très faible car le potentiel de réduction standard de son couple redox est strictement inférieur à celui de Cu^{2+}. Les ions sodiums se déplacent vers la cathode pour assurer l'électroneutralité et ne subissent aucune réduction.

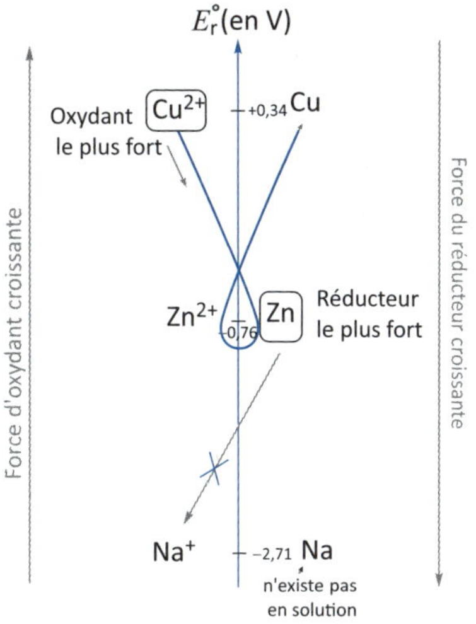

La proposition C est correcte.

La réponse D est incorrecte car les électrons circulent de l'anode (bécher 1) de pôle négatif à la cathode (bécher 2) de pôle positif.

Q19. Réponse C.

La molécule ne comporte pas de fonction ester. Toutefois, on y trouve les fonctions suivantes : 1 cétone, 1 acide carboxylique, 1 alcool, 1 amide et 2 éthers.

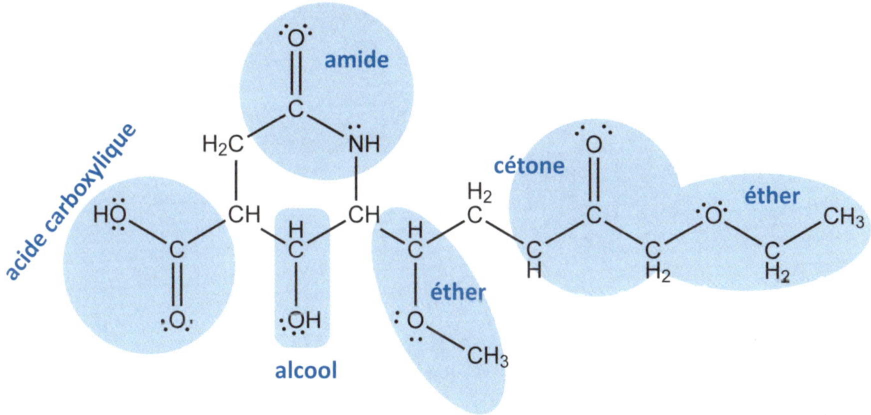

La bonne réponse est C.

Q20. Réponse D.

Pour nommer un alcane, on désigne tout d'abord la chaîne la plus longue et la plus ramifiée (dite chaîne principale) puis les substituants alkyles ou les groupements non prioritaires. Ces derniers sont classés par ordre alphabétique et précédés d'un chiffre indiquant leur position sur la chaîne principale. Ces substituants sont précédés par des préfixes di, tri, tétra, etc. lorsqu'ils sont respectivement répétés deux, trois, quatre fois etc. au sein de la chaîne principale. Par convention, on commence la numérotation des groupements du côté où la première ramification est la plus proche (indice minimal).

Le nom du composé est donné par le nom de la ramification suivi du nom de l'alcane de la chaîne principale. Le nom attribué aux substituants dérive de l'alcane linéaire : $-CH_3$ = méthyl, $-CH_2-CH_3$ = éthyl, $-CH_2-CH_2-CH_3$ = *n*-propyl, $-CH_2-CH_2-CH_2-CH_3$ = *n*-butyl, $-CH(CH_3)_2$ = isopropyl, $-CH_2-CH(CH_3)_2$ = isobutyl, $-CH(CH_3)-(CH_2-CH_3)$ = *sec*-butyl et $-C(CH_3)_3$ = *tert*-butyl. Dans notre cas, la chaîne principale contient 10 carbones et trois ramifications :

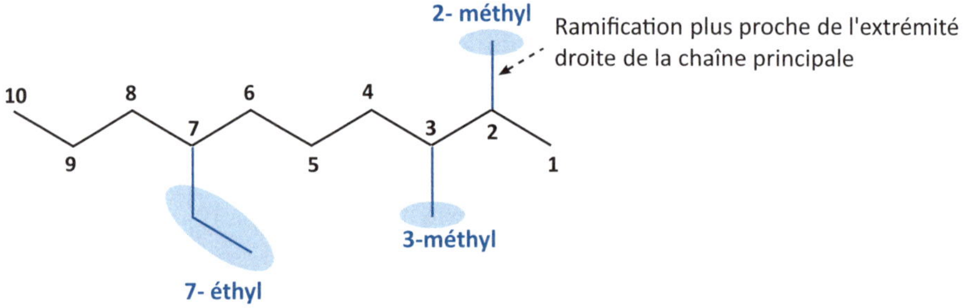

Le nom systématique de la molécule est 7-éthyl-2,3-diméthyldécane (Réponse D).

Test 8

Grille des réponses : (1 point si la réponse est correcte, –0,5 point si la réponse est incorrecte et 0 point si rien n'est coché)

	A	B	C	D	Points obtenus (1 pt / –0,5 pt / 0 pt)
QCM 1	☐	☐	☐	☐	....
QCM 2	☐	☐	☐	☐	....
QCM 3	☐	☐	☐	☐	....
QCM 4	☐	☐	☐	☐	....
QCM 5	☐	☐	☐	☐	....
QCM 6	☐	☐	☐	☐	....
QCM 7	☐	☐	☐	☐	....
QCM 8	☐	☐	☐	☐	....
QCM 9	☐	☐	☐	☐	....
QCM 10	☐	☐	☐	☐	....
QCM 11	☐	☐	☐	☐	....
QCM 12	☐	☐	☐	☐	....
QCM 13	☐	☐	☐	☐	....
QCM 14	☐	☐	☐	☐	....
QCM 15	☐	☐	☐	☐	....
QCM 16	☐	☐	☐	☐	....
QCM 17	☐	☐	☐	☐	....
QCM 18	☐	☐	☐	☐	....
QCM 19	☐	☐	☐	☐	....
QCM 20	☐	☐	☐	☐	....
Total / 20 points					$\Sigma =$ .... / 20

Q1. On considère les cations et les anions suivants :

$^{35}_{17}Cl^{-}$, $^{32}_{16}S^{2-}$, $^{40}_{20}Ca^{2+}$ et $^{39}_{19}K^{+}$.

Classez-les par ordre croissant d'électrons existant dans leurs couches à l'état fondamental.

- ☐ **A.** $^{35}_{17}Cl^{-} < ^{32}_{16}S^{2-} < ^{39}_{19}K^{+} < ^{40}_{20}Ca^{2+}$
- ☐ **B.** $^{32}_{16}S^{2-} < ^{35}_{17}Cl^{-} < ^{39}_{19}K^{+} < ^{40}_{20}Ca^{2+}$
- ☐ **C.** $^{32}_{16}S^{2-} < ^{39}_{19}K^{+} < ^{35}_{17}Cl^{-} < ^{40}_{20}Ca^{2+}$
- ☐ **D.** Aucune de ces réponses n'est correcte.

Q2. L'élément $^{60}_{27}Co$ étant radioactif (élément instable), il se désintègre en émettant un rayonnement β^{-} et un élément chimique $^{60}_{28}X$. Parmi les propositions suivantes, cocher celle qui est correcte.

- ☐ **A.** L'élément $^{60}_{28}X$ occupe la même case dans le tableau périodique que l'atome $^{60}_{27}Co$.
- ☐ **B.** $^{60}_{27}Co$ et $^{60}_{28}X$ sont des isotopes.
- ☐ **C.** L'élément $^{60}_{28}X$ occupe la case située juste après celle de $^{60}_{27}Co$ dans le tableau périodique.
- ☐ **D.** L'élément $^{60}_{28}X$ occupe la case située juste avant celle de $^{60}_{27}Co$ dans le tableau périodique.

Q3. Parmi les formules brutes moléculaires ci-dessous, cocher celle qui est correcte.

- ☐ **A.** $Cu(CH_3COO)_2$
- ☐ **B.** $NH_4(NO_3)_3$
- ☐ **C.** Na_2ClO
- ☐ **D.** SO_4^{3-}

Q4. L'action du phosphate de sodium sur le chlorure de calcium produit du phosphate de calcium (insoluble dans l'eau) et du chlorure de sodium. La réaction est réalisée en milieu aqueux et à température ambiante. Parmi les équations chimiques suivantes, laquelle est correctement pondérée et correspond à la réaction décrite ci-dessus ?

- ☐ **A.** $Na_3PO_3\ (aq) + 3\ CaCl_2\ (aq) \rightarrow Ca_3(PO_3)_2\ (s) + 3\ NaCl\ (aq)$
- ☐ **B.** $2\ Na_3PO_4\ (aq) + 3\ CaCl_2\ (aq) \rightarrow Ca_3(PO_4)_2\ (s) + 6\ NaCl\ (aq)$
- ☐ **C.** $2\ Na_3PO_3\ (aq) + 3\ CaCl_2\ (aq) \rightarrow Ca_3(PO_3)_2\ (s) + 6\ NaCl\ (aq)$
- ☐ **D.** Aucune de ces équations ne satisfait les deux critères.

Q5. **Pour les structures de Lewis présentées ci-dessous, indiquer celle qui décrit correctement la molécule d'ozone O_3. Celle-ci doit prendre en considération les charges formelles des atomes, les paires électroniques libres et le respect strict de la règle de l'octet.**

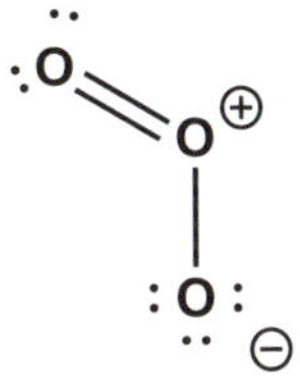

☐ **A.**

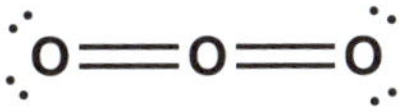

☐ **B.**

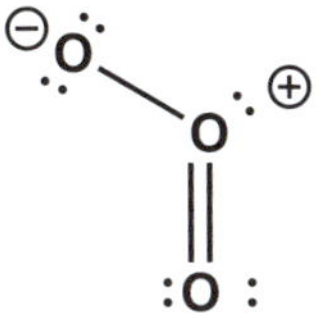

☐ **C.**

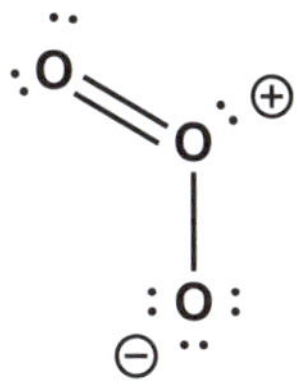

☐ **D.**

Q6. **Considérons les structures chimiques de trois molécules suivantes :**

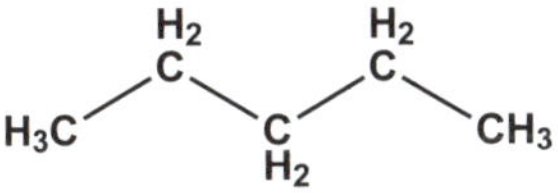

(I)

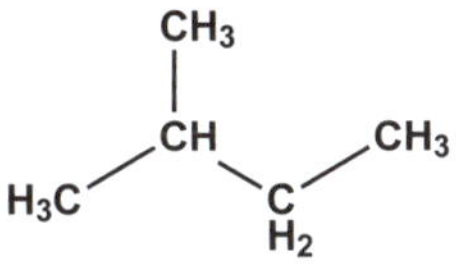

(II)

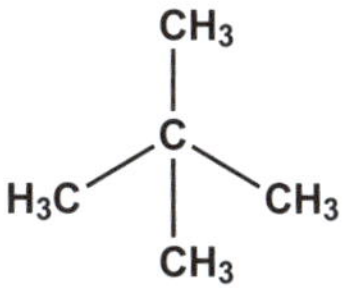

(III)

Parmi les quatre propositions suivantes, une est fausse, laquelle ?

- ☐ **A.** Les trois structures chimiques ont la même formule brute.
- ☐ **B.** Deux de ces trois structures ont la même chaîne principale.
- ☐ **C.** La connectivité entre les carbones diffère d'une structure à l'autre.
- ☐ **D.** Une seule structure est linéaire (non ramifiée).

Q7. **Un mélange composé de zinc (1,5 mol) de calcium (0,5 mol) et de magnésium (1 mol) a été complètement dissous dans une solution aqueuse concentrée en acide chlorhydrique (en excès).**
Sachant que le volume d'H_2 (gaz supposé parfait) est mesuré dans des conditions normales de pression et de température, quel est le volume maximal en litres d'H_2 obtenu ?

- ☐ **A.** 11,2 L
- ☐ **B.** 22,4 L
- ☐ **C.** 44,8 L
- ☐ **D.** 67,2 L

Q8. On considère la réactions réversible (a) suivante aboutissant à un équilibre :

$$A\,(g) + 2\,B\,(g) \rightleftarrows 2\,C\,(g)$$

Son graphique illustrant l'évolution des quantités des réactifs consommés et du produit formé en fonction du temps est :

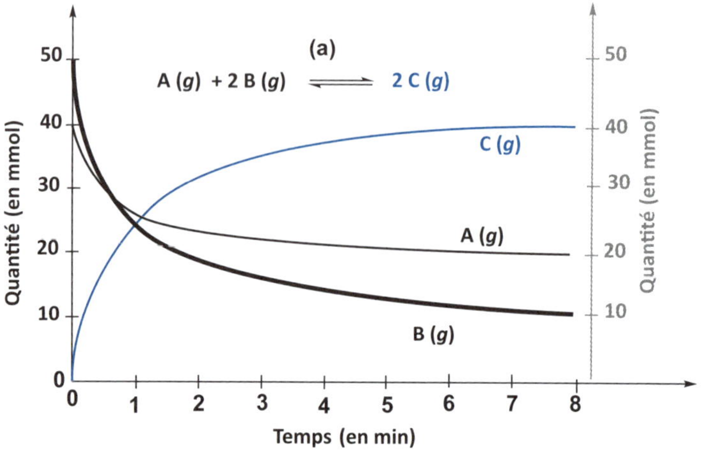

Sachant que la réaction est réalisée à $T = 300$ K dans une enceinte fermée de volume interne $V = 1$ L, que vaut la constante d'équilibre K_c à cette température ?

- ☐ **A.** $K_c = 0{,}008$
- ☐ **B.** $K_c = 0{,}080$
- ☐ **C.** $K_c = 80$
- ☐ **D.** $K_c = 800$

Q9. On admet que p, V, n et T représentent respectivement la pression en atmosphère (atm), le volume en litre (L), la quantité en mole (mol) et la température en degré Celsius (°C) d'un gaz parfait.
Lorsque la température en degré Celsius et la pression exercée sur le gaz sont doublées, qu'advient-il de son volume V' ? Quelle est l'expression correcte définissant V' (L) en fonction de T si le volume $V = 2$ L. On suppose que la température T est exprimée en °C et est strictement supérieure à 0 °C.

- ☐ **A.** $V' = 2 - \dfrac{273}{T+273}$
- ☐ **B.** $V' = 1 - \dfrac{273}{T+273}$
- ☐ **C.** $V' = 275 + T$
- ☐ **D.** $V' = 2 + \dfrac{273}{T+273}$

Q10. **À volume et température constants, on considère la réaction suivante, en phase gazeuse dans une enceinte fermée :**

$$2\,A\,(g) + B\,(g) \rightleftarrows 2\,C\,(g).$$

Les concentrations molaires initiales de A et B sont respectivement *a* mol L^{-1} et *b* mol L^{-1}. La quantité initiale en C est nulle. Lorsque l'équilibre se rétablit, on mesure 0,10 mol L^{-1} de A, 0,02 mol L^{-1} de B et 0,10 mol L^{-1} de C.
Que valent les concentrations initiales *a* et *b* dans l'enceinte ? Cocher la bonne réponse.

- ☐ **A.** $a = 0{,}05$ mol L^{-1} et $b = 0{,}07$ mol L^{-1}
- ☐ **B.** $a = 0{,}02$ mol L^{-1} et $b = 0{,}07$ mol L^{-1}
- ☐ **C.** $a = 0{,}05$ mol L^{-1} et $b = 0{,}02$ mol L^{-1}
- ☐ **D.** $a = 0{,}20$ mol L^{-1} et $b = 0{,}07$ mol L^{-1}

Q11. **À une température *T* constante égale à 300 K, dans un récipient fermé et de volume constant ($V = 1$ L), on réalise la réaction suivante :**

$$1\,A\,(s) \rightleftarrows 1\,B\,(g) + 1\,C\,(g).$$

Lorsque l'on introduit 10 mmol du solide A pur, celui-ci se décompose et deux gaz B et C sont produits. Le solide A n'est pas complètement décomposé car la réaction est limitée à un équilibre.
Sachant que la pression totale à l'équilibre ($T = 300$ K) dans le système est égale à 0,40 bar (1 bar = 100 000 Pa), quelle est la valeur de la constante d'équilibre (K_p) de la réaction à $T = 300$ K ?

- ☐ **A.** $K_p = 0{,}40$
- ☐ **B.** $K_p = 0{,}16$
- ☐ **C.** $K_p = 0{,}04$
- ☐ **D.** $K_p = 0{,}02$

Q12. **Soit la réaction exothermique suivante :**

$$CO\,(g) + H_2O\,(g) \rightleftarrows H_2\,(g) + CO_2\,(g).$$

Sachant que la réaction est réalisée à température constante, laquelle des opérations suivantes déplacera l'équilibre pour produire le maximum d'hydrogène ?

- ☐ **A.** en introduisant un desséchant ($MgSO_4$ (*s*), par exemple)
- ☐ **B.** en injectant du CO_2
- ☐ **C.** en diminuant la température
- ☐ **D.** en augmentant la pression

Q13. **L'expression définissant le coefficient d'ionisation d'un acide faible monoprotique AH en solution aqueuse est** $\alpha = \dfrac{1}{\dfrac{[H_3O^+]}{K_a}+1}$.

Que vaut α si le pK_a de l'acide AH est égale à 4 et le pH de la solution dans laquelle il est dissocié vaut 3 ?

- ☐ **A.** 0,00909
- ☐ **B.** 0,0909
- ☐ **C.** 0,000909
- ☐ **D.** 0,909

Q14. **À 25 °C, on prépare deux solutions aqueuses d'acides faibles AH (Sol. A) et A'H (Sol. B) de même pH et de concentrations respectives 0,50 mol L^{-1} et 0,25 mol L^{-1}.**
Dans les deux solutions, on admet que $[\text{Acide}]_{éq} = [\text{Acide}]_0 - [H_3O^+]_{éq} = [\text{Acide}]_0$ et que la contribution à la concentration en ions hydroniums issus de l'autoprotolyse de l'eau est négligeable.
En tenant compte des données ci-dessus, quelle est l'expression correcte définissant la relation mathématique entre la constante K_a de l'acide AH et celle de A'H ? Cocher la bonne réponse.

- ☐ **A.** $K_a(A'H) - K_a(AH) = 2$
- ☐ **B.** $K_a(A'H) - K_a(AH) = 0{,}002$
- ☐ **C.** $2 \times K_a(AH) - K_a(A'H) = 0$
- ☐ **D.** $2 \times K_a(AH) + K_a(A'H) = 0$

Q15. **On considère les réactions acido-basiques suivantes, à $T = 25$ °C :**

$$\text{(a) } NH_4^+ + OH^- \rightleftarrows NH_3 + H_2O$$
$$\text{(b) } NH_3 + H_3O^+ \rightleftarrows NH_4^+ + H_2O$$
$$\text{(c) } HCO_3^- + OH^- \rightleftarrows CO_3^{2-} + H_2O$$

Sachant que les constantes d'acidité des couples (NH_4^+ / NH_3), (H_2CO_3 / HCO_3^-) et (HCO_3^- / CO_3^{2-}) sont respectivement égales à 6×10^{-10}, 4×10^{-7} et 4×10^{-11}, classer par ordre croissant de constante d'équilibre les réactions (a), (b) et (c) à 25 °C ?

- ☐ **A.** $K_{éq}(b) < K_{éq}(c) < K_{éq}(a)$
- ☐ **B.** $K_{éq}(c) < K_{éq}(a) < K_{éq}(b)$
- ☐ **C.** $K_{éq}(a) < K_{éq}(b) < K_{éq}(c)$
- ☐ **D.** $K_{éq}(a) < K_{éq}(c) < K_{éq}(b)$

Q16. **On considère la table suivante des pK_a de quelques acides dans l'eau à 25 °C :**

	pK_a
H_3PO_4	2,1
HF	3,4
H_2S	7,0
NH_4^+	9,2
HCOOH	3,8

En se basant sur la table des pK_a ci-dessus, classer les molécules suivantes par ordre croissant de basicité à 25 °C en milieu aqueux :

$H_2PO_4^-$, F^-, HS^-, NH_3 et $HCOO^-$.

- ☐ **A.** $H_2PO_4^-$, F^-, HS^-, NH_3, $HCOO^-$
- ☐ **B.** $H_2PO_4^-$, F^-, NH_3, HS^-, $HCOO^-$
- ☐ **C.** $H_2PO_4^-$, F^-, $HCOO^-$, HS^-, NH_3
- ☐ **D.** NH_3, F^-, $H_2PO_4^-$, $HCOO^-$, HS^-

Q17. **Soit la réaction non pondérée suivante :**

$$\ldots Fe_2O_3 + \ldots C \rightarrow \ldots Fe + \ldots CO$$

Laquelle des propositions suivantes est correcte ?

- ☐ **A.** L'oxydant de la réaction est le carbone.
- ☐ **B.** La plus petite somme (nombre entier naturel) des coefficients stœchiométriques des réactifs additionnée de celle des produits est égale à 9.
- ☐ **C.** La plus petite somme (nombre entier naturel) des coefficients stœchiométriques des réactifs est supérieure à celle des produits.
- ☐ **D.** La somme des coefficients stœchiométriques des réactifs est égale à la somme de ceux des produits.

Q18. **En se référant au classement des potentiels de réduction standard des couples suivants :**

$$E_r^o(NO_3^- / NO) > E_r^o(Fe^{3+} / Fe^{2+}) > E_r^o(H^+ / H_2) > E_r^o(Fe^{2+} / Fe),$$

laquelle des réactions (sens direct) ci-dessous n'est pas spontanée dans les conditions standard ? Cocher la bonne réponse.

- ☐ **A.** $2\ NO_3^- + 3\ Fe + 8\ H^+ \rightleftarrows 3\ Fe^{2+} + 2\ NO + 4\ H_2O$
- ☐ **B.** $NO_3^- + 3\ Fe^{2+} + 4\ H^+ \rightleftarrows NO + 3\ Fe^{3+} + 2\ H_2O$
- ☐ **C.** $2\ H^+ + Fe \rightleftarrows H_2 + Fe^{2+}$
- ☐ **D.** $2\ H^+ + Fe^{2+} \rightleftarrows H_2 + Fe^{3+}$

Q19. **On considère une pile Cu–Ag composée de deux demi-piles, d'un pont salin et d'un fil conducteur électrique, comme le montre le schéma suivant :**

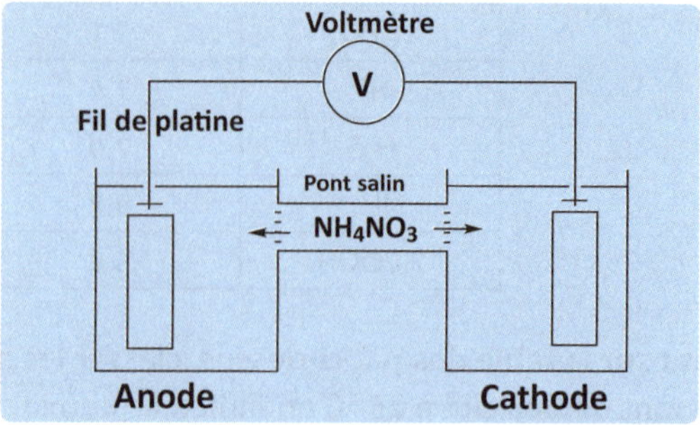

L'électrode de cuivre est plongée dans une solution de sulfate de cuivre et l'électrode d'argent est immergée dans une solution de nitrate d'argent. Les deux électrodes sont reliées par un fil de platine (conducteur électrique) et les deux solutions, quant à elles, communiquent via un pont salin contenant du NH_4NO_3.

À 25 °C, les potentiels de réduction standard des deux couples sont :

$$E_r^o(Cu^{2+} / Cu) = +0{,}34 \text{ V et } E_r^o(Ag^+ / Ag) = +0{,}80 \text{ V.}$$

Sachant que la pile débite dans des conditions initiales standard (les concentrations valent 1 mol L^{-1} et p = 1 atm) et T = 25 °C, quelle proposition ci-dessous est incorrecte ?

- ☐ **A.** Sans pont salin, la pile ne fonctionne pas.
- ☐ **B.** Lorsque la pile fonctionne (débite), la concentration de Cu^{2+} diminuera, tandis que celle de Ag^+ augmentera.
- ☐ **C.** Au cours du fonctionnement de la pile, la différence de potentiel mesurée au voltmètre diminue et s'annule à l'équilibre.
- ☐ **D.** Les électrons se déplacent du pôle négatif (compartiment anodique) au pôle positif (compartiment cathodique).

Q20. **Le médicament Nirmatrelvir est un antiviral agissant comme un inhibiteur de la protéase *3C-like* (de type 3C) des coronavirus. La protéase *3C-like* est une enzyme nécessaire à la réplication du virus.**
La structure chimique de ce médicament est :

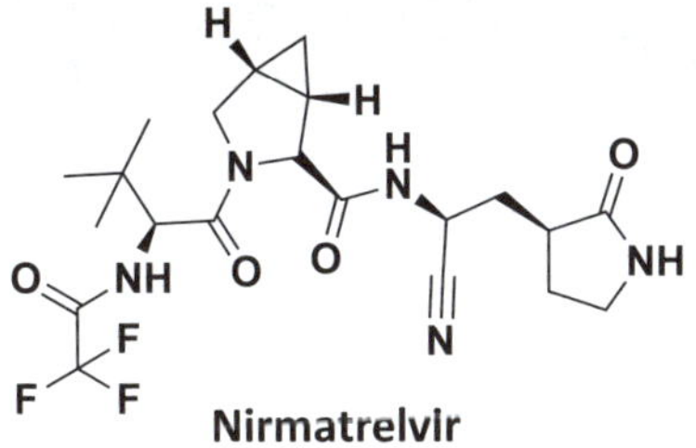

Nirmatrelvir

Parmi les six propositions suivantes, laquelle est fausse ?

- ▢ **A.** Le composé contient 3 fonctions amides.
- ▢ **B.** Le composé ne contient pas de fonction éther.
- ▢ **C.** La molécule comporte un groupement –CN.
- ▢ **D.** La molécule ne comporte pas de fonction ester.

Corrections . . .

Test 8

Q1. Réponse D.

Pour un atome non-chargé, le nombre d'électrons entourant généralement le noyau est égal au nombre de protons.

L'ion $^{40}_{20}Ca^{2+}$ possède 2 électrons en moins par rapport à l'atome neutre $^{40}_{20}Ca$, soit 18 électrons. Cependant, le nombre de protons est égal à 20 (Z = 20 !) et celui de neutrons se calcule selon la formule : $A - Z$ = Nbre de neutrons.

L'anion $^{32}_{16}S^{2-}$ a, quant à lui, gagné 2 électrons par rapport à l'atome $^{32}_{16}S$ (neutre). Il possède donc 16 protons, 16 neutrons et 18 électrons.

Il en résulte donc que tous ces ions possèdent le même nombre d'électrons, soit 18 électrons.

	$^{35}_{17}Cl^-$	$^{32}_{16}S^{2-}$	$^{40}_{20}Ca^{2+}$	$^{39}_{19}K^+$
Nbre d'e⁻	17 + 1 = 18	16 + 2 = 18	20 – 2 = 18	19 – 1 = 18

La bonne réponse est D.

Q2. Réponse C.

A. Faux. L'élément formé $^{60}_{28}X$ possède un proton en plus que le Co ; son numéro atomique Z est augmenté d'une unité par rapport au cobalt. Il se trouve donc juste après le $^{60}_{27}Co$ dans le tableau périodique.

B. Faux, car Z de l'élément X est différent de 27. Les isotopes ont le même nombre de protons et ne diffèrent qu'en nombre de neutrons.

C. Vrai, voir la réponse en A.

D. Faux, voir la réponse en A.

Q3. Réponse A.

Les formules correctes associées à leurs noms sont :

$Cu(CH_3COO)_2$	Acétate de cuivre (II) (CH_3COO^- = ion acétate, CH_3COOH = acide acétique)
NH_4NO_3	Nitrate d'ammonium (NH_4^+ et NO_3^- présentent tous les deux une valence égale à 1)
NaClO	Hypochloritre de sodium (l'ion ClO^- présente une valence égale à 1)
SO_4^{2-}	Ion sulfate (valence égale à 2)

Voici un tableau résumant les valences des groupements importants à connaitre :

Valence 1	Valence 2	Valence 3
Ion ammonium, NH_4^+	Ion sulfate, SO_4^{2-}	Ion phosphate, PO_4^{3-}
Ion nitrate, NO_3^-	Ion sulfite, SO_3^{2-}	…
Ion nitrite, NO_2^-	Ion carbonate, CO_3^{2-}	
Ion acétate, CH_3COO^-	Ion bichromate, $Cr_2O_7^{2-}$	
Ion permanganate, MnO_4^-	…	
Ion perchlorate, ClO_4^- Ion chlorate, ClO_3^- Ion chlorite, ClO_2^- Ion hypochlorite, ClO^-		
Ion hydroxyde, HO^-		

Q4. **Réponse B.**

L'équation chimique tenant compte des réactifs et des produits ainsi que correctement pondérée est :

$$2\ Na_3PO_4\ (aq)\ +\ 3\ CaCl_2\ (aq)\ \rightarrow\ Ca_3(PO_4)_2\ (s)\ +\ 6\ NaCl\ (aq)$$

On rappelle que la valence de l'ion phosphate est égale à 3 (PO_4^{3-}) et celle du calcium est 2 (Ca^{2+}).

Q5. **Réponse D.**

Pour rappel : Charge formelle d'un atome (C.F.) = [Nombre d'électrons de valence de l'atome] – [Nombre d'électrons autour de l'atome et qui lui sont propres].

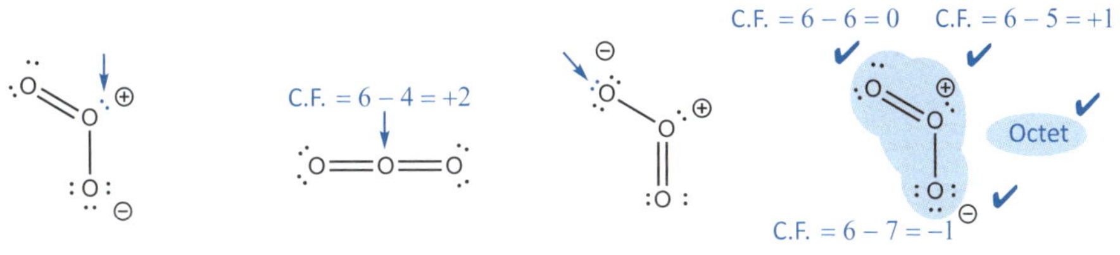

A. B. C. D.

- **A.** **Faux**, car il manquait une paire électronique libre sur l'atome d'O.
- **B.** **Faux**, car la C.F. de l'O au centre de la molécule qui est égale à +2 n'est pas indiquée. Il ne s'agit donc pas d'une structure de Lewis de O_3, mais bien de O_3^{2+} (instable).
- **C.** **Faux.** Il manquait une paire électronique libre sur l'atome d'O sans laquelle sa charge formelle ne sera pas nulle.
- **D.** **Vrai.** La règle de l'octet est respectée pour les trois atomes d'O ainsi que les charges formelles.

Q6. Réponse B.

A. **Vrai.** C_5H_{12}.

B. **Faux.**

	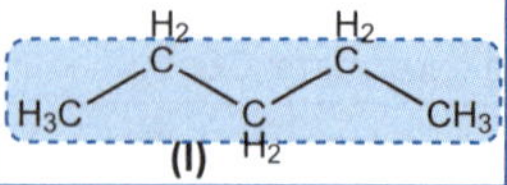	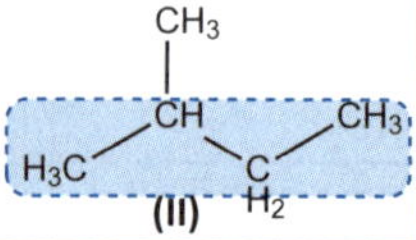	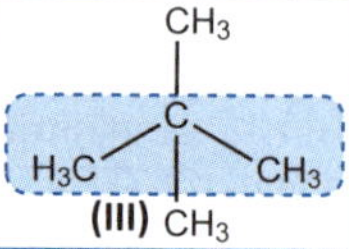
Chaîne principale :	5 C ↣ pentane	4 C ↣ butane	3 C ↣ propane

C. **Vrai.** Il suffit de constater que le C2 de la chaine est lié à deux C dans (I), trois C dans (II) et quatre C dans (III).

D. **Vrai.** La structure (I) est linéaire ; elle ne porte aucune ramification.

Q7. Réponse D.

Les trois métaux sont bivalents, ce qui fait qu'une mole de métal oxydé donnera une mole de H_2.

1 Zn (*s*) + **2** HCl (*aq*) → **1** H_2 + **1** $ZnCl_2$ (*aq*) ; (1,5 mol de Zn ⇒ **1,5 mol de H_2**)

1 Ca (*s*) + **2** HCl (*aq*) → **1** H_2 + **1** $CaCl_2$ (*aq*) ; (0,5 mol de Ca ⇒ **0,5 mol de H_2**)

1 Mg (*s*) + **2** HCl (*aq*) → **1** H_2 + **1** $MgCl_2$ (*aq*) ; (1 mol de Mg ⇒ **1 mol de H_2**)

Bilan : **3 mol de H_2**

Faisons le bilan en respectant les proportions stœchiométriques : $n(H_2) = 3$ mol.

Dans les conditions normales de température et de pression, le volume d'une mole de gaz vaut 22,4 L. Pour 3 mol d'H_2, le volume sera de 67,2 L. (Réponse D)

Q8. Réponse D.

D'après le graphique on a engagé à t_0 :

$$[A\ (g)]_0 = \frac{0{,}04\ (\text{mol})}{1\ (\text{L})} = 0{,}04 \text{ mol L}^{-1},\ [B\ (g)]_0 = \frac{0{,}05\ (\text{mol})}{1\ (\text{L})} = 0{,}05 \text{ mol L}^{-1}$$

$$\text{et } [C\ (g)]_0 = 0{,}00 \text{ mol L}^{-1}.$$

Établissons le tableau d'avancement (en concentration molaire) :

	A (*g*)	+	2 B (*g*)	⇄	2 C (*g*)
t_0 : (en mol/L)	0,04		0,05		0,00
$t_{éq}$: (en mol/L)	0,02		0,01		0,04

$$K_c = \frac{[C]_{éq}^{\ 2}}{[A]_{éq} \times \left([B]_{éq}\right)^2} = \frac{(0{,}04)^2}{(0{,}02) \times (0{,}01)^2} = 800$$

Q9. Réponse A.

Soit $p \times V = n \times R \times (T\ (°C) + 273)$ pour les gaz parfaits.

Conditions initiales :

p (atm) × V (L) = n (mol) × 0,082 (atm L mol^{-1} K^{-1}) × ((T (°C) + 273) (K))

Conditions finales :

$\mathbf{2} \times p$ (atm) $\times V'$ (L) $= n$ (mol) $\times$ 0,082 (atm L mol^{-1} K^{-1}) $\times$ (($\mathbf{2} \times T$ (°C) + 273) (K)) **II**

Si on divise **II** sur **I**, on obtient :

$$\frac{2\times V'}{V}=\frac{2\times T+273}{T+273}\Leftrightarrow\frac{2\times V'}{V}=\frac{2\times T+273+273-273}{T+273}$$

$$\Leftrightarrow\frac{2\times V'}{V}=\frac{2\times(T+273)-273}{T+273}=\frac{2\times(T+273)}{T+273}-\frac{273}{T+273}$$

$$\Leftrightarrow\frac{2\times V'}{V}=2-\frac{273}{T+273}$$

Si $V = 2$ L, alors $V'=2-\dfrac{273}{T+273}$ (Réponse A).

Q10. **Réponse D.**

Le tableau d'avancement pour cette réaction est :

	2 A (*g*)	+	B (*g*)	⇄	2 C (*g*)
t_0 : (en mol L^{-1})	a		b		0
$t_{éq}$: (en mol L^{-1})	$a - 2x$		$b - x$		$2x$

À l'équilibre, $[C]_{éq} = 2x = 0{,}10$ mol L^{-1} $\Leftrightarrow x = \dfrac{0{,}10}{2} = 0{,}05$ mol L^{-1}.

D'où : $[A]_{éq} = a - 0{,}10$ mol L^{-1} et $[B]_{éq} = b - 0{,}05$ mol L^{-1}.

Or, d'après les énoncés, on a : $[A]_{éq} = 0{,}10$ mol L^{-1} et $[B]_{éq} = 0{,}02$ mol L^{-1}.

On en déduit donc que :

$$[A]_0 = a = 0{,}10 + 0{,}10 = 0{,}20 \text{ mol L}^{-1}.$$

$$[B]_0 = b = 0{,}02 + 0{,}05 = 0{,}07 \text{ mol L}^{-1}.$$

La bonne réponse est D.

Q11. **Réponse C.**

Pour la réaction 1 A (*s*) ⇄ 1 B (*g*) + 1 C (*g*), $K_p = p_{B(éq)} \times p_{C(éq)}$.

On sait que la pression totale est égale à la somme des pressions partielles des gaz existant dans le milieu réactionnel. Donc, $p_{Totale(éq)} = p_{B(éq)} + p_{C(éq)}$.

Or, pour chaque molécule A décomposée, une molécule de B et une autre de C sont formées. La quantité en moles de B est, à tout instant de la réaction, égale à celle de C. Cela est également vrai dans la réaction inverse, une consommation d'une molécule B ne peut avoir lieu que si une molécule de C est consommée.

D'où, à l'équilibre : $p_{B(éq)} = p_{C(éq)}$.

On en déduit donc que :

$p_{B(éq)} = p_{C(éq)} = \dfrac{p_{Totale\ (éq)}}{2} = 0{,}20$ bar et $K_p = p_{B(éq)} \times p_{C(éq)} = 0{,}20 \times 0{,}20 = 0{,}04$ (Réponse C).

Q12. **Réponse C.**

La réaction est exothermique dans le sens direct et endothermique dans le sens inverse.

C. **Vrai.** Lorsqu'un système à l'équilibre subit une diminution de température (contrainte), le système va s'opposer à la modification. Il tendra dans le sens exothermique pour augmenter la température (pour diminuer la contrainte), ce qui est favorable pour le rendement (produire le maximum d'H_2) puisque l'équilibre est déplacé vers la droite (sens direct de la réaction).

A. **Faux.** Le desséchant va absorber l'eau et chuter sa concentration dans le milieu réactionnel, ce qui va pousser le système à s'opposer à cette perturbation. Ainsi, le système évoluera dans le sens inverse qui tend à faire disparaitre la variation induite, ce qui est défavorable pour le rendement.

B. **Faux.** L'introduction de CO_2 (un des produits de la réaction) déplacera l'équilibre vers la gauche pour contrebalancer cette perturbation, ce qui est défavorable pour le rendement.

D. **Faux.** L'augmentation de la pression déplace l'équilibre dans le sens produisant le moins de molécules à l'état gazeux. Or, dans ce système, il y a autant de molécules gazeuses dans les produits (2 molécules) que dans les réactifs (2 molécules) : $CO\,(g) + H_2O\,(g) \rightleftarrows H_2\,(g) + CO_2\,(g)$. Par conséquent, l'augmentation de la pression n'a aucun effet sur le système.

Q13. Réponse B.

L'expression définissant le coefficient d'ionisation d'un acide faible monoprotique AH en solution aqueuse est :

$$\alpha = \frac{1}{\frac{[H_3O^+]}{K_a} + 1}.$$

On sait que : $K_a = 10^{-pK_a}$ et $[H_3O^+] = 10^{-pH}$.

Si on remplace le rapport $\frac{[H_3O^+]}{K_a}$ par $\frac{10^{-pH}}{10^{-pK_a}}$, l'équation de α devient : $\alpha = \frac{1}{1+10^{pK_a - pH}}$

Pour un $pK_a = 4$ et $pH = 3$, on a un coefficient $\alpha = \frac{1}{1+10^{pK_a - pH}} = \frac{1}{1+10^{4-3}} = \frac{1}{11} = 0{,}0909$ (Réponse B).

Q14. Réponse C.

Comme les deux acides sont très faibles, les constantes d'acidités définissant la dissociation de chaque acide dans l'eau sont :

Pour $AH + H_2O \rightleftarrows A^- + H_3O^+$, $K_a(AH) = \frac{[H_3O^+]_{éq} \times [A^-]_{éq}}{[AH]_{éq}}$ **I**

Pour $A'H + H_2O \rightleftarrows A'^- + H_3O^+$, $K_a(A'H) = \frac{[H_3O^+]_{éq} \times [A'^-]_{éq}}{[A'H]_{éq}}$ **II**

La similarité du pH dans les solutions A et B sous-entend que leur concentration en ion hydronium est la même.

Si on remplace $[A^-]_{éq}$ ($[A'^-]_{éq}$) par $[H_3O^+]_{éq}$ (puisqu'on néglige les ions H_3O^+ issus de l'autoprotolyse de l'eau) et $[Acide]_{éq}$ par $[Acide]_0$, les deux expressions I et II deviennent :

$$I : K_a(AH) = \frac{([H_3O^+]_{éq})^2}{[AH]_{éq}} \Leftrightarrow ([H_3O^+]_{éq})^2 = K_a(AH) \times [AH]_{éq} = K_a(AH) \times [AH]_0$$

$$\text{II} : K_a(\text{A'H}) = \frac{\left([\text{H}_3\text{O}^+]_{\text{éq}}\right)^2}{[\text{A'H}]_{\text{éq}}} \Leftrightarrow ([\text{H}_3\text{O}^+]_{\text{éq}})^2 = K_a(\text{A'H}) \times [\text{A'H}]_{\text{éq}} = K_a(\text{A'H}) \times [\text{A'H}]_0$$

On en déduit donc que :

$$K_a(\text{AH}) \times [\text{AH}]_0 = K_a(\text{A'H}) \times [\text{A'H}]_0$$
$$\Leftrightarrow K_a(\text{AH}) \times 0{,}50 = K_a(\text{A'H}) \times 0{,}25$$
$$\Leftrightarrow 2 \times K_a(\text{AH}) = K_a(\text{A'H}) \Leftrightarrow 2 \times K_a(\text{AH}) - K_a(\text{A'H}) = 0 \text{ (Réponse C)}$$

Q15. Réponse B.

Soit **la réaction (a)** : $NH_4^+ + OH^- \rightleftarrows NH_3 + H_2O$.

Constatons que la réaction (a) est la réaction inverse de l'hydrolyse de NH_3 :

$$NH_3 + H_2O \rightleftarrows NH_4^+ + OH^-$$

Or, la réaction $NH_3 + H_2O \rightleftarrows NH_4^+ + OH^-$ est caractérisée par K_b.

La constante d'équilibre de (a) est donc égale à l'inverse de la constante de basicité de NH_3.

D'où : $K_{\text{éq}}(a) = \dfrac{1}{K_b(NH_3)} = \dfrac{1}{\dfrac{1\times10^{-14}}{K_a(NH_4^+)}} = \dfrac{6\times10^{-10}}{1\times10^{-14}} = \mathbf{6 \times 10^4}$. (Avec $K_a \times K_b = 10^{-14}$ à 25 °C.)

La réaction (b), $NH_3 + H_3O^+ \rightleftarrows NH_4^+ + H_2O$, est l'inverse de la dissociation de l'acide NH_4^+ dans l'eau.

Donc : $K_{\text{éq}}(b) = \dfrac{1}{K_a(NH_4^+)} = \dfrac{1}{6\times10^{-10}} = \mathbf{\dfrac{1}{6}\times10^{+10}}$.

La réaction (c), $HCO_3^- + OH^- \rightleftarrows CO_3^{2-} + H_2O$ représente l'inverse de l'hydrolyse de la base CO_3^{2-}.

Donc : $K_{\text{éq}}(c) = \dfrac{1}{K_b(CO_3^{2-})} = \dfrac{1}{\dfrac{1\times10^{-14}}{K_a(HCO_3^-)}} = \dfrac{4\times10^{-11}}{1\times10^{-14}} = \mathbf{4 \times 10^3}$. (Avec $K_a \times K_b = 10^{-14}$ à 25 °C.)

On en déduit donc que $K_{\text{éq}}(c) < K_{\text{éq}}(a) < K_{\text{éq}}(b)$ (Réponse B).

Q16. Réponse C.

Pour répondre à cette question, il faut simplement se référer aux valeurs pK_a de leurs acides conjugués et ensuite tenir compte que plus un acide est faible (pK_a ↗), plus sa base conjuguée est forte et inversement.

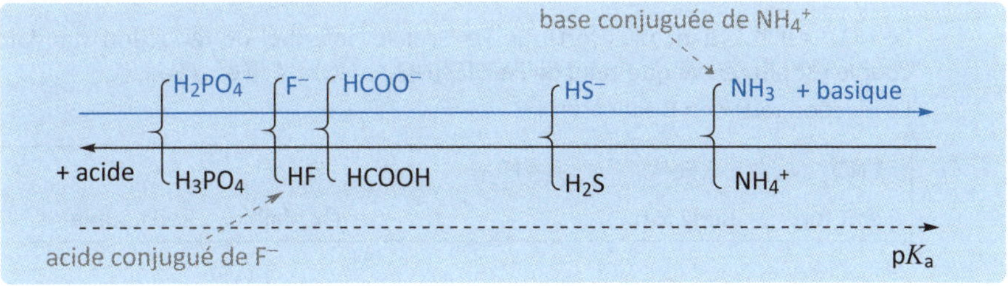

La proposition correcte est C.

Q17. Réponse B.

$$\dots Fe_2O_3 + \dots C \rightleftarrows \dots Fe + \dots CO$$

Au cours de la réaction, l'élément fer dans le composé Fe_2O_3 passe d'un N.O. = +III à un N.O. = 0 dans Fe. Le composé Fe_2O_3 se réduit en Fe. Quant au carbone, il s'oxyde en passant d'un N.O. = 0 à un N.O. = +II.

N.O. = +III				N.O = **0**	
1 Fe_2O_3	+ **2** × 3 e^-	+ 6 H^+	⟶	**2** Fe	+ 3 H_2O

N.O. = 0			N.O. = +II		
[1 C	+ H_2O	⟶	CO	+ 2 e^-	+ 2 H^+] × **3**

En additionnant les deux équations, après avoir multiplié la deuxième équation par 3, on obtient l'équation globale suivante :

$$Fe_2O_3 + 3\,H_2O + 3\,C + 6\,H^+ \rightleftarrows 2\,Fe + 3\,CO + 6\,H^+ + 3\,H_2O.$$

En supprimant les entités identiques dans les deux membres de l'équation, on obtient :

$$Fe_2O_3 + 3\,C \rightleftarrows 2\,Fe + 3\,CO.$$

La somme des coefficients stœchiométriques des réactifs est égale à 4.

La somme des coefficients stœchiométriques des produits est égale à 5.

On en déduit donc que la bonne réponse est B.

A. **Faux.** L'oxydant de la réaction est l'oxyde de fer (III). Le carbone est le réducteur.

Q18. Réponse D.

En se référant au classement des potentiels de réduction standard suivants :

$$E_r^\circ(NO_3^- / NO) > E_r^\circ(Fe^{3+} / Fe^{2+}) > E_r^\circ(H^+ / H_2) > E_r^\circ(Fe^{2+} / Fe),$$

on constate que NO_3^- est l'oxydant le plus fort. Il peut donc réagir avec les réducteurs de tous les autres couples. Les réactions en A et B sont donc spontanées dans les conditions standard.

La réaction redox en A est :

2 NO_3^- +	3 Fe	+ 8 H^+	⟶	3 Fe^{2+}	+ 2 NO	+ 4 H_2O
Ox1 fort	Red2 fort			Ox2 faible	Red1 faible	

Le NO_3^- est l'oxydant plus fort que Fe^{2+} car le potentiel de réduction standard de son couple est plus élevé que celui de Fe^{2+} ($E_r^\circ(NO_3^- / NO) > E_r^\circ(Fe^{2+} / Fe)$).

La réaction redox en B est :

2 NO_3^- +	3 Fe^{2+}	+ 4 H^+	⟶	3 Fe^{3+}	+ NO	+ 4 H_2O
Ox1 fort	Red2 fort			Ox2 faible	Red1 faible	

La réaction redox en C est spontanée également car $E_r^\circ(H^+ / H_2) > E_r^\circ(Fe^{2+} / Fe)$:

2 H^+ +	Fe	⟶	H_2	+ Fe^{2+}
Ox1 fort	Red2 fort		Red1 faible	Ox2 faible

Le sens direct de la réaction $2\,H^+ + Fe^{2+} \rightleftarrows H_2 + Fe^{3+}$ n'est pas possible dans les conditions standard car H^+ (Réactif) est un oxydant plus faible que Fe^{3+} (produit) : $E_r^\circ(Fe^{3+} / Fe^{2+}) > E_r^\circ(H^+ / H_2)$.

$2\,H^+$ +	Fe^{2+}	$\not\rightleftarrows$	H_2	+ Fe^{3+}
Ox1 faible	Red2 faible		Red1 fort	Ox2 fort

La bonne réponse est D.

Q19. Réponse B.

A. **Vrai**, car sans pont salin, le circuit de la pile n'est pas fermé. Le courant électrique n'aura pas lieu. Le pont salin assure aussi l'électroneutralité dans les deux compartiments lorsque la pile débite.

B. **Faux.**

Constatons que pour les deux couples redox (Ag^+ / Ag) et (Cu^{2+} / Cu), $E_r^\circ(Ag^+ / Ag) = +0{,}80$ V $> E_r^\circ(Cu^{2+} / Cu) = +0{,}34$ V. L'oxydant le plus fort est Ag^+ et le réducteur le plus fort est Cu. Le schéma de cette pile est :

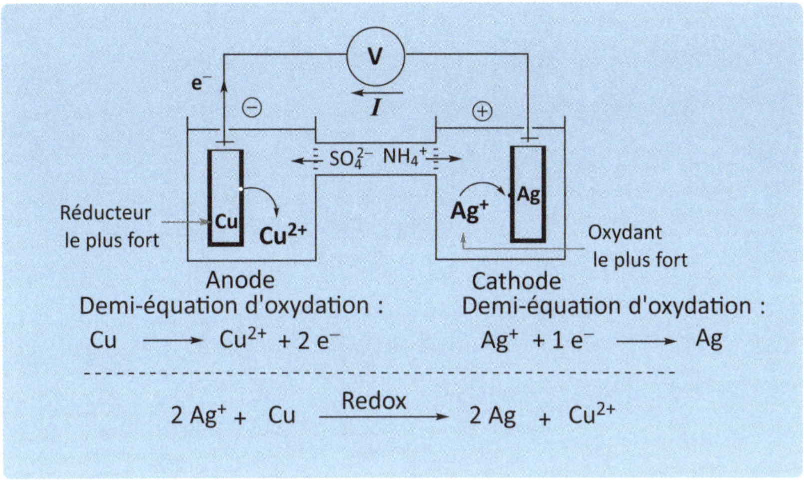

Au cours du fonctionnement de la pile, les ions Ag^+ se réduisent en Ag métallique, leur concentration ne fait que chuter. Par contre, l'oxydation du Cu produit de plus en plus d'ions Cu^{2+}, leur concentration dans le compartiment anodique augmente. La proposition B est incorrecte.

C. **Vrai.** À l'équilibre, la pile est « plate », les deux potentiels au niveau des deux électrodes sont les mêmes, c'est ce qui explique que le système n'évolue plus et que la différence de potentiel mesurée au voltmètre s'annule.

D. **Vrai.** Les électrons se déplacent de l'anode chargée négativement à la cathode chargée positivement.

Q20. **Réponse A.**

A. **Faux**, car la molécule comporte quatre fonctions amides.

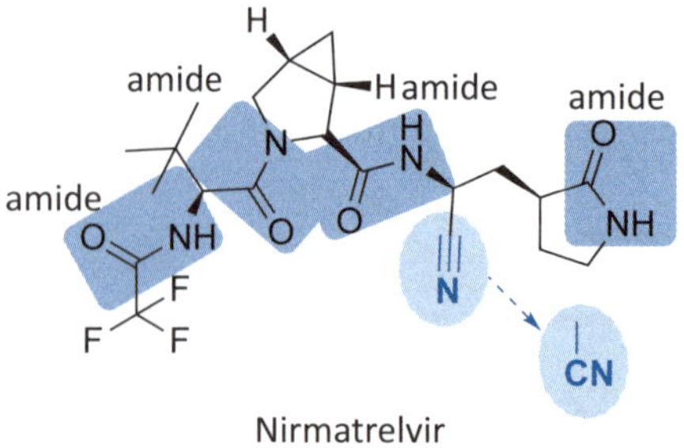

Nirmatrelvir

C. **Vrai.** Voir la structure ci-dessus.

Test 9

Grille des réponses : (1 point si la réponse est correcte, –0,5 point si la réponse est incorrecte et 0 point si rien n'est coché)

	A	B	C	D	Points obtenus (1 pt / –0,5 pt / 0 pt)
QCM 1	☐	☐	☐	☐	…….
QCM 2	☐	☐	☐	☐	…….
QCM 3	☐	☐	☐	☐	…….
QCM 4	☐	☐	☐	☐	…….
QCM 5	☐	☐	☐	☐	…….
QCM 6	☐	☐	☐	☐	…….
QCM 7	☐	☐	☐	☐	…….
QCM 8	☐	☐	☐	☐	…….
QCM 9	☐	☐	☐	☐	…….
QCM 10	☐	☐	☐	☐	…….
QCM 11	☐	☐	☐	☐	…….
QCM 12	☐	☐	☐	☐	…….
QCM 13	☐	☐	☐	☐	…….
QCM 14	☐	☐	☐	☐	…….
QCM 15	☐	☐	☐	☐	…….
QCM 16	☐	☐	☐	☐	…….
QCM 17	☐	☐	☐	☐	…….
QCM 18	☐	☐	☐	☐	…….
QCM 19	☐	☐	☐	☐	…….
QCM 20	☐	☐	☐	☐	…….
Total / 20 points					$\Sigma =$ ……. / 20

Q1. **L'élément $^{43}_{22}Ti$ est radioactif, il se désintègre en émettant un rayonnement β et un élément chimique $^{43}_{21}Y$.**
Parmi les propositions suivantes, cocher celle qui est correcte.

- ☐ **A.** L'élément Y formé et $^{43}_{22}Ti$ sont des isotopes.
- ☐ **B.** L'élément Y formé possède le même nombre de nucléons que $^{43}_{22}Ti$.
- ☐ **C.** L'élément Y n'occupe pas la case située juste avant celle de $^{43}_{22}Ti$ dans le tableau périodique.
- ☐ **D.** L'élément chimique Y occupe la case située juste après celle de $^{43}_{22}Ti$ dans le tableau périodique.

Q2. **À l'état fondamental, un atome de chlore stable (A = 35) diffère d'un anion chlorure en ce sens que l'anion possède un plus grand : (Cocher la bonne réponse.)**

- ☐ **A.** nombre de masse.
- ☐ **B.** nombre d'électrons.
- ☐ **C.** nombre de protons.
- ☐ **D.** numéro atomique.

Q3. **Parmi les formules brutes moléculaires ci-dessous, cocher celle qui est incorrecte.**

- ☐ **A.** $CuSO_4 \cdot 2H_2O$
- ☐ **B.** $CaMnO_4$
- ☐ **C.** $Fe(ClO)_3$
- ☐ **D.** P_2O_5

Q4. **Un mélange composé d'une mole de magnésium solide et de quatre moles d'aluminium solide a été complètement dissous dans une solution aqueuse concentrée en acide chlorhydrique (en excès).**
Sachant que le volume d'H_2 (gaz supposé parfait) est mesuré dans des conditions normales de pression et de température, quel volume maximal en litres d'H_2 obtient-on ?

- ☐ **A.** 156,8 L
- ☐ **B.** 134,4 L
- ☐ **C.** 112 L
- ☐ **D.** 89,6 L

Q5. **Pour les structures de Lewis présentées ci-dessous, cocher celle qui décrit correctement la structure de l'ion NO_2^+. Celle-ci doit prendre en considération les charges formelles des atomes, les paires électroniques libres et le respect de la règle de l'octet.**

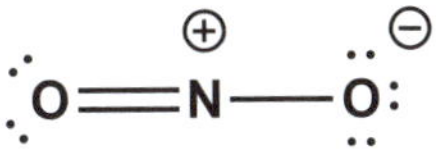

☐ **A.**

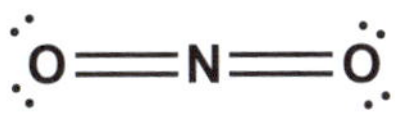

☐ **B.**

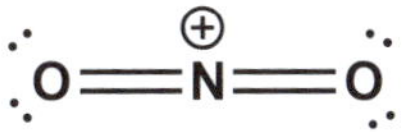

☐ **C.**

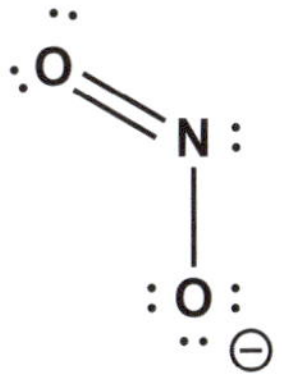

☐ **D.**

Q6. On considère la réaction suivante (non pondérée) :

$$\ldots\ Na\ (s)\ +\ \ldots\ H_2O\ (l)\ \rightarrow\ \ldots\ NaOH\ (aq)\ +\ \ldots\ H_2\ (g)$$

On fait réagir complètement une masse de sodium avec de l'eau. La réaction est très vive. Le volume d'hydrogène dégagé est de 2,05 L. Celui-ci a été mesuré à 27 °C et sous une pression de 1,2 atm.
Ensuite, le mélange réactionnel est porté avec de l'eau déminéralisée à un volume total égal à 500 mL pour obtenir la solution (a).
Sachant que tout le volume d'hydrogène (gaz parfait) a été mesuré et qu'il n'y a aucune perte, quelle est la concentration molaire des ions OH^- en solution (a) ?

- ☐ **A.** 0,1 mol L^{-1}
- ☐ **B.** 0,2 mol L^{-1}
- ☐ **C.** 0,3 mol L^{-1}
- ☐ **D.** 0,4 mol L^{-1}

Q7. À $T = 300$ K et $p = 1$ atm, on comprime 27 L d'un gaz parfait. Sachant que le volume est réduit à 12 L lorsque la température atteint 400 K, que vaut la pression finale p' exercée par ce gaz à 400 K ? (Cocher la bonne réponse.)

- ☐ **A.** $p' = 3$ atm
- ☐ **B.** $p' = 2$ atm
- ☐ **C.** $p' = 1$ atm
- ☐ **D.** $p' = 0{,}33$ atm

Q8. On considère l'équation chimique ci-dessous définissant l'équilibre de décomposition de l'hydrogénosulfure d'ammonium à 293 K :

$$NH_4HS\ (s)\ \rightleftarrows\ NH_3\ (g)\ +\ H_2S\ (g).$$

Dans un récipient étanche de 2 L, à $T = 293$ K, on introduit initialement 0,06 mol de NH_4HS (*s*) pur (seul composé introduit à $t = 0$ s). La constante d'équilibre de cette décomposition à $T = 293$ K vaut 1×10^{-4} ($K_c = 1 \times 10^{-4}$).
Quel est le pourcentage du sel NH_4HS (*s*) décomposé après établissement de l'équilibre à $T = 293$ K ?
Donnée : $M(NH_4HS) = 51$ g moL^{-1}.

- ☐ **A.** 0,333 %
- ☐ **B.** 3,33 %
- ☐ **C.** 33,3 %
- ☐ **D.** aucun de ces trois réponses n'est correcte.

Q9. **On considère la réaction suivante : A (g) + 3 B (g) $\rightleftarrows$ 2 C (g).**
À T = 300 K, la constante d'équilibre de la réaction est K_c = 300.
Nous étudions l'équilibre de cette réaction dans trois enceintes vides et identiques de volume constant V en y introduisant initialement les concentrations molaires suivantes :
Enceinte (a) :

T = 300 K	A (g)	+	3 B (g)	$\rightleftarrows$	2 C (g)
t_0 (mmol/L)	10		40		10

Enceinte (b) :

T = 300 K	A (g)	+	3 B (g)	$\rightleftarrows$	2 C (g)
t_0 (mmol/L)	20		30		30

Enceinte (c) :

T = 300 K	A (g)	+	3 B (g)	$\rightleftarrows$	2 C (g)
t_0 (mmol/L)	3		100		30

À température constante, T = 300 K, dans quelle(s) enceinte(s), le système …

1. **est en état d'équilibre (les concentrations introduites ne varient plus) ?**
2. **va évoluer vers l'équilibre pour augmenter la concentration du composé C aux dépens de A et B ?**
3. **va évoluer vers l'équilibre pour augmenter les concentrations des composés A et B aux dépens de C ?**
4. **va être caractérisé par une autre constante K'_c de valeur différente de K_c = 300 ?**

Parmi les propositions suivantes, cocher l'association correcte de chacune de ces questions à (aux) l'enceinte (enceintes) qui lui correspond(ent).

- ☐ **A.** 1 → (c) ; 2 → (a) ; 3 → (b) ; 4 → aucune.
- ☐ **B.** 1 → (c) ; 2 → (b) ; 3 → (a) ; 4 → aucune.
- ☐ **C.** 1 → (a) ; 2 → (b) ; 3 → (c) ; 4 → (a) et (b).
- ☐ **D.** 1 → (c) ; 2 → (a) ; 3 → (b) ; 4 → (a) et (b).

Q10. **À $T = 298$ K, on considère la réaction à l'équilibre suivante :**

$$A\,(s) + 2\,B\,(g) \rightleftarrows 2\,C\,(s)$$

Dans quel sens l'équilibre va se déplacer si on augmente la masse du réactif A dans le milieu réactionnel ? Cocher la bonne réponse.

- ☐ **A.** L'équilibre évolue dans le sens inverse de la réaction.
- ☐ **B.** L'équilibre évolue dans le sens direct de la réaction.
- ☐ **C.** Le système n'est pas affecté par l'augmentation de la masse de A dans le milieu.
- ☐ **D.** Le manque de données rend impossible la prédiction du sens de déplacement de l'équilibre.

Q11. **On considère la réaction suivante d'hydrolyse d'une base B faible :**

$$B + H_2O \rightleftarrows BH^+ + OH^-$$

Sachant que le coefficient α de protonation de B est égal à la concentration de la base protonnée ($[BH^+] = x$) divisée par la concentration initiale de B ($[B]_0 = C_0$), quelle est l'expression exacte de la constante de basicité K_b en fonction de α et $[OH^-]$?

On néglige la concentration en ions hydroxydes provenant de l'autoprotolyse de l'eau.

- ☐ **A.** $K_b = \frac{\alpha}{(1-\alpha)} \times [OH^-]^2$
- ☐ **C.** $K_b = \frac{\alpha^2}{(1-\alpha)} \times [OH^-]^2$
- ☐ **B.** $K_b = \frac{\alpha}{(1-\alpha)} \times [OH^-]$
- ☐ **D.** $K_b = \frac{\alpha}{(1+\alpha)} \times [OH^-]$

Q12. **Ci-dessous, les expressions permettant de calculer la constante d'équilibre ($K_{éq} = K_c$) d'une réaction entre un acide AH et une base B^- dans l'eau à 25 °C. L'une d'entre elle est fausse, laquelle ?**

On admet que l'acide AH et la base B^- ne réagissent que partiellement avec H_2O à $T = 25$°C.

- ☐ **A.** $K_{éq} = \frac{K_a(AH)}{K_a(BH)}$
- ☐ **C.** $K_{éq} = 10^{pK_a(BH) - pK_a(AH)}$
- ☐ **B.** $K_{éq} = \frac{K_a(BH)}{K_a(AH)}$
- ☐ **D.** $K_{éq} = \frac{K_b(B^-)}{K_b(A^-)}$

Q13. **On considère les réactions acido-basiques suivantes en milieu aqueux à $T = 25$ °C :**

(a) $CH_3COOH + H_2O \rightleftarrows CH_3COO^- + H_3O^+$

(b) $CH_3COO^- + H_2O \rightleftarrows CH_3COOH + OH^-$

(c) $CH_3COO^- + H_3O^+ \rightleftarrows CH_3COOH + H_2O$

Sachant que la constante d'acidité du couple (CH_3COOH / CH_3COO^-) est égale 2×10^{-5}, classer par ordre croissant de constante d'équilibre les réactions (a),

(b) et (c) à 25 °C ? On admet que H_2O pure est le solvant et les autres espèces sont des solutés très dilués.

- ▢ **A.** $K_{éq}(b) < K_{éq}(a) < K_{éq}(c)$
- ▢ **B.** $K_{éq}(a) < K_{éq}(b) < K_{éq}(c)$
- ▢ **C.** $K_{éq}(c) < K_{éq}(a) < K_{éq}(b)$
- ▢ **D.** $K_{éq}(c) < K_{éq}(b) < K_{éq}(a)$

Q14. On considère la réaction de dissociation totale de l'acide biprotique H_2SO_3 en milieu aqueux ($[H_2SO_3]_0 = 10^{-3}$ mol/L), à 25 °C :

$$H_2SO_3 + 2\,H_2O \rightleftarrows SO_3^{2-} + 2\,H_3O^+, \qquad K_{éq} = \frac{[SO_3^{2-}] \times ([H_3O^+])^2}{[H_2SO_3]}$$

Sachant que les pK_a des couples (H_2SO_3 / HSO_3^-) et (HSO_3^- / SO_3^{2-}) sont respectivement égaux à1,8 et 7,2, que vaut p$K_{éq}$ à 25 °C ? Cocher la bonne réponse.

- ▢ **A.** p$K_{éq} = 4$
- ▢ **B.** p$K_{éq} = 5{,}4$
- ▢ **C.** p$K_{éq} = 9{,}0$
- ▢ **D.** p$K_{éq} = 12{,}93$

Q15. En se basant sur la table des pK_a suivants, pour la réaction acido-basique en milieu aqueux ci-dessous (T = 25 °C), calculer la valeur de la constante d'équilibre et indiquer si la réaction est complète, impossible ou limitée par un équilibre.

	pK_a
H_3PO_4	2,1
HF	3,4
HCN	9,3
NH_4^+	9,2
HCOOH	3,8

$$HCOOH + F^- \xrightarrow{?} HCOO^- + HF$$

- ▢ **A.** $K_{éq} > 10^3$; réaction complète.
- ▢ **B.** $K_{éq} < 10^3$; réaction limitée à un équilibre.
- ▢ **C.** $K_{éq} < 10^3$; réaction impossible.
- ▢ **D.** Aucune de ces trois propositions n'est correcte.

Q16. **On dissout dans un ballon jaugé de 250 mL, 4,6 g d'acide formique (HCOOH) et on porte au trait de jauge avec de l'eau pure. À 25 ml de cette solution on ajoute 75 ml d'une solution aqueuse contenant 0,01 mol de NaOH. Quel est le pH du mélange ? (pK_a(HCOOH) = 3,8, M(HCOOH) = 46 g/mol et T = 25 °C).**

- ☐ **A.** 9,2
- ☐ **B.** 8,6
- ☐ **C.** 8,4
- ☐ **D.** 8,2

Q17. **Soit les potentiels de réduction standard suivants :**

$$E_r^o(Hg_2^{2+} / Hg) = +0{,}8\ V \text{ et } E_r^o(Hg^{2+} / Hg) = +0{,}9\ V\ .$$

En se référant à ces potentiels, laquelle des réactions ci-dessous peut se produire d'une façon spontanée dans les conditions standard et à T = 25 °C ?

- ☐ **A.** $Hg_2^{2+} \rightleftarrows Hg^{2+} + Hg$
- ☐ **B.** $Hg^{2+} + Hg \rightleftarrows 2\ Hg^{2+}$
- ☐ **C.** $Hg_2^{2+} \rightleftarrows 2\ Hg^{2+}$
- ☐ **D.** $Hg^{2+} + Hg \rightleftarrows Hg_2^{2+}$

Q18. **Soit une pile montée sur base des couples redox donnés en équations de réduction suivantes en milieu aqueux (T = 25 °C) :**

$$Cr_2O_7^{2-} + 14\ H^+ + 6\ e^- \rightleftarrows 2\ Cr^{3+} + 7\ H_2O \qquad E_r^o = 1{,}23\ V$$

$$Sn^{4+} + 2\ e^- \rightleftarrows Sn^{2+} \qquad E_r^o = 0{,}15\ V$$

Sachant que les concentrations initiales valent toutes 1 mol L^{-1} et que la pression vaut 1 atm, laquelle des propositions suivantes est incorrecte ?

- ☐ **A.** L'oxydant le plus fort des deux couples est $Cr_2O_7^{2-}$.
- ☐ **B.** L'équation ionique redox est
$$Cr_2O_7^{2-} + 14\ H^+ + 3\ Sn^{2+} \rightleftarrows 2\ Cr^{3+} + 7\ H_2O + 3\ Sn^{4+}.$$
- ☐ **C.** La demi-équation de réduction $Cr_2O_7^{2-} + 14\ H^+ + 6\ e^- \rightleftarrows 2\ Cr^{3+} + 7\ H_2O$ se déroule au niveau de la cathode.
- ☐ **D.** La différence de potentiel de réduction à l'état standard de la pile est inférieure à 0 V.

Q19. **On considère une pile Cu–Ag composée de deux demi-piles, d'un pont salin et d'un fil conducteur électrique, comme le montre le schéma suivant :**

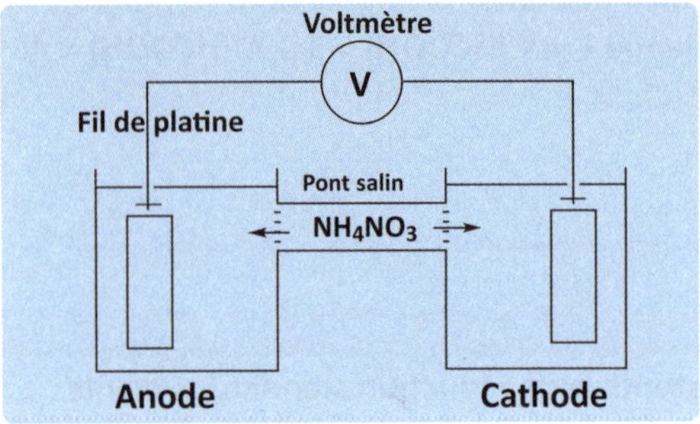

L'électrode de cuivre est plongée dans une solution de sulfate de cuivre et l'électrode d'argent est immergée dans une solution de nitrate d'argent. Les deux électrodes sont reliées par un fil de platine (conducteur électrique) et les deux solutions, quant à elles, communiquent via un pont salin contenant le sel NH_4NO_3.
À 25 °C, les potentiels de réduction standard des deux couples sont :
$E_r^o(Cu^{2+} / Cu) = +0,34$ V et $E_r^o(Ag^+ / Ag) = +0,80$ V.
Sachant que la pile débite dans des conditions initiales standard (les concentrations valent 1 mol L^{-1} et $p = 1$ atm) et $T = 25$ °C, quelle proposition ci-dessous est correcte ?
Lorsque la pile s'arrête de fonctionner, ...

- ☐ **A.** le nombre de moles d'argent solide formé est égal au nombre de moles de cuivre dissous.
- ☐ **B.** le nombre de moles d'argent solide formé est inférieur au nombre de moles de cuivre dissous.
- ☐ **C.** le nombre de moles d'argent solide formé est supérieur au nombre de moles de cuivre dissous.
- ☐ **D.** Aucune de ces réponses n'est correcte.

Q20. **Soit la structure chimique de la molécule suivante :**

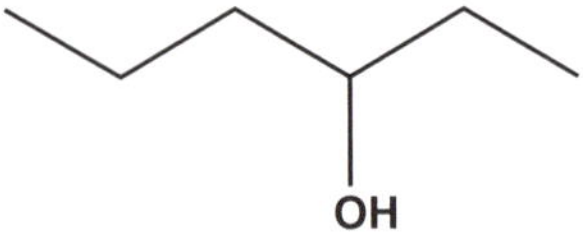

Quel est le nom de cette molécule ?

- ☐ **A.** Éthylpropyléther
- ☐ **B.** 2-éthylbutan-2-ol
- ☐ **C.** 1-propylpropan-1-ol
- ☐ **D.** Hexan-3-ol

Corrections . . .

Test 9

Q1. Réponse B.

A. Faux. Les isotopes ont le même nombre de protons et ne diffèrent qu'en nombre de neutrons. Pour $^{43}_{22}Ti$, le nombre de protons est 22 et 21 pour $^{43}_{21}Y$. Ainsi, $^{43}_{22}Ti$ et $^{43}_{21}Y$ ne sont pas des isotopes.

B. Vrai, car A = nombre de nucléons = 43 est le même pour les deux éléments $^{43}_{22}Ti$ et $^{43}_{21}Y$.

C. Faux, car Z passe de 22 ($^{43}_{22}Ti$) à 21 ($^{43}_{21}Y$). L'élément $^{43}_{21}Y$ occupe dès lors la case située juste avant celle de $^{43}_{22}Ti$ dans le tableau périodique.

D. Faux, voir A et C.

Q2. Réponse B.

D'après le tableau périodique, l'atome de chlore, sous sa forme non chargée, est caractérisé par :

- 17 électrons
- 17 protons
- 35 nucléons, soit 17 protons et 18 neutrons

$^{35}_{17}Cl$

L'atome de chlore est un non-métal et fait partie du groupe halogènes (groupe 17 ou VIIa). Il est caractérisé par une valence égale à 1. À l'état fondamental, son ion est forcément chargé négativement, d'où la formation d'ion chlorure, noté $^{35}_{17}Cl^{-}$.

L'anion $^{35}_{17}Cl^{-}$possède 18 électrons car il a gagné un électron en plus par rapport à l'atome neutre $^{35}_{17}Cl$. Cependant, le nombre de protons et de neutrons reste identique entre les deux éléments. La bonne réponse est B.

Q3. Réponse B.

Les formules correctes associées à leurs noms sont :

$CuSO_4 \cdot 2H_2O$; sulfate de cuivre (II) dihydraté. L'unité moléculaire du sulfate de cuivre (II) solide anhydre est de formule brute $CuSO_4$. Lorsqu'il est hydraté, sa formule chimique devient $CuSO_4 \cdot \mathbf{n}H_2O$, où **n** est le nombre de molécules d'eau associées à chacune des molécules de $CuSO_4$ solide. Dans notre cas, **n** = 2. Ainsi, il s'agit d'un composé comportant deux molécules d'eau et une molécule de $CuSO_4$.

> **Remarque :**
> Le sulfate de cuivre solide $CuSO_4$ anhydre est une poudre de couleur blanche. Mais, celle-ci est bleue lorsque le composé est hydraté.

$Ca(MnO_4)_2$ est la formule chimique du permanganate de calcium. L'ion MnO_4^- présente une valence égale à 1.

$Fe(ClO)_3$ est la formule chimique de l'hypochlorite de fer (III). L'ion ClO^- présente une valence égale à 1.

Le nom que porte P_2O_5 est l'hémipentoxyde de phosphore.

Voici un tableau vous permettant de réviser la nomenclature de quelques oxydes non métalliques :

Règle : préfixe (O/X) + oxyde de X		
Rapport O/X	**Préfixe**	**Exemple**
1/2	hémi	Cl_2O : hémioxyde de chlore
1/1	mono	NO : monoxyde d'azote
2/1	di	NO_2 : dioxyde d'azote
3/1	tri	SO_3 : trioxyde de soufre
3/2	sesqui (hémitri)	Cl_2O_3 : sesquioxyde de chlore
5/2	hémipent	Cl_2O_5 : hémipentoxyde de chlore

Q4. Réponse A.

Le magnésium est bivalent et l'aluminium est trivalent. Ainsi, les deux équations chimiques sont :

$$\mathbf{2}\ Al\ (s) + \mathbf{6}\ HCl\ (aq) \rightarrow \mathbf{3}\ H_2 + \mathbf{2}\ AlCl_3\ (aq) \quad (4 \text{ mol de Al} \Rightarrow \mathbf{6\ mol\ de\ H_2})$$

$$\mathbf{1}\ Mg\ (s) + \mathbf{2}\ HCl\ (aq) \rightarrow \mathbf{1}\ H_2 + \mathbf{1}\ MgCl_2\ (aq) \quad (1 \text{ mol de Mg} \Rightarrow \mathbf{1\ mol\ de\ H_2})$$

Bilan : **7 mol de H_2**

Faisons le bilan en respectant les proportions stœchiométriques : $n(H_2) = 7$ mol.

Dans les conditions normales de température et de pression, le volume qu'occupe une mole de gaz est 22,4 L. Pour 7 mol d'H_2, le volume est de 156,8 L. (Réponse A)

Q5. Réponse C.

A. **Faux**, car l'atome de l'azote ne respecte pas l'octet. Le nombre d'électrons autour de l'azote est égal à 6. La règle de l'octet exige 8 électrons pour atteindre la couche de valence du gaz rare Ne. En plus, l'atome N doit avoir une charge égale à +2, au lieu de +1.

B. **Faux.** Sur cette structure, il n'est pas noté la charge formelle (C.F.) de l'atome N au centre de la molécule qui est égale à +1.

C. **Vrai.** Les charges des atomes sont correctes et la règle de l'octet est respectée.

D. **Faux.** La règle de l'octet est respectée pour les trois atomes ainsi que les charges, mais il ne s'agit pas de la structure de l'ion NO_2^+, mais bien d'une autre molécule différente qui est l'anion nitrite NO_2^-.

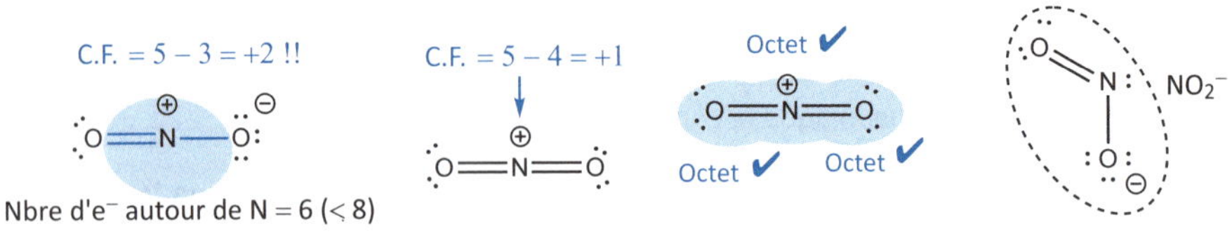

A. B. C. D.

Pour rappel : C.F. (atome) = [Nombre d'électrons de valence de l'atome] – [Nombre d'électrons autour de l'atome et qui lui sont propres].

Q6. **Réponse D.**

En appliquant la loi des gaz parfaits, soit $p \times V = n \times R \times T$, calculons la quantité (en mol) de H_2 mesurée à 27 °C sous une pression de 1,2 atm :

$$n(H_2) = \frac{p \times V}{R \times T}$$

En remplaçant dans l'équation les valeurs p = 1,2 atm, V = 2,05 L, T = 27 + 273 = 300 K et R = 0,082 atm L mol^{-1} K^{-1}, on obtient :

$$n(H_2) = \frac{1{,}2\text{ (atm)} \times 2{,}05\text{ (L)}}{0{,}082\text{ (atm L mol}^{-1}\text{ K}^{-1}) \times 300\text{ (K)}} = 0{,}1\text{ mol}$$

Or, d'après l'équation chimique pondérée ci-dessous, si une mole d'hydrogène est formée alors 2 moles de NaOH sont parallèlement produites :

$$2\,Na\,(s) + 2\,H_2O\,(l) \rightarrow 2\,NaOH\,(aq) + H_2\,(g)$$

Pour que les produits soient formés dans les conditions stœchiométriques, il faut que :

$$\frac{n(NaOH)}{2} = \frac{n(H_2)}{1}$$

D'où : n(NaOH) = $n(OH^-)$ = 2 × $n(H_2)$ = 0,2 mol.

Comme le volume total de la solution (a) est égal à 500 mL, alors :

$$[OH^-] = \frac{0{,}2\text{ (mol)}}{0{,}5\text{ (L)}} = 0{,}4\text{ mol L}^{-1}.$$

Q7. **Réponse A.**

Pour un gaz parfait, on a : p (atm) × V (L) = n (mol) × 0,082 (atm L mol^{-1} K^{-1}) × T (K)

Conditions initiales :

$$1\text{ (atm)} \times 27\text{ (L)} = n\text{ (mol)} \times 0{,}082\text{ (atm L mol}^{-1}\text{ K}^{-1}) \times 300\text{ (K)} \qquad \text{I}$$

Conditions finales :

$$p'\text{ (atm)} \times 12\text{ (L)} = n\text{ (mol)} \times 0{,}082\text{ (atm L mol}^{-1}\text{ K}^{-1}) \times 400\text{ (K)} \qquad \text{II}$$

Si on divise II sur I, on obtient : $\frac{12 \times p'}{27} = \frac{400}{300} \Leftrightarrow \frac{4 \times p'}{9} = \frac{4}{3} \Leftrightarrow p' = 3$ atm (Réponse A).

Q8. **Réponse C.**

Initialement, les quantités engagées sont :

$n_0(NH_4HS\,(s))$ = 0,06 mol, $n_0(NH_3\,(g))$ = 0,00 mol et $n_0(H_2S\,(g))$ = 0,00 mol.

Établissons le tableau d'avancement :

	NH_4HS (*s*)	⇄	NH_3 (*g*)	+	H_2S (*g*)
t_0 : (en mol)	0,06		0,00		0,00
$t_{éq}$: (en mol)	0,06 – x		x		x
$t_{éq}$: (en mol L^{-1}), V = 2 L	(0,06 – x) / 2		x / 2		x / 2

$$K_c = [NH_3\,(g)]_{éq} \times [H_2S\,(g)]_{éq} = \left(\frac{x}{2}\right) \times \left(\frac{x}{2}\right) = \frac{x^2}{4} = 1 \times 10^{-4}$$

Résolvons l'équation :

$$\frac{x^2}{4} = 1 \times 10^{-4} \Leftrightarrow x^2 = 4 \times 10^{-4} \Leftrightarrow x = 2 \times 10^{-2} \text{ (seule solution acceptable).}$$

À l'équilibre, on a donc : $[NH_3\,(g)]_{éq} = [H_2S\,(g)]_{éq} = \frac{2 \times 10^{-2}\ (\text{mol})}{2\ (\text{L})} = 1 \times 10^{-2}$ mol L^{-1}.

La quantité du sel NH_4HS (*s*) décomposée est égale à 2×10^{-2} mol.

On en déduit donc que le pourcentage du sel NH_4HS (*s*) décomposé après établissement de l'équilibre à $T = 293$ K vaut : $\frac{x}{0{,}06} \times 100\ \% = \frac{0{,}02}{0{,}06} \times 100\ \% = 33{,}3\ \%$ (Réponse C).

Q9. Réponse A.

Pour répondre aux questions 1., 2. et 3., il suffit de calculer le quotient réactionnel $Q = \frac{\left([C]_{t_0}\right)^2}{[A]_{t_0} \times \left([B]_{t_0}\right)^3}$ et le comparer à la constante d'équilibre $K_c = 300$.

- Si $Q = K_c$, le système est à l'équilibre et les concentrations introduites dans l'enceinte ne subiront aucune variation.
- Si $Q < K_c$, le système évolue vers le côté des produits pour atteindre son équilibre.
- Si $Q > K_c$, le système évolue vers le côté des réactifs pour atteindre son équilibre.

Calculons Q pour chaque enceinte et décrivons les évolutions du système.

Pour l'enceinte (a), $Q = \frac{(10 \times 10^{-3})^2}{10 \times 10^{-3} \times (40 \times 10^{-3})^3} = \frac{10^{-4}}{10^{-2} \times (4)^3 \times 10^{-6}} = \frac{10^{+4}}{4^3} = \frac{10\,000}{64} < K_c = 300$, ce qui implique que l'équilibre se déplace dans le sens direct de la réaction, vers la formation des produits.

Pour l'enceinte (b), $Q = \frac{(30 \times 10^{-3})^2}{20 \times 10^{-3} \times (30 \times 10^{-3})^3} = \frac{10^{+6}}{20 \times 30} = \frac{1000\,000}{600} > K_c = 300$, ce qui implique que l'équilibre se déplace dans le sens inverse de la réaction, vers la formation des réactifs.

Pour l'enceinte (c), $Q = \frac{(30 \times 10^{-3})^2}{3 \times 10^{-3} \times (100 \times 10^{-3})^3} = \frac{9 \times 10^{-4}}{3 \times 10^{-3} \times 10^{-3}} = 300 = K_c$, le système est à l'équilibre.

Enfin, pour la question 4., la valeur de $K_c = 300$, reste toujours la même tant qu'il n'y a pas de changement de température.

On en déduit que la bonne réponse est A : 1 → (c) ; 2 → (a) ; 3 → (b) ; 4 → aucune.

Q10. Réponse C.

L'augmentation de la masse de A dans le système n'apporte aucune perturbation à l'équilibre car l'activité des solides est constante dans le milieu réactionnel (Réponse C).

Q11. Réponse B.

Soit l'équation de protonation de la base B dans l'eau :

	B	+	H_2O	⇄	BH^+	+	OH^-
t_0, [ ] en mol/L :	C_0				0		0
$t_{éq}$, [ ] en mol/L :	$C_0 - x$				x		x
$t_{éq}$, [ ] en mol/L :	$C_0 - \alpha \times C_0$				$\alpha \times C_0$		$\alpha \times C_0$

Le coefficient de protonation α est égal à la concentration de la base protonée (x) divisée par la concentration initiale de B (C_0) :

$$\alpha = \frac{[BH^+]}{C_0} \Leftrightarrow [BH^+] = \alpha \times C_0.$$

$$K_b = \frac{[BH^+]\times[OH^-]}{[B]} = \frac{(\alpha\times C_0)\times[OH^-]}{C_0 - \alpha\times C_0} = \frac{(\alpha\times C_0)\times[OH^-]}{C_0\times(1-\alpha)} = \frac{\alpha}{(1-\alpha)}\times[OH^-] \text{ (Réponse B).}$$

Q12. Réponse B.

Soit une solution aqueuse composée d'un acide HA et d'une base B^- :

$$AH + B^- \rightleftarrows BH + A^-$$

À température constante, à l'équilibre, on a : $K_{éq} = \frac{[BH]\times[A^-]}{[AH]\times[B]}$

HA est un acide monoprotique, une espèce chimique capable de céder son H^+ à une molécule d'eau selon l'équation :

$$HA + H_2O \rightleftarrows H_3O^+ + A^- \quad \text{(I)}$$

Cette réaction libère des ions H_3O^+. Elle est caractérisée par une constante d'équilibre qui correspond à la constante d'acidité de HA :

$$K_a(HA) = \frac{[A^-]\times[H_3O^+]}{[HA]}$$

La base B^- est une espèce chimique capable de capter un H^+ d'une molécule hydronium selon l'équation :

$$B^- + H_3O^+ \rightleftarrows H_2O + HB \quad \text{(II)}$$

À 25 °C, cette réaction forme BH, l'acide conjugué de B^-. La constante d'équilibre correspond à l'inverse de la constante d'acidité de l'acide BH.

$$\frac{1}{K_a\,(HB)} = \frac{[HB]}{[B^-]\times[H_3O^+]}$$

Si on additionne les deux réactions (I) et (II), on obtient la réaction globale :

$$HA + B^- \rightleftarrows HB + A^-$$

Ainsi, sa constante d'équilibre est :

$$K_{éq} = \frac{[A^-]\times[HB]}{[HA]\times[B^-]}$$

Si on multiple le numérateur et le dénominateur par la concentration $[H_3O^+]$ existant dans le milieu à l'équilibre, on obtient :

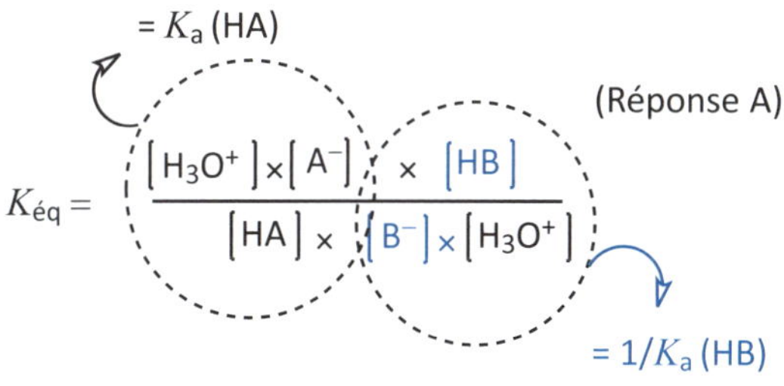

(Réponse A) $$K_{éq} = \frac{K_a\,(HA)}{K_a\,(HB)} = \frac{10^{-\,pK_a\,(HA)}}{10^{-\,pK_a\,(HB)}}$$

$$K_{éq} = 10^{\,pK_a\,(HB) - pK_a\,(HA)}$$

$$K_{éq} = 10^{\,\Delta pK_a}$$ (Réponse C)

On constate que la constante d'équilibre dépend uniquement de la variation de pK_a entre l'acide formé et l'acide engagé comme réactif dans la réaction.

Revenons sur la formule $K_{éq} = \dfrac{K_a(AH)}{K_a(BH)}$, en remplaçant K_a par $\dfrac{10^{-14}}{K_b}$.

On obtient : $K_{éq} = \dfrac{K_a(AH)}{K_a(BH)} = \dfrac{\dfrac{10^{-14}}{K_b(A^-)}}{\dfrac{10^{-14}}{K_b(B^-)}} = \dfrac{K_b(B^-)}{K_b(A^-)}$ (Réponse D).

Rappel de K_b :

B^- est une base monoprotique, une espèce chimique capable de capter un H^+ à une molécule d'eau selon l'équation :

$$B^- + H_2O \rightleftarrows OH^- + BH$$

La force de capter le proton est définie par la constante K_b :

$$K_b = \frac{[BH]\times[OH^-]}{[B^-]}$$

À 25 °C, si on remplace dans l'équation $[OH^-]$ par $\dfrac{10^{-14}}{[H_3O^+]}$, on obtient :

$$K_b = \frac{[BH]\times[OH^-]}{[B^-]} = \frac{[BH]\times 10^{-14}}{[H_3O^+]\times[B^-]} = \frac{10^{-14}}{K_a}$$

On en déduit donc que $K_a = \dfrac{10^{-14}}{K_b} \Leftrightarrow K_a \times K_b = 10^{-14}$, à $T = 25$ °C.

Q13. Réponse A.

La réaction (a) représente l'hydrolyse de l'acide acétique, réaction de l'acide CH_3COOH avec de l'eau. On dit aussi qu'il s'agit d'une dissociation de l'acide dans l'eau pure. Par conséquent, la constante d'équilibre de (a) est égale à la constante d'acidité (ou dissociation) de l'acide, soit 2×10^{-5}.

(a) $CH_3COOH + H_2O \rightleftarrows CH_3COO^- + H_3O^+$

$$K_{éq}(a) = K_a(CH_3COOH) = \frac{[H_3O^+]_{éq}\times[CH_3COO^-]_{éq}}{[CH_3COOH]_{éq}} = 2\times10^{-5}$$

La réaction (b) représente l'hydrolyse de la base CH_3COO^- (réaction de CH_3COO^- avec de l'eau). Par conséquent, la constante d'équilibre de (b) est égale à la constante de basicité de CH_3COO^- :

(b) $CH_3COO^- + H_2O \rightleftarrows CH_3COOH + OH^-$

$$K_{éq}(b) = K_b(CH_3COO^-) = \frac{[CH_3COOH]_{éq}\times[OH^-]_{éq}}{[CH_3COO^-]_{éq}}$$

$$= \frac{[CH_3COOH]_{éq}\times[H_3O^+]_{éq}\times[OH^-]_{éq}}{[CH_3COO^-]_{éq}\times[H_3O^+]_{éq}} = \frac{1\times10^{-14}}{K_a(CH_3COOH)}$$

$$= \frac{1\times10^{-14}}{2\times10^{-5}} = 5\times10^{-10}$$

Comme $[H_3O^+]_{éq} \times [OH^-]_{éq} = 10^{-14}$, à 25 °C. On peut aussi utiliser directement (sans démonstration) $K_a \times K_b = 10^{-14}$ pour calculer K_b.

Constatons que **la réaction (c)** n'est que la réaction inverse de (a). D'où

$$K_{éq}(c) = \frac{1}{K_{éq}(a)} = \frac{1}{2\times10^{-5}} = 5\times10^{4}.$$

On en déduit donc que $K_{éq}(b) < K_{éq}(a) < K_{éq}(c)$ (Réponse A).

Remarque : Ces réactions se font dans l'eau liquide pure (H_2O), sa concentration est relativement élevée et demeure constante. Ainsi, son activité est égale à 1 et n'apparaît pas dans l'expression de la constante d'équilibre. Les activités des autres espèces diluées en solution sont supposées égales à leurs concentrations molaires.

Q14. Réponse C.

Soit l'équation de la première dissociation de H_2SO_3 :

$$H_2SO_3 + H_2O \rightleftarrows HSO_3^- + H_3O^+ \quad \text{I} \qquad K_{a1} = \frac{[HSO_3^-]\times[H_3O^+]}{[H_2SO_3]} \ (pK_{a1} = 1{,}8).$$

L'ion HSO_3^- formé peut encore subir une deuxième dissociation :

$$HSO_3^- + H_2O \rightleftarrows SO_3^{2-} + H_3O^+ \quad \text{II} \qquad K_{a2} = \frac{[SO_3^{2-}]\times[H_3O^+]}{[HSO_3^-]} \ (pK_{a2} = 7{,}2).$$

Constatons que I + II donne : $H_2SO_3 + 2\,H_2O \rightleftarrows SO_3^{2-} + 2\,H_3O^+$.

Donc, la constante d'équilibre de celle-ci est le produit des constantes d'équilibre des deux ionisations I et II :

$$K_{éq} = \frac{[SO_3^{2-}]\times([H_3O^+])^2}{[H_2SO_3]} = K_{a1}\times K_{a2} \Leftrightarrow pK_{éq} = pK_{a1} + pK_{a2} = 1{,}8 + 7{,}2 = 9{,}0 \text{ (Réponse C).}$$

Q15. Réponse B.

Soit la réaction $HCOOH + F^- \rightarrow ? \ HCOO^- + HF$.

Constatons que l'acide est HCOOH et la base est F^-.

L'acide réactif est HCOOH et l'acide formé, si la réaction a lieu, est HF :

HCOOH	+	**F^-**	→?	**$HCOO^-$**	+	**HF**
Acide 1 réactif		Base 2		Base 1		Acide 2 produit
$pK_a = 3{,}8$						$pK_a = 3{,}4$

$$K_{éq} = \frac{[HF]\times[HCOO^-]}{[F^-]\times[HCOOH]} = \frac{K_a(HCOOH)}{K_a(HF)} \Leftrightarrow K_{éq} = 10^{pK_a(HF) - pK_a(HCOOH)}$$

D'où : $K_{éq} = 10^{3,4-3,8} = 10^{-0,4}$

Constatons : $10^{-3} < K_{éq} = 10^{-0,4} < 10^{3}$

On en déduit donc que la réaction est limitée par un équilibre (Réponse B) ; elle n'est pas complète.

Q16. Réponse C.

La réaction en jeu est une réaction acide-base :

$$HCOOH + OH^- \rightarrow HCOO^- + H_2O$$
$$pK_a = 3{,}8$$

La réaction est complète car il s'agit d'une base forte qui déprotone l'acide faible HCOOH.

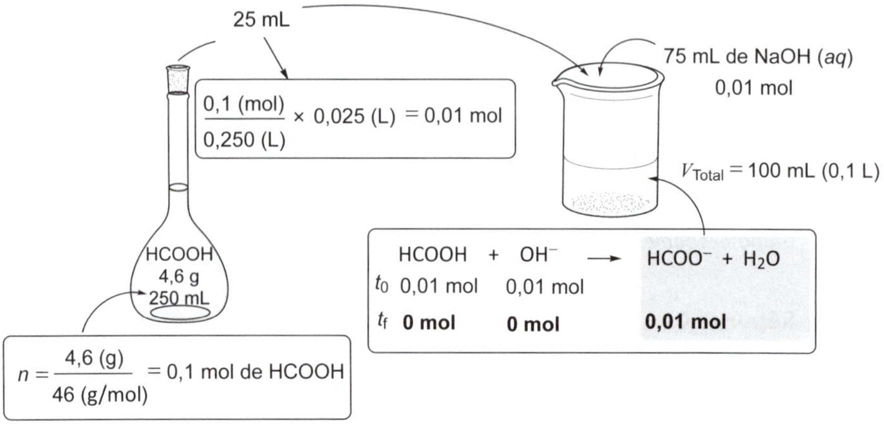

Constatons que les quantités des réactifs sont introduits dans les proportions stœchiométriques.

Le produit formé est une base faible, sa quantité est : $n(HCOO^-) = 0{,}01$ mol et $V_{Total} = 0{,}1$ L.

Calculons la concentration de cette base produite dans le milieu :

$$[HCOO^-] = \frac{0{,}01\ (\text{mol})}{0{,}1\ (\text{L})} = 0{,}1\ \text{mol L}^{-1}.$$

L'ion $HCOO^-$ étant une base faible, son pH vaut :

$$\text{pH} = 7 + \frac{1}{2}\,\text{p}K_a + \frac{1}{2}\log[HCOO^-] = 7 + \frac{1}{2} \times 3{,}8 + \frac{1}{2} \times \log 0{,}1 = 8{,}4.$$

La bonne réponse est C.

Q17. Réponse D.

D'après les potentiels des deux couples redox ($E_r^\circ(Hg_2^{2+} / Hg) = +0{,}8$ V $< E_r^\circ(Hg^{2+} / Hg) = +0{,}9$ V), c'est l'oxydant fort (Hg^{2+}) du couple (Hg^{2+} / Hg) qui oxyde le réducteur fort (Hg) de l'autre couple dans les conditions standard.

La demi-équation de réduction est : $Hg^{2+} + 2\,e^- \rightleftarrows Hg$ $\quad E_r^\circ = +0{,}9$ V

La demi-équation d'oxydation à l'anode est : $2\,Hg \rightleftarrows Hg_2^{2+} + 2\,e^-$ $\quad E_r^\circ = +0{,}8$ V

L'équation ionique redox (globale) est : $Hg^{2+} + Hg \rightleftarrows Hg_2^{2+}$ (Réponse D).

Q18. Réponse D.

A. Vrai et **D. Faux.**

L'oxydant du couple présentant le potentiel de réduction le plus élevé est plus fort que celui de l'autre couple. Il subit sa réduction à la cathode.

Comme $E_r^\circ(Cr_2O_7^{2-} / Cr^{3+}) = +1{,}23$ V $> E_r^\circ(Sn^{4+} / Sn^{2+}) = +0{,}15$ V, alors, $Cr_2O_7^{2-}$ est l'oxydant le plus fort.

Constatons que la différence de potentiel à l'état standard de la pile est strictement positive :

ΔE°_{pile} = E°_{r} **cathode** − E°_{r} **anode** = 1,23 − 0,15 = 1,08 V > 0 V

(+) ↬ Demi-équation de *réduction*

(−) ↬ Demi-équation d'*oxydation*

La réaction est spontanée dans les conditions standard car ΔE°_{pile} > 0 V. La proposition D est fausse.

B. Vrai et **C. Vrai.**

La demi-équation de réduction à la cathode est :

$$Cr_2O_7^{2-} + 14\,H^+ + 6\,e^- \rightleftarrows 2\,Cr^{3+} + 7\,H_2O.$$

La demi-équation d'oxydation à l'anode est :

$$Sn^{2+} \rightleftarrows Sn^{4+} + 2\,e^-.$$

L'équation (globale) ionique redox est la somme des deux équations, après avoir multiplié celle se déroulant à l'anode par 3 :

$$Cr_2O_7^{2-} + 14\,H^+ + 3\,Sn^{2+} \rightleftarrows 2\,Cr^{3+} + 7\,H_2O + 3\,Sn^{4+}.$$

Q19. Réponse C.

La plaque de cuivre s'oxyde et se transforme en ions Cu^{2+} dissous en solution, sa masse diminue au cours du temps.

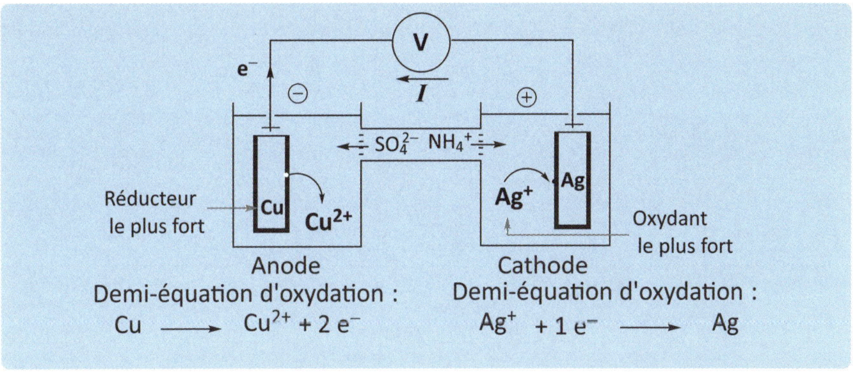

À la surface de l'électrode cathodique, chaque ions Ag^+ capte un électron venant de l'anode puis se réduit en Ag solide. Celui-ci se dépose sur la plaque d'argent, augmentant ainsi sa masse.

En faisant la somme des deux demi-équations, après avoir multiplié celle à la cathode par 2, on obtient l'équation redox suivante :

$$2\,Ag^+ + Cu \rightarrow Cu^{2+} + 2\,Ag.$$

On voit dès lors, d'après la stœchiométrie, pour une mole de Cu^{2+} formé, deux moles d'argent solide se déposent sur la plaque d'argent. La bonne réponse est C.

Q20. Réponse D.

Chaîne principale : chaîne la plus longue (6 C) portant la fonction principale (l'alcool).

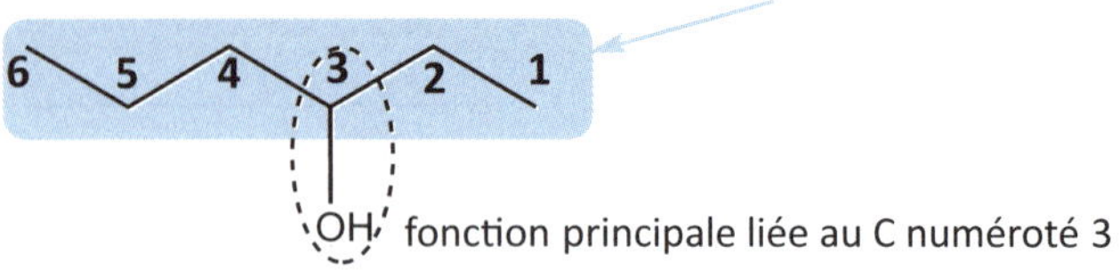

Hexan-3-ol

La bonne réponse est D.

Test 10

Grille des réponses : (1 point si la réponse est correcte, –0,5 point si la réponse est incorrecte et 0 point si rien n'est coché)

	A	B	C	D	Points obtenus (1 pt / –0,5 pt / 0 pt)
QCM 1	☐	☐	☐	☐	....
QCM 2	☐	☐	☐	☐	....
QCM 3	☐	☐	☐	☐	....
QCM 4	☐	☐	☐	☐	....
QCM 5	☐	☐	☐	☐	....
QCM 6	☐	☐	☐	☐	....
QCM 7	☐	☐	☐	☐	....
QCM 8	☐	☐	☐	☐	....
QCM 9	☐	☐	☐	☐	....
QCM 10	☐	☐	☐	☐	....
QCM 11	☐	☐	☐	☐	....
QCM 12	☐	☐	☐	☐	....
QCM 13	☐	☐	☐	☐	....
QCM 14	☐	☐	☐	☐	....
QCM 15	☐	☐	☐	☐	....
QCM 16	☐	☐	☐	☐	....
QCM 17	☐	☐	☐	☐	....
QCM 18	☐	☐	☐	☐	....
QCM 19	☐	☐	☐	☐	....
QCM 20.I	☐	☐	☐	☐	.... (0,5 pt / –0,5 pt / 0pt)
QCM 20.II	☐	☐	☐	☐	.... (0,5 pt / –0,5 pt / 0pt)
Total / 20 points					Σ = ... / 20

Q1. **À l'état fondamental, on admet qu'un élément chimique X est constitué de deux isotopes stables, ${}^{m}_{a}X$ et ${}^{n}X$. Sachant que l'abondance de ${}^{n}X$ est 50 %, quelle est la masse atomique relative moyenne de X ? (Cocher la bonne réponse.)**

- ☐ **A.** m + n
- ☐ **B.** m × n × 0,50
- ☐ **C.** $\frac{(m+n)}{2}$
- ☐ **D.** (m + n + 2 a) × 0,50

Q2. **L'action du sulfure de sodium sur le chlorure de fer (II) produit du sulfure de fer (II), insoluble dans l'eau, et du chlorure de sodium.**
La réaction est réalisée en milieu aqueux et à température ambiante.
On admet que la réaction est complète et que 7,8 g de sulfure de sodium (pur) ont été ajouté à 200 mL d'une solution aqueuse de chlorure de fer (II) à 1,5 mol L^{-1}.
Parmi les quatre propositions suivantes, laquelle est incorrecte ?
Masses atomiques relatives : Na = 23, S = 32, Cl = 35 et Fe = 56.

- ☐ **A.** Le réactif sulfure de sodium est limitant dans cette réaction.
- ☐ **B.** Le réactif limitant est le chlorure de fer (II).
- ☐ **C.** L'équation chimique de la réaction est : $Na_2S + FeCl_2 \rightarrow FeS + 2\,NaCl$.
- ☐ **D.** Le sulfure de fer (II) formé se précipite dans le milieu réactionnel.

Q3. **On considère la réaction redox suivante :**

$$2\,MnO_4^- + 5\,H_2C_2O_4 + 6\,H^+ \rightarrow 2\,Mn^{2+} + 10\,CO_2 + 8\,H_2O$$

Sachant que la quantité initiale de l'acide oxalique engagée est $1,5 \times 10^{-3}$ mol (30 mL, $[H_2C_2O_4] = 0,05$ mol/L) et qu'il faudra 10 mL d'une solution de $KMnO_4$ (*aq*) pour le transformer complètement en CO_2, quelle est la concentration en mol/L de la solution de permanganate de potassium ajouté ?

- ☐ **A.** 0,03 mol/L
- ☐ **B.** 0,06 mol/L
- ☐ **C.** 0,12 mol/L
- ☐ **D.** 0,15 mol/L

Q4. **Un échantillon de gaz, supposé parfait, est maintenu à une température constante $T = 25$ °C. Le volume qu'occupe ce gaz à pression atmosphérique est 30 L. Quelle sera sa pression, à $T = 25$ °C, si le volume a été réduit à 20 L ? Cocher la bonne réponse.**

- ☐ **A.** 1,5 atm.
- ☐ **B.** 2 atm.
- ☐ **C.** 2,5 atm.
- ☐ **D.** 3 atm.

Q5. **Un échantillon de gaz, supposé parfait, est maintenu à volume constant dans un ballon en verre fermé. Sachant que la pression qu'exerce ce gaz à l'intérieur du ballon vaut $2{,}0 \times 10^5$ Pa à $T = 25$ °C, à quelle température doublera-t-elle ? On admet que 1 °C = 273 K.**

- ☐ **A.** 50 °C
- ☐ **B.** 298 °C
- ☐ **C.** 323 °C
- ☐ **D.** 596 °C

Q6. **On considère la réaction suivante en phase gazeuse à $T = 800$ K :**

$$CH_4\,(g) + Br_2\,(g) \rightleftarrows CH_3Br\,(g) + HBr\,(g).$$

La réaction est réalisée dans une enceinte fermée de volume constant $V = 0{,}50$ L. Les réactifs et les produits sont assimilés à des gaz parfaits. La constante d'équilibre calculée sur base des concentrations molaires est notée K_c et celle sur des pressions partielles K_p.
À $T = 800$ K, on introduit dans l'enceinte initialement vide 1,00 mol de CH_4 (*g*) et 1,00 mol de Br_2 (*g*). Lorsque l'équilibre se rétablit, on mesure $\frac{20}{21}$ mol de HBr (*g*).
Quelle est la valeur du produit de K_p par K_c à $T = 800$ K ? Cocher la bonne réponse.

- ☐ **A.** $1{,}0 \times 10^2$
- ☐ **B.** $4{,}0 \times 10^5$
- ☐ **C.** $1{,}0 \times 10^6$
- ☐ **D.** $1{,}6 \times 10^5$

Q7. **Dans une enceinte fermée et à température constante, pour la réaction A (*g*) + 3 B (*g*) ⇄ 2 C (*g*) à l'équilibre, que se passe-t-il si on augmente la concentration de A (*g*) ?**
Parmi les propositions suivantes, cocher celle qui est correcte.

- ☐ **A.** Le système s'oppose à la modification en évoluant vers le côté des réactifs (sens inverse de la réaction).
- ☐ **B.** Un nouvel équilibre se rétablit après que le système ait transformé une quantité de A et B en C.
- ☐ **C.** Un nouvel équilibre se rétablit après que le système ait transformé uniquement une quantité de A en C.
- ☐ **D.** Un nouvel équilibre se rétablit après que le système ait transformé uniquement une quantité de B en C.

Q8. **À $T = 298$ K, on considère la réaction suivante à l'équilibre :**

$$A(g) + 2\,B(g) \rightleftarrows 2\,C(g) \qquad \Delta H < 0 \text{ (en kJ)}$$

Dans quel sens l'équilibre se déplacera si on augmente la température ?

- ☐ **A.** L'équilibre évolue dans le sens inverse à la réaction.
- ☐ **B.** L'équilibre évolue dans le sens direct de la réaction.
- ☐ **C.** Le système n'est pas affecté par l'augmentation de la température.
- ☐ **D.** Le manque de données rend impossible la prédiction du sens de déplacement de l'équilibre.

Q9. **L'expression définissant la relation entre la constante d'acidité et le coefficient de dissociation α d'un acide faible monoprotique AH en solution aqueuse est $K_a = \frac{(\alpha \times C_0)^2}{C_0 \times (1-\alpha)}$ (C_0 étant la concentration initiale de AH).**
Que vaut α d'un acide faible AH ($K_a = 2{,}5 \times 10^{-5}$), à pH = 4 ?
On néglige la concentration en ions hydroxydes et hydroniums provenant de l'autoprotolyse de l'eau.

- ☐ **A.** $\alpha = 0{,}50$
- ☐ **B.** $\alpha = 0{,}33$
- ☐ **C.** $\alpha = 0{,}25$
- ☐ **D.** $\alpha = 0{,}20$

Q10. **On admet que l'expression définissant la relation entre la constante d'acidité et le coefficient de dissociation α de l'acide HCN (acide très faible monoprotique) en solution aqueuse est $K_a = \alpha^2 \times C_0$ (C_0 étant la concentration initiale de l'acide HCN).**
Sachant que les volumes s'additionnent, quel volume d'eau pure faut-il ajouter à 150 mL d'une solution aqueuse à $C_0 = 0{,}10$ mol L^{-1} d'HCN (*aq*) pour que le coefficient de dissociation de l'acide double ?
On néglige la concentration en ions hydroxydes (et hydroniums) provenant de l'autoprotolyse de l'eau et on maintient la température à 25 °C.

- ☐ **A.** 150 mL
- ☐ **B.** 300 mL
- ☐ **C.** 450 mL
- ☐ **D.** 600 mL

Q11. **En se basant sur la table des pK_a suivants, pour la réaction acido-basique en milieu aqueux ci-dessous, calculer la valeur de la constante d'équilibre et indiquer si la réaction est complète, impossible ou limitée par un équilibre.**

	pK_a
H_3PO_4	2,1
$H_2PO_4^-$	7,2
HPO_4^{2-}	12,7
NH_4^+	9,2

$$H_2PO_4^- + NH_4^+ \xrightarrow{?} H_3PO_4 + NH_3$$

- ▢ **A.** $K_{éq} > 10^3$; réaction complète.
- ▢ **B.** $K_{éq} < 10^3$; réaction impossible.
- ▢ **C.** $K_{éq} < 10^3$; réaction aboutissant à un équilibre.
- ▢ **D.** Aucune de ces trois propositions n'est correcte.

Q12. **Pour les structures de Lewis présentées ci-dessous, cocher celle qui décrit correctement la molécule d'hypochlorite de sodium dans son état la plus stable. Celle-ci doit prendre en considération les charges formelles des atomes, les paires électroniques libres et le respect strict de la règle de l'octet.**

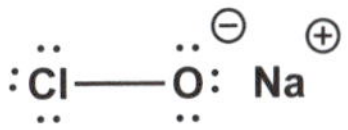

▢ **A.**

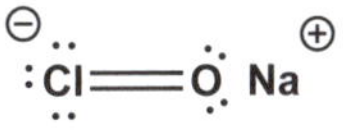

▢ **B.**

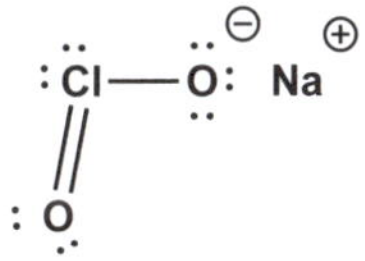

▢ **C.**

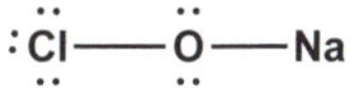

▢ **D.**

Q13. **Soit la structure chimique de la molécule suivante :**

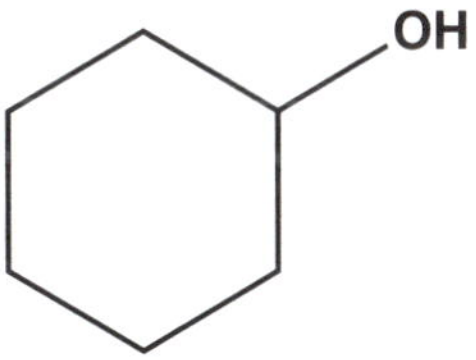

Quel est le nom de cette molécule ? Cocher la bonne réponse.

- ▢ **A.** Hexanol
- ▢ **B.** Cycloheptanol
- ▢ **C.** Cyclopentanol
- ▢ **D.** Cyclohexanol

Q14. **Soit la structure chimique de la molécule suivante :**

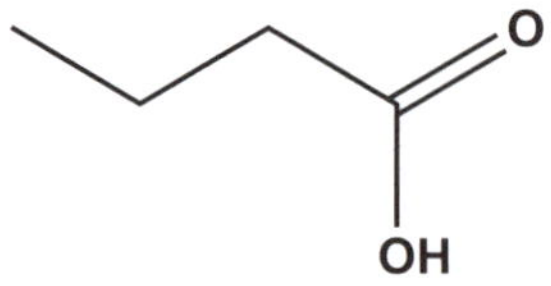

Quel est le nom de cette molécule ? Cocher la bonne réponse.

- ▢ **A.** Acide propanoïque
- ▢ **B.** Acide butanoïque
- ▢ **C.** Acide propylcarboxylique
- ▢ **D.** Butanol

Q15. **Le pH d'une solution aqueuse 0,1 mol L^{-1} du sel de sodium d'un acide organique RCOONa monobasique vaut 8,5.**
On admet que R est une chaîne d'hydrocarbure composée de 7 carbones. La structure chimique de RCOONa est :

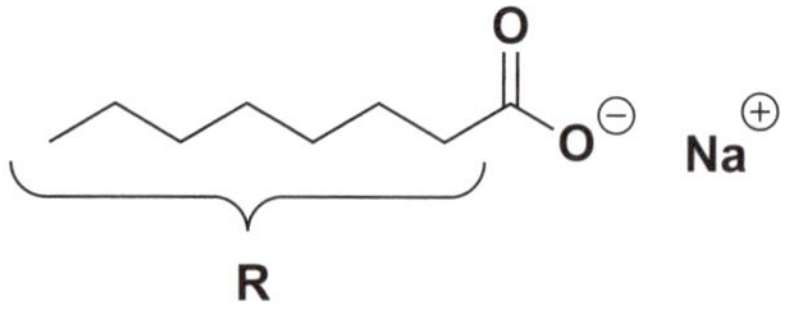

Que vaut la constante de dissociation de l'acide organique RCOOH dissous dans l'eau pure, à 25 °C ?

▢ **A.** 10^{-7} ▢ **B.** 10^{-6} ▢ **C.** 10^{-5} ▢ **D.** 10^{-4}

Q16. **Dans la structure chimique de l'Aspirine, on trouve une fonction acide de pK_a égal à 3,5.**

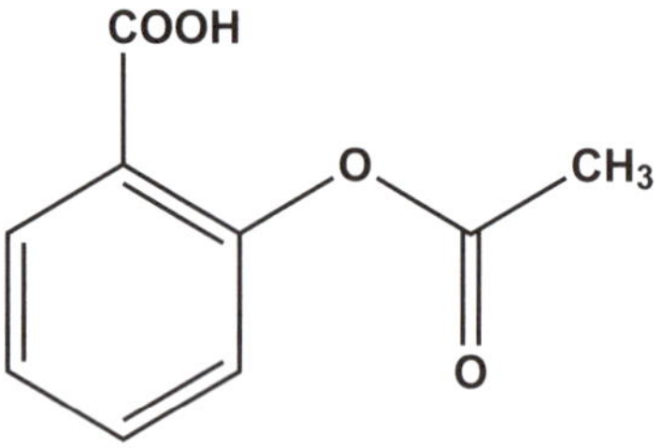

Aspirine

Quelle est l'équation chimique définissant la constante K_a de l'aspirine dissoute dans l'eau ? Cocher l'équation chimique correcte.

☐ **A.**

☐ **B.**

☐ **C.**

☐ **D.**

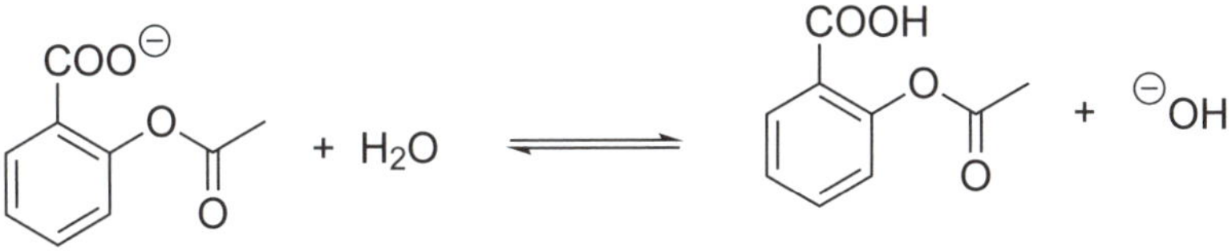

Q17. À 25 °C, on ajoute 50 mL d'une solution aqueuse d'acide acétique 0,10 mol L^{-1} à 50 mL de NaOH (*aq*) 1,0 mol L^{-1}.
Pendant que l'on introduit progressivement l'acide acétique (CH_3COOH) dans la solution aqueuse d'hydroxyde de sodium, qu'advient-il du pH dans la solution ? Cocher la bonne réponse.

☐ **A.** Le pH augmente et parfois diminue.
☐ **B.** Le pH augmente.
☐ **C.** Le pH reste constant.
☐ **D.** Le pH diminue.

Q18. Lorsqu'un métal cède un ou plusieurs électrons, on dit que … (Cocher la proposition incorrecte.)

☐ **A.** il s'oxyde.
☐ **B.** son étage d'oxydation (ou nombre d'oxydation) augmente.
☐ **C.** il agit comme réducteur.
☐ **D.** il se réduit.

Q19. On considère la réaction redox ionique suivante, à $T = 25$ °C :

$$Cr_2O_7^{2-} + 14\,H^+ + 3\,Sn^{2+} \rightleftarrows 2\,Cr^{3+} + 7\,H_2O + 3\,Sn^{4+}.$$

Sachant que la réaction est réalisée dans les conditions standard et est spontanée dans le sens direct, laquelle des propositions ci-dessous est incorrecte ?

- ☐ **A.** Le potentiel de réduction standard du couple ($Cr_2O_7^{2-}$ / Cr^{3+}) est supérieur à celui du couple (Sn^{4+} / Sn^{2+}).
- ☐ **B.** Les ions H^+ jouent le rôle d'oxydant dans cette réaction redox.
- ☐ **C.** La réaction se fait en milieu acide.
- ☐ **D.** Le réducteur formé lors de cette réaction est de force plus faible que le réducteur réactif.

Q20. Soit une pile montée sur base des réactions de réduction suivantes :

$$\ldots Fe^{3+}\,(aq) + \ldots \rightarrow \ldots Fe^{2+}\,(aq) \qquad E_r^o = +0{,}77\text{ V}$$

$$\ldots Cr_2O_7^{2-}\,(aq) + \ldots H^+\,(aq) + \ldots \rightarrow \ldots Cr^{3+}\,(aq) + \ldots H_2O \qquad E_r^o = +1{,}33\text{ V}$$

Compléter les demi-réactions de réduction, indiquer l'équation ionique globale possible entre ces deux couples redox et calculer la différence de potentiel dans les conditions standard.

I. L'équation globale redox est (Cocher la bonne réponse.) : (0,5 point)

- ☐ **A.** $Cr_2O_7^{2-}\,(aq) + 5\,Fe^{3+}\,(aq) + 7\,H^+(aq) \rightarrow 2\,Cr^{3+}\,(aq) + 6\,Fe^{2+}\,(aq) + 7\,H_2O\,(l)$
- ☐ **B.** $2\,Cr^{3+}\,(aq) + 6\,Fe^{3+}\,(aq) + 7\,H_2O\,(l) \rightarrow Cr_2O_7^{2-}\,(aq) + 6\,Fe^{2+}\,(aq) + 14\,H^+\,(aq)$
- ☐ **C.** $Cr_2O_7^{2-}\,(aq) + 6\,Fe^{3+}\,(aq) + 14\,H^+\,(aq) \rightarrow 2\,Cr^{3+}\,(aq) + 6\,Fe^{2+}\,(aq) + 7\,H_2O\,(l)$
- ☐ **D.** $Cr_2O_7^{2-}\,(aq) + 6\,Fe^{2+}\,(aq) + 14\,H^+\,(aq) \rightarrow 2\,Cr^{3+}\,(aq) + 6\,Fe^{3+}\,(aq) + 7\,H_2O\,(l)$

II. La différence de potentiel de la pile montée, si les concentrations en ions sont de 1 mol/L, $p = 1$ atm et $T = 25$ °C, vaut : (0,5 point)

- ☐ **A.** +0,56 V
- ☐ **B.** +2,1 V
- ☐ **C.** −3,29 V
- ☐ **D.** +5,95 V

Corrections . . .

Test 10

Q1. **Réponse C.**

Pour tout élément chimique composé de plusieurs isotopes, l'abondance relative d'un de ses isotopes correspond à la proportion que cet isotope a par rapport à l'ensemble des isotopes existants.

La masse atomique relative A_r de l'élément chimique figurant dans le tableau périodique n'est qu'une moyenne pondérée. Celle-ci est obtenue en faisant la somme des produits de l'abondance relative de chaque isotope par sa masse atomique relative. Dans notre cas :

$$A_r(X) = \%({}^{m}X) \times m + \%({}^{n}X) \times n \Leftrightarrow A_r(X) = \frac{50}{100} \times m + \frac{50}{100} \times n = \frac{(m+n)}{2} \text{ (Réponse C).}$$

Q2. **Réponse B.**

L'équation chimique tenant compte des réactifs et des produits, correctement pondérée, est :

Na_2S (*aq*) + $FeCl_2$ (*aq*) → FeS (*s*) + 2 NaCl (*aq*) (Proposition **C est correcte**)

Le sulfure de sodium solide ajouté se dissout dans l'eau avant de se combiner avec les ions ferreux.

Si les conditions d'une réaction sont stœchiométriques alors les quantités initiales des réactifs sont injectées dans le système dans les mêmes proportions que les coefficients stœchiométriques de ces mêmes réactifs. Dans notre cas, il faut que $\frac{n_0(Na_2S)}{1} = \frac{n_0(FeCl_2)}{1}$ pour que le mélange soit stœchiométrique.

Or, $n_0(Na_2S) = \frac{7{,}8\ (g)}{78\left(\frac{g}{mol}\right)} = 0{,}10$ mol et $n_0(FeCl_2) = 0{,}2\ (L) \times 1{,}5\left(\frac{mol}{L}\right) = 0{,}30$ mol, à $t = 0$ s.

Les nombres stœchiométriques sont les mêmes. Dès lors, les quantités initiales des réactifs ne sont pas en proportion stœchiométriques. Le sulfure de sodium est le réactif limitant, il va être consommé complètement (la proposition **A est correcte**).

Pour rappel :

Le réactif limitant exige toujours un rapport $\frac{n_0(\text{Réactif})}{\text{Coefficient stœchiométrique}}$ le plus petit.

La réaction est totale, au temps final. Toutes les quantités sont calculées sur base du réactif limitant qui est Na_2S.

La proposition **D est correcte** car le sulfure de fer (II) est insoluble dans l'eau (voir les énoncés).

Q3. Réponse B.

L'équation chimique de ce titrage redox est :

$$2\,MnO_4^- + 5\,H_2C_2O_4 + 6\,H^+ \rightarrow 2\,Mn^{2+} + 10\,CO_2 + 8\,H_2O.$$

Au point d'équivalence, on a : $n(H_2C_2O_4) / 5 = n(MnO_4^-) / 2$.

La quantité de $KMnO_4$ ajoutée est : $n(MnO_4^-) = \frac{2}{5} \times 15 \times 10^{-4}$ (mol) $= 6 \times 10^{-4}$ mol.

D'où, $[MnO_4^-] = n(MnO_4^-) / V(MnO_4^-) = 6 \times 10^{-4}$ (mol) / 0,010 L = 0,06 mol/L (Réponse B).

Q4. Réponse A.

Soit $p \times V = n \times R \times T$ pour les gaz parfaits.

Or, n et T sont constants. D'où, $n \times R \times T$ = Constante.

On en déduit donc que $p_i \times V_i$ = Constante. La pression est inversement proportionnelle au volume lorsque la température demeure constante.

Aux deux conditions, on peut écrire : $p_1 \times V_1 = p_2 \times V_2$ = Constante.

La pression cherchée, notée par p_2, est égale à : $p_2 = \frac{p_1 \times V_1}{V_2}$.

En remplaçant V_1, p_1 et V_2 dans cette dernière équation par 30 L, 1 atm et 20 L respectivement, on obtient : $p_2 = \frac{1\text{ (atm)} \times 30\text{ (L)}}{20\text{ (L)}} = 1{,}5$ atm (Réponse A).

Q5. Réponse C.

Soit $p \times V = n \times R \times T$ pour les gaz parfaits.

Or, on sait que : $\frac{n \times R}{V}$ = Constante (car n et V sont constants).

Donc : $\frac{p_i}{T_i}$ = Constante (la pression est proportionnelle à la température lorsque le volume demeure constant.)

Aux deux conditions, on peut écrire : $\frac{p_1}{T_1} = \frac{p_2}{T_2}$ = Constante.

La température cherchée, notée par T_2, est égale à : $T_2 = \frac{T_1 \times p_2}{p_1}$.

En remplaçant p_1, T_1 et p_2 dans cette dernière équation par $2{,}0 \times 10^5$ Pa, 298 K et $4{,}0 \times 10^5$ Pa respectivement, on obtient : $T_2 = \frac{298\text{ (K)} \times 4{,}0 \times 10^5\text{ (Pa)}}{2{,}0 \times 10^5\text{ (Pa)}} = 596$ K.

On en déduit donc que $T_2 = 596 - 273 = 323$ °C (Réponse C).

Q6. Réponse D.

Rappel :

La réaction a A (g) + b B (g) $\rightleftarrows$ c C (g) + d D (g) est caractérisée par $K_p = K_c \times (RT)^{\Delta n}$, avec $\Delta n = (c + d) - (a + b)$.

Pour CH_4 (g) + Br_2 (g) $\rightleftarrows$ CH_3Br (g) + HBr (g), on constate que $\Delta n = (1 + 1) - (1 + 1) = 0$, ce qui implique que $K_p = K_c \times (RT)^{\Delta n} = K_c \times (RT)^0 = K_c$.

Dressons le tableau d'avancement :

	$CH_4\ (g)$	+	$Br_2\ (g)$	⇄	$CH_3Br\ (g)$	+	$HBr\ (g)$
t_0 : (en mol)	1,00		1,00		0,00		0,00
$t_{éq}$: (en mol)	$1 - x$ (1 – 20/21 = 1/21)		$1 - x$ (= 1/21)		x (= 20/21)		$x = \frac{20}{21}$

$$K_c = \frac{[HBr\ (g)]_{éq} \times [CH_3Br\ (g)]_{éq}}{[CH_4\ (g)]_{éq} \times [Br_2\ (g)]_{éq}} = \frac{\frac{\frac{20}{21}}{0,5} \times \frac{\frac{20}{21}}{0,5}}{\frac{\frac{1}{21}}{0,5} \times \frac{\frac{1}{21}}{0,5}} = 400\ (= K_p)$$

On en déduit donc que $K_c \times K_p = 160\,000 = 1,6 \times 10^5$ (Réponse D).

Q7. Réponse B.

Après avoir perturbé l'équilibre par l'ajout du gaz A, le système s'opposera à ce qui lui est imposé pour diminuer la contrainte. Il va donc évoluer dans le sens lui permettant de se débarrasser de l'excès de A. La consommation de A nécessite l'action de B sur lui. Ainsi, la réaction est favorisée dans le sens de la transformation de A et B en C. L'avancement s'arrête dès qu'un nouvel équilibre est atteint. La bonne réponse est B.

Q8. Réponse A.

Constatons que $\Delta H < 0$ kJ. Donc, la réaction est exothermique dans le sens direct.

L'augmentation de la température ou l'ajout de la chaleur dans le système déplace l'équilibre dans le sens endothermique (le sens qui va absorber cette chaleur en excès), ce qui est défavorable pour le rendement puisque l'équilibre est déplacé vers la gauche (sens inverse de la réaction).

Q9. Réponse D.

Soit l'équation de la dissociation de l'acide HA dans l'eau :

	AH	+	H_2O	⇄	H_3O^+	+	A^-
t_0, [ ] en mol/L :	C_0		Solvant		0		0
$t_{éq}$, [ ] en mol/L :	$C_0 - x$				x		x
$t_{éq}$, [ ] en mol/L :	$C_0 - \alpha \times C_0$				$\alpha \times C_0$		$\alpha \times C_0$

Constatons que : $\alpha \times C_0 = [H_3O^+]$.

Il vient donc :

$$K_a = \frac{(\alpha \times C_0)^2}{C_0(1-\alpha)} = \frac{(\alpha \times C_0) \times (\alpha \times C_0)}{C_0(1-\alpha)} = \frac{(\alpha \times C_0) \times [H_3O^+]}{C_0(1-\alpha)}$$

$$= \frac{\alpha}{(1-\alpha)} \times [H_3O^+]$$

On obtient : $K_a = \frac{\alpha}{(1-\alpha)} \times [H_3O^+]$

Avec $K_a = 2{,}5 \times 10^{-5}$ et pH = 4 (pH = 4 ⇔ $[H_3O^+] = 10^{-4}$ mol/L), l'équation de K_a devient :

$$2{,}5\times10^{-5} = \frac{\alpha}{(1-\alpha)}\times10^{-4} \Leftrightarrow \frac{\alpha}{(1-\alpha)} = 0{,}25 = \frac{1}{4}$$

$$\Leftrightarrow 4\alpha = (1-\alpha)$$

$$\Leftrightarrow \alpha = \frac{1}{5} = 0{,}20 \text{ (Réponse D).}$$

Q10. Réponse C.

Soit $K_a = \alpha^2 \times C_0 \Leftrightarrow \alpha = \sqrt{\frac{K_a}{C_0}}$.

D'après cette équation, si on dilue 4 fois la concentration de l'acide faible ($C_0 = 4 \times C_1$), le coefficient de dissociation augmentera d'un facteur égal à 2 (= $\sqrt{4}$) :

$$\alpha' = \sqrt{\frac{K_a}{C_1}} = \sqrt{\frac{K_a}{\frac{C_0}{4}}} = \sqrt{4}\times\sqrt{\frac{K_a}{C_0}} = 2\times\alpha$$

(K_a ne dépend pas de la concentration de l'acide)

Nous constatons que le degré de dissociation d'un acide faible augmente avec la dilution. Pour doubler le coefficient de dissociation α, il faut donc diluer 4 fois la solution d'acide HCN. Pour cela, on doit ajouter de l'eau pure jusqu'à atteindre un volume total égal à 600 mL $\left(150\times C_0 = 600\times\frac{C_0}{4}\right)$, soit 450 mL d'eau.

La bonne proposition est C.

Q11. Réponse B.

Si la réaction a lieu, on aura : $H_2PO_4^- + NH_4^+ \rightarrow H_3PO_4 + NH_3$.

L'acide utilisé comme réactif est NH_4^+ et l'acide formé, si la réaction a lieu, est H_3PO_4 :

NH_4^+	+	$H_2PO_4^-$	→?	NH_3	+	H_3PO_4
Acide 1 réactif		Base 2		Base 1		Acide 2 produit
pK_a = 9,2						pK_a = 2,1

$$K_{éq} = \frac{[NH_3]\times[H_3PO_4]}{[NH_4^+]\times[H_2PO_4^-]} = \frac{K_a(NH_4^+)}{K_a(H_3PO_4)} = 10^{pK_a(H_3PO_4) - pK_a(NH_4^+)}$$

$$K_{éq} = 10^{2,1-9,2} = 10^{-7,1} < 10^{-3}$$

On en déduit donc que la réaction est impossible dans le sens direct (Réponse B).

Q12. Réponse A.

A. **Vrai.** Les charges des atomes sont correctes et la règle de l'octet pour les deux atomes Cl et O est respectée.

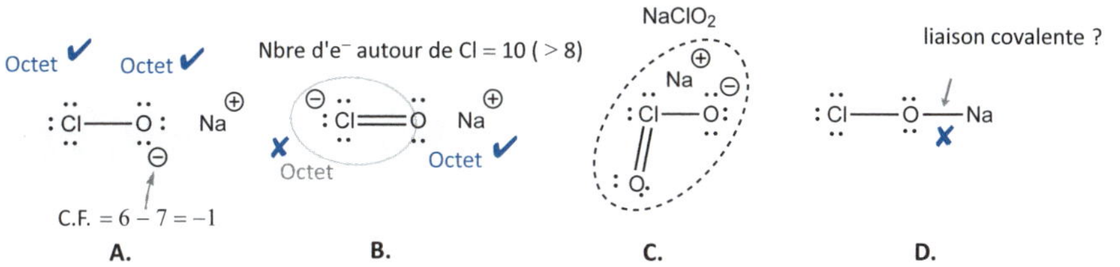

B. **Faux.** L'atome de chlore ne respecte pas la règle de l'octet, ce qui rend la molécule très instable.

C. **Faux.** Ce n'est pas la structure de l'hypochlorite de sodium qui est présentée ici, mais bien celle de chlorite de sodium, soit $NaClO_2$.

D. **Faux**, car la liaison entre O et Na est ionique (la différence d'électronégativité (ξ) entre les deux atomes dépasse 1,7 : $\Delta\xi$(Na–Cl) = 3 – 0,9 = 2,1 > 1,7).

Q13. Réponse D.

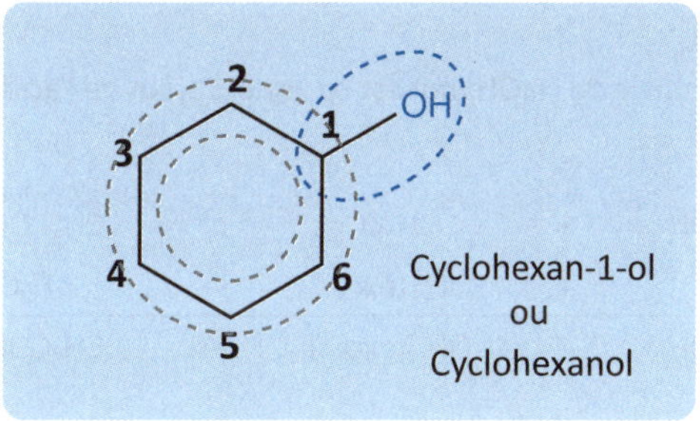

Chaîne principale : chaîne la plus longue (6 C, cyclique) portant la fonction principale (l'alcool).

La bonne réponse est D.

Q14. Réponse B.

Chaîne principale : chaîne la plus longue (4 C) portant la fonction principale (acide carboxylique).

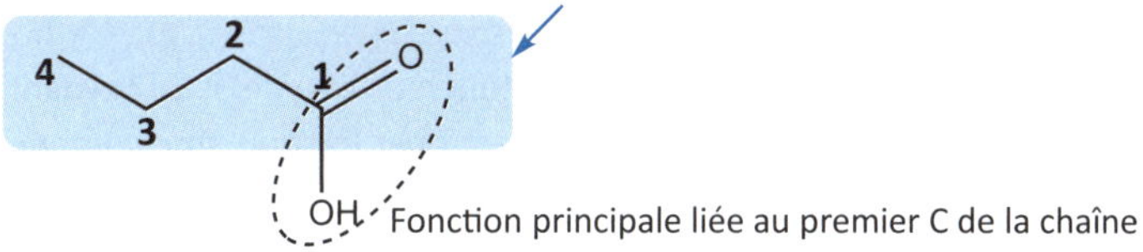

Acide butanoïque

La bonne réponse est B.

Q15. Réponse D.

La force basique de $RCOO^-$ est faible comme celle de l'acétate de sodium (CH_3COONa) car tous les deux portent la même fonction chimique carboxylate. Celle-ci est la base conjuguée de l'acide carboxylique (–COOH).

La formule de pH pour une base faible est : $pH = 7 + \frac{1}{2} pK_a + \frac{1}{2} \log [\text{Base faible}]$.
Pour $RCOO^-$, on a :

$$pH = 7 + \frac{1}{2} pK_a + \frac{1}{2} \log [RCOO^-] \Leftrightarrow 8{,}5 = 7 + \frac{1}{2} \times pK_a + \frac{1}{2} \log 0{,}1 \Leftrightarrow pK_a = 4$$

On en déduit donc que : $K_a = 10^{-pK_a} = 10^{-4}$ (Réponse D).

Q16. Réponse A.

A. **Vrai.** La dissociation d'un acide faible AH dans l'eau est : $AH + H_2O \rightleftarrows A^- + H_3O^+$.

B. **Faux**, car le milieu est basique. La dissociation d'un acide doit se faire dans l'eau pure neutre (voir les énoncés).

C. **Faux.** Il s'agit de la réaction inverse de l'ionisation de l'acide dans l'eau. Sa constante d'équilibre est égale à $1 / K_a$.

D. **Faux.** Il s'agit de l'équilibre définissant K_b de la réaction entre la base conjuguée de l'aspirine et l'eau.

Q17. Réponse D.

La solution initiale de NaOH (*aq*) est basique. L'ajout de l'acide acétique transforme OH^- en H_2O.

CH_3COOH	+	H_2O	$\rightleftarrows$	CH_3COO^-	+	$\mathbf{H_3O^+}$
$\mathbf{H_3O^+}$	+	OH^- (excès)	$\rightarrow$	$2\,H_2O$		
CH_3COOH	+	OH^- (excès)	$\rightarrow$	CH_3COO^-	+	H_2O

La réaction est complète car OH^- est une base forte.

Dès lors, au fur et à mesure de l'addition progressive de l'acide acétique dans le milieu, la concentration en ions hydroxydes se réduit (se transforme en eau) et celle de H_3O^+ dans le milieu augmente :

$K_e = [H_3O^+] \times [OH^-] = 10^{-14}$ = Constante, à 25 °C $\Leftrightarrow$ Si $[OH^-] \searrow$ (diminue), alors $[H_3O^+] \nearrow$ (augmente) $\Leftrightarrow pH = -\log [H_3O^+] \searrow$ (diminue). La bonne réponse est donc D.

Le pH augmente quand on ajoute une base et diminue lors de l'ajout d'un acide.

Q18. Réponse D.

D. **Faux**, car le métal a été oxydé. Un réducteur s'oxyde et un oxydant se réduit.

Un réducteur s'oxyde (perd ses électrons) lorsque son nombre d'oxydation (N.O.) augmente.

Exemple : $Na\,(g) \rightarrow Na^+\,(g) + e^-$, N.O. (Na) = 0 $\rightarrow$ N.O. (Na^+) = +I.

Q19. Réponse B.

A. Vrai.

L'agent jouant le rôle d'oxydant est $Cr_2O_7^{2-}$. Le N.O. du « Cr » dans $Cr_2O_7^{2-}$, qui est égal à +VI, passe à III dans Cr^{3+}, ce qui explique que $Cr_2O_7^{2-}$ subit une réduction en se transformant en ions Cr^{3+}.

N.O. (Cr) = +VI		N.O. = +II		N.O. = +I		N.O. = +III		N.O. = +IV		N.O.(H) = +I
$Cr_2O_7^{2-}$	+	**$3\ Sn^{2+}$**	+	**$14\ H^+$**	$\rightleftarrows$	**$2\ Cr^{3+}$**	+	**$3\ Sn^{4+}$**	+	**$7\ H_2O$**

L'agent jouant le rôle du réducteur est Sn^{2+} car son N.O. augmente, il passe de +II à +IV. Aux conditions standard, la réaction dans le sens direct est spontanée. Donc, le couple de l'oxydant $Cr_2O_7^{2-}$ possède un potentiel de réduction standard plus élevé que celui du Sn^{4+} : $E_r^\circ(Cr_2O_7^{2-} / Cr^{3+}) > E_r^\circ(Sn^{4+} / Sn^{2+})$.

B. Faux. Les ions H^+ n'assurent que l'acidité du milieu. Son N.O. n'a subi aucune variation, il est égal à +I dans les réactifs et dans les produits.

C. Vrai : voir B.

D. Vrai, car la réaction n'est spontanée dans les conditions standard que si l'oxydant et le réducteur formés sont de forces faibles par rapport à leurs homologues réactifs.

Q20. Réponses I.D et II.A

Constatons que $E_r^\circ(Cr_2O_7^{2-} / Cr^{3+}) > E_r^\circ(Fe^{3+} / Fe^{2+})$.

D'où : le couple $(Cr_2O_7^{2-} / Cr^{3+})$ subit une réduction à la cathode et le réducteur Fe^{2+} s'oxyde en Fe^{3+} à l'anode.

1. Repérons les deux membres formant les deux demi-équations :

$$Cr_2O_7^{2-} \rightarrow Cr^{3+} \qquad \text{(a)}$$

$$Fe^{2+} \rightarrow Fe^{3+} \qquad \text{(b)}$$

2. Calculons les nombres d'oxydation (N.O.), en déduisant le nombre d'électrons échangés dans chacune des demi-équations :

Pour la demi-équation (a), $Cr_2O_7^{2-} \rightarrow Cr^{3+}$.

- Le N.O. de Cr dans $Cr_2O_7^{2-}$ vaut +VI, car $2x + 7 \times (-2) = -2$, soit $x = 6$.
- Le N.O. de Cr^{3+} vaut +III.

Il s'agit d'une demi-équation de réduction car l'atome de chrome se réduit de +VI à +III. Le nombre d'électrons échangés = Δ(N.O.) = N.O.(oxydant) – N.O.(réducteur) = $6 - 3 = 3\ e^-$.

D'où :

N.O. :	+VI			+III
	$\underline{Cr_2O_7^{2}}$	$+2 \times 3\ e^-$	$\rightarrow$	**2** $\underline{Cr^{3+}}$
	Oxydant			Réducteur

Nous avons **2** <u>Cr</u> (<u>$Cr_2O_7^{2-}$</u>) pour **un seul** <u>Cr</u> (<u>Cr^{3+}</u>). Dans ce cas, il faut multiplier le Cr^{3+} par **2** et <u>surtout NE PAS OUBLIER</u> de multiplier le nombre d'électrons par **2 également !!!**

Pour la demi-équation (b), $Fe^{2+} \rightarrow Fe^{3+}$

- le N.O. de Fe^{2+} vaut +II
- le N.O.de Fe^{3+} vaut +III

Il s'agit d'une demi-équation d'**oxydation** car l'atome de fer s'oxyde de +II à +III.

L'ion ferreux Fe^{2+} est le réducteur et l'ion ferrique Fe^{3+} est l'oxydant.

Le nombre d'électrons échangés = Δ(N.O.) = N.O.(oxydant) – N.O.(réducteur) = 3 – 2 = 1 e⁻.

On obtient :

$Cr_2O_7^{2-}$	+	**2** × 3 e^-	→			**2** Cr^{3+}	(a)
		Fe^{2+}	→	Fe^{3+}	+	1 e^-	(b)

> **Remarque :**
> Les électrons figurent **toujours** du côté de l'oxydant.

3. Milieu acide !

Pour la demi-équation (a), le milieu est acide car il y a présence de H^+ dans l'équation globale (redox). Dans ce cas, on pondère le nombre d'oxygène par addition de H_2O du côté du réducteur. Ensuite, on ajuste la demi-équation avec les protons H^+ du côté de l'oxydant.

On obtient :

$$Cr_2O_7^{2-}\,(aq) \quad + \mathbf{2} \times 3\,e^- \quad + 14\,H^+\,(aq) \quad \rightarrow \quad \mathbf{2}\,Cr^{3+}\,(aq) \quad + 7\,H_2O\,(l) \qquad (a)$$

Pour la demi-équation (b), il n'y a pas d'atome d'oxygène. Il ne faut donc rien ajouter :

$$Fe^{2+} \quad \rightarrow \quad Fe^{3+} \quad + \quad 1\,e^- \qquad (b)$$

4. Bilan des charges

Pour (a), de part et d'autre de la demi-équation, la somme des charges est nulle.

$Cr_2O_7^{2-}$ + 6 e^- + 14 H^+ (*aq*)	→	2 Cr^{3+} + 7 H_2O (*l*)	(a)
Σcharges = **14 – 8 = +6**		Σcharges = 2 × 3 = +6	👍

Pour (b), de part et d'autre de la demi-équation, la somme des charges est égale à +2.

Fe^{2+}	→	Fe^{3+} + 1 e^-	(b)
Σcharges = **+2**		Σcharges = +2	👍

5. L'équation redox (globale)

Étant donné que les deux demi-équations sont simultanées, les électrons sont cédés par le réducteur afin qu'ils puissent être consommés par l'oxydant. Les deux demi-équations doivent contenir le même nombre d'électrons. Pour cela, il suffit de multiplier la demi-équation (b) par 6 :

$Cr_2O_7^{2-} + 6\,e^- + 14\,H^+$	→	$2\,Cr^{3+} + 7\,H_2O$	× **1** (a)
$[Fe^{2+}$	→	$Fe^{3+} + 1\,e^-] \times 6$	× **6** (b)
$Cr_2O_7^{2-}\,(aq) + 6\,Fe^{2+}\,(aq) + 14\,H^+\,(aq)$	→	$2\,Cr^{3+}\,(aq) + 6\,Fe^{3+}\,(aq) + 7\,H_2O\,(l)$	

La bonne réponse est I.D.

La différence de potentiel de la pile mesurée dans les conditions standard (concentrations en ions valent 1 mol/L et $p = 1$ atm) à 25 °C est strictement positive :

$$\Delta E^\circ_{pile} = E^\circ_r(Cr_2O_7^{2-} / Cr^{3+})_{cathode} - E^\circ_r(Fe^{3+} / Fe^{2+})_{anode} = 0{,}56\ \text{V (Réponse II.A).}$$

Réponses aux QCM

1ère partie

QCM 1. A	QCM 7. B	QCM 13. D	QCM 19. B	QCM 25. A
QCM 2. D	QCM 8. D	QCM 14. B	QCM 20. A	QCM 26. D
QCM 3. B	QCM 9. D	QCM 15. D	QCM 21. D	QCM 27. C
QCM 4. C	QCM 10. C	QCM 16. C	QCM 22. B	QCM 28. I.D, II. A & III.D
QCM 5. D	QCM 11. C	QCM 17. A	QCM 23. C	QCM 29. C
QCM 6. B	QCM 12. D	QCM 18. C	QCM 24. B	QCM 30. C

Test 1

QCM 1. B	QCM 5. D	QCM 9. C	QCM 13. A	QCM 17. D
QCM 2. D	QCM 6. C	QCM 10. A	QCM 14. A	QCM 18. B
QCM 3. C	QCM 7. A	QCM 11. D	QCM 15. C	QCM 19. D
QCM 4. B	QCM 8. A	QCM 12. C	QCM 16. D	QCM 20. C

Test 2

QCM 1. B	QCM 5. D	QCM 9. B	QCM 13. B	QCM 17. B
QCM 2. D	QCM 6. C	QCM 10. D	QCM 14. C	QCM 18. D
QCM 3. D	QCM 7. B	QCM 11. A	QCM 15. D	QCM 19. D
QCM 4. A	QCM 8. D	QCM 12. C	QCM 16. D	QCM 20. C

Test 3

QCM 1. D	QCM 5. D	QCM 9. C	QCM 13. A	QCM 17. C
QCM 2. A	QCM 6. B	QCM 10. B	QCM 14. C	QCM 18. B
QCM 3. B	QCM 7. D	QCM 11. B	QCM 15. C	QCM 19. A
QCM 4. A	QCM 8. B	QCM 12. D	QCM 16. C	QCM 20. D

Test 4

QCM 1. D	QCM 5. B	QCM 9. A	QCM 13. C	QCM 17. B
QCM 2. B	QCM 6. C	QCM 10. D	QCM 14. D	QCM 18. B
QCM 3. C	QCM 7. D	QCM 11. B	QCM 15. D	QCM 19. C
QCM 4. B	QCM 8. B	QCM 12. D	QCM 16. C	QCM 20. C

Test 5

QCM 1. C	QCM 5. B	QCM 9. C	QCM 13. C	QCM 17. B
QCM 2. B	QCM 6. D	QCM 10. C	QCM 14. D	QCM 18. C
QCM 3. A	QCM 7. B	QCM 11. D	QCM 15. C	QCM 19. D
QCM 4. D	QCM 8. C	QCM 12. A	QCM 16. C	QCM 20. A

Test 6

QCM 1. A	QCM 5. B	QCM 9. D	QCM 13. D	QCM 17. A
QCM 2. B	QCM 6. B	QCM 10. B	QCM 14. B	QCM 18. B
QCM 3. A	QCM 7. D	QCM 11. D	QCM 15. A	QCM 19. C
QCM 4. C	QCM 8. B	QCM 12. D	QCM 16. B	QCM 20. A

Test 7

QCM 1. C	QCM 5. D	QCM 9. A	QCM 13. D	QCM 17. B
QCM 2. C	QCM 6. B	QCM 10. B	QCM 14. C	QCM 18. D
QCM 3. B	QCM 7. A	QCM 11. C	QCM 15. A	QCM 19. C
QCM 4. B	QCM 8. B	QCM 12. B	QCM 16. C	QCM 20. D

Test 8

QCM 1. D	QCM 5. D	QCM 9. A	QCM 13. B	QCM 17. B
QCM 2. C	QCM 6. B	QCM 10. D	QCM 14. C	QCM 18. D
QCM 3. A	QCM 7. D	QCM 11. C	QCM 15. B	QCM 19. B
QCM 4. B	QCM 8. D	QCM 12. C	QCM 16. C	QCM 20. A

Test 9

QCM 1. B	QCM 5. C	QCM 9. A	QCM 13. A	QCM 17. D
QCM 2. B	QCM 6. D	QCM 10. C	QCM 14. C	QCM 18. D
QCM 3. B	QCM 7. A	QCM 11. B	QCM 15. B	QCM 19. C
QCM 4. A	QCM 8. C	QCM 12. B	QCM 16. C	QCM 20. D

Test 10

QCM 1. C	QCM 5. C	QCM 9. D	QCM 13. D	QCM 17. D
QCM 2. B	QCM 6. D	QCM 10. C	QCM 14. B	QCM 18. D
QCM 3. B	QCM 7. B	QCM 11. B	QCM 15. D	QCM 19. B
QCM 4. A	QCM 8. A	QCM 12. A	QCM 16. A	QCM 20. I.D et II.A

Numéro éditeur : DBSSI20220545
Achevé d'imprimer en mars 2023 par SEPEC, France - 21607230110

IMPRIM'VERT®

MADE IN FRANCE

PEFC 10-31-1470 / **Certifié PEFC** / Ce produit est issu de forêts gérées durablement et de sources contrôlées. / pefc-france.org